J. William Vesentini

Livre-docente em Geografia pela Universidade de São Paulo (USP)

Doutor em Geografia pela USP

Professor e pesquisador do Departamento de Geografia da USP

Especialista em Geografia Política/Geopolítica e Ensino de Geografia

Professor de educação básica na rede pública e em escolas particulares do estado de São Paulo por 15 anos

Vânia Vlach

Doutora em Geopolítica pela Université Paris 8

Mestra em Geografia Humana pela USP

Bolsista de Produtividade em Pesquisa do Conselho Nacional de Desenvolvimento Científico e Tecnológico (CNPq) por 4 anos

Professora do Curso de Graduação e pesquisadora do Programa de Pós-Graduação em Geografia da Universidade Federal de Uberlândia (UFU) por 22 anos

Professora de educação básica na rede pública e em escolas particulares do estado de São Paulo por 12 anos

O nome *Teláris* se inspira na forma latina *telarium*, que significa "tecelão", para evocar o entrelaçamento dos saberes na construção do conhecimento.

TELÁRIS

GEOGRAFIA

6

editora ática

Direção Presidência: Mario Ghio Júnior
Direção de conteúdo: Wilson Troque
Direção editorial: Luiz Tonolli e Lidiane Vivaldini Olo
Gestão de projeto editorial: Mirian Senra
Gestão de área: Wagner Nicaretta
Coordenação: Jaqueline Paiva Cesar
Edição: Mariana Albertini, Bruno Rocha Nogueira e Tami Buzaite (assist. editorial)
Planejamento e controle de produção: Patrícia Eiras e Adjane Queiroz
Revisão: Hélia de Jesus Gonsaga (ger.), Kátia Scaff Marques (coord.), Rosângela Muricy (coord.), Ana Curci, Ana Paula C. Malfa, Arali Gomes, Brenda T. M. Morais, Célia Carvalho, Daniela Lima, Flavia S. Vênezio, Gabriela M. Andrade, Hires Heglan, Luciana B. Azevedo, Luís M. Boa Nova, Patrícia Travanca, Paula T. de Jesus, Sueli Bossi, Vanessa P. Santos; Amanda T. Silva e Bárbara de M. Genereze (estagiárias)
Arte: Daniela Amaral (ger.), Claudio Faustino e Erika Tiemi Yamauchi (coord.), Katia Kimie Kunimura e Simone Zupardo Dias (edição de arte)
Diagramação: Daniel Aoki, Fernando Afonso do Carmo, Nathalia Laia, Renato Akira dos Santos e Arte Ação
Iconografia e tratamento de imagem: Sílvio Kligin (ger.), Denise Durand Kremer (coord.), Daniel Cymbalista e Mariana Sampaio (pesquisa iconográfica); Cesar Wolf e Fernanda Crevin (tratamento)
Licenciamento de conteúdos de terceiros: Thiago Fontana (coord.), Luciana Sposito (licenciamento de textos), Erika Ramires, Luciana Pedrosa Bierbauer, Luciana Cardoso e Claudia Rodrigues (analistas adm.)
Ilustrações: Adilson Secco, André Araújo, André Valle, Claudio Chiyo, Ewerton Gondari, Julio Dian, Gustavo Ramos, Luis Moura, Luiz Fernando Rubio, Luiz Iria, Milton Rodrigues, Osni de Oliveira, Paulo Manzi, Rodval Matias
Cartografia: Eric Fuzii (coord.), Robson Rosendo da Rocha (edit. arte) e Portal de Mapas
Design: Gláucia Correa Koller (ger.), Adilson Casarotti (proj. gráfico e capa), Erik Taketa (pós-produção), Gustavo Vanini e Tatiane Porusselli (assist. arte)
Foto de capa: Sam Spicer/Getty Images

Todos os direitos reservados por Editora Ática S.A.
Avenida das Nações Unidas, 7221, 3º andar, Setor A
Pinheiros – São Paulo – SP – CEP 05425-902
Tel.: 4003-3061
www.atica.com.br / editora@atica.com.br

Dados Internacionais de Catalogação na Publicação (CIP)

```
Vesentini, J.W.
    Teláris geografia 6º ano / J.W. Vesentini, Vânia Vlach.
- 3. ed. - São Paulo : Ática, 2019.

    Suplementado pelo manual do professor.
    Bibliografia.
    ISBN: 978-85-08-19306-6 (aluno)
    ISBN: 978-85-08-19307-3 (professor)


    1.   Geografia (Ensino fundamental). I. Vlach, Vânia.
II. Título.


2019-0090                                    CDD: 372.891
```

Julia do Nascimento – Bibliotecária – CRB-8/010142

2023
Código da obra CL 742193
CAE 648335 (AL) / 648339 (PR)
3ª edição
5ª impressão
De acordo com a BNCC.

Impressão e acabamento: Bercrom Gráfica e Editora

Apresentação

Há livros-estrela e livros-cometa.

Os cometas passam. São lembrados apenas pelas datas de sua aparição. As estrelas, porém, permanecem.

Há muitos livros-cometa, que duram o período de um ano letivo. Mas o livro-estrela quer ser uma luz permanente em nossa vida.

O livro-estrela é como uma estrela guia, que nos ajuda a construir o saber, nos estimula a perceber, refletir, discutir, estabelecer relações, fazer críticas e comparações.

Ele nos ajuda a ler e transformar o mundo em que vivemos e a nos tornar cada vez mais capazes de exercer nossos direitos e deveres de cidadãos.

Estudaremos vários tópicos neste livro, entre os quais:
- Localização;
- Representação do espaço geográfico;
- Estrutura e superfície da Terra;
- Rochas, minerais e solos;
- Litosfera, hidrosfera, atmosfera e biosfera;
- Espaço geográfico e paisagem;
- Lugar, região e território.

Esperamos que ele seja uma estrela para você.

Os autores

CONHEÇA SEU LIVRO

Introdução
Aparece no início de cada volume e trata de assuntos que serão aprofundados no decorrer dos estudos de Geografia.

Abertura da unidade
Em página dupla, apresenta uma imagem e um breve texto de introdução que relacionam algumas competências que você vai desenvolver na unidade. As questões ajudam você a refletir sobre os conceitos que serão trabalhados e a discuti-los previamente.

Abertura do capítulo
O capítulo inicia-se com um pequeno texto introdutório acompanhado de uma ou duas imagens.

Para começar
O boxe traz questões sobre as ideias fundamentais do capítulo. Elas possibilitam a você ter um contato inicial com os assuntos que serão estudados e também expressar suas opiniões, experiências e conhecimentos prévios sobre o tema.

Saiba mais
A seção traz curiosidades e informações que complementam o tema estudado na unidade.

Texto e ação
Ao fim dos tópicos principais há algumas atividades para você verificar o que aprendeu, resolver dúvidas e comentar os assuntos em questão, antes de continuar o estudo do tema do capítulo.

Geolink

Para ampliar seu conhecimento, apresenta textos com informações complementares aos temas tratados no capítulo. No fim da seção, há sempre questões para você avaliar o que leu, discutir e expressar sua opinião.

Glossário

Os termos e as expressões destacados remetem ao glossário na lateral da página, que apresenta o seu significado.

Conexões

Contém atividades que possibilitam conexões com outras áreas do conhecimento.

Infográficos, mapas, gráficos e imagens

No decorrer dos capítulos você encontra infográficos, mapas, gráficos e imagens variadas especialmente selecionadas para ajudá-lo em seu estudo.

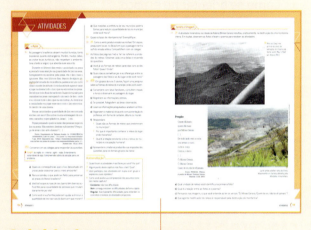

Atividades

No fim de cada capítulo, esta seção está dividida em três subseções:

+Ação - Trata-se de atividades relacionadas à compreensão de texto.
Lendo a imagem - Apresenta atividades relacionadas à observação e à análise de fotos, mapas, infográficos, obras de arte, etc.
Autoavaliação - Convida os alunos a refletir sobre o próprio aprendizado.

Minha biblioteca
Apresenta indicações de leitura que podem enriquecer os temas estudados.

De olho na tela
Contém sugestões de filmes e vídeos que se relacionam com o conteúdo estudado.

Mundo virtual
Apresenta indicações de *sites* que ampliam o que foi estudado.

Projeto

No final de cada unidade, há uma proposta de atividade interdisciplinar, que levará você a trabalhar com variados temas e a refletir sobre eles.

SUMÁRIO

Introdução 10

Unidade 1

Orientação, localização e representações do espaço geográfico 18

CAPÍTULO 1: Orientação 20

1. **Como se orientar no espaço** 21
   - Geolink: Mitos e estações no céu tupi-guarani 23
   - Polos e hemisférios 24
   - O norte fica acima do sul? 24
2. **Direções e pontos cardeais** 28
   - Bússola 30

Conexões 33
Atividades 34

CAPÍTULO 2: Localização 36

1. **Como se localizar com precisão** 37
   - Coordenadas geográficas 38
2. **Sistema de Posicionamento Global** 42
   - Geolink: GPS: O guia que veio do espaço 43

Conexões 45
Atividades 46

CAPÍTULO 3: Representações do espaço geográfico 48

1. **Mapas** 49
   - Perspectiva do mapa 51
   - Elementos do mapa 53
   - Tipos de mapa 60
   - Para que servem os mapas 62
   - O globo terrestre 62
   - Geolink: Globos e mapas em sala de aula 63
2. **Outras representações do espaço geográfico** 64
   - Representações bidimensionais do espaço geográfico 65
   - Representações tridimensionais do espaço geográfico 69

Conexões 71
Atividades 72
Projeto 74

Unidade 2

A Terra, nossa morada 76

CAPÍTULO 4: Forma e movimentos da Terra 78

1. **A Terra no espaço** 79
2. **A forma da Terra** 81
3. **Movimentos da Terra** 82
   - Rotação 82
   - Geolink: Cidades vizinhas têm fuso horário diferente 88
   - Translação 91

Conexões 95
Atividades 96

CAPÍTULO 5: Superfície e estrutura da Terra 98

1. **Superfície terrestre** 99
   - Litosfera 99
   - Hidrosfera 100

Atmosfera	100
Biosfera	101
2▸ Dinâmica terrestre	101
Energia do sistema terrestre	102
3▸ Estrutura da Terra	103
Placas tectônicas	105
Abalos sísmicos	108
Geolink: O terremoto sentido no Brasil e os outros tantos com origem no país	110
Conexões	113
Atividades	114

CAPÍTULO 6: Rochas, minerais e solos 116

1▸ Rochas e minerais	117
2▸ Tipos de rocha	118
Rochas ígneas ou magmáticas	118
Rochas sedimentares	119
Rochas metamórficas	119
INFOGRÁFICO: Ciclo das rochas	120
Impactos socioambientais da mineração	122
Geolink 1: Usos das rochas	124
3▸ Solo	125
Perfil de solo	126
Solos agricultáveis	127
Geolink 2: O que causa a degradação do solo?	129
Conexões	131
Atividades	132
Projeto	134

Unidade 3
O sistema Terra e seus subsistemas 136

CAPÍTULO 7: Litosfera: o relevo terrestre 138

1▸ Unidades do relevo	139
Montanhas	140
Depressões	140
Planaltos	141
Planícies	141
2▸ Dinâmica do relevo	142
3▸ Intemperismo	142
Biológico	142
Físico	142
Químico	143
4▸ Erosão	144
Água	144
Vento	149
Seres vivos	150
Geolink: Um Brasil mais vulnerável no século XXI	151
5▸ Relevo e atividades humanas	152
Conexões	153
Atividades	154

CAPÍTULO 8: Hidrosfera 156

1. Água 157
   - Origem da vida 157
   - Ciclo hidrológico 157
   - O ciclo da água nas cidades 158
2. Oceanos e mares 160
   - Salinidade 161
   - Geolink 1: Poluição nos mares .. 162
   - Ondas e marés 163
   - Correntes marítimas 164
3. Rios 166
   - Partes do rio 166
   - Geolink 2: O que é uma bacia hidrográfica ... 167
   - Usos dos recursos hídricos 168
4. Lagos 169
5. Águas subterrâneas 170
6. Geleiras 172
7. Água potável 173
   - Consumo 174
   - Água: conflitos e problemas 176

Conexões 177
Atividades 178

CAPÍTULO 9: Atmosfera 180

1. Camadas da atmosfera 181
2. Tempo atmosférico e clima 182
3. Elementos do clima 183
   - Temperatura 183
   - Fatores que influem na temperatura ... 185
   - Pressão atmosférica 187
   - Umidade do ar 189
4. Massas de ar 191
5. Tipos de clima 193
   - Clima equatorial 193
   - Clima tropical 194
   - Clima desértico 194
   - Climas temperados 195
   - Clima frio polar e frio de altitude ... 196
6. O clima e a ação humana 197

INFOGRÁFICO: Poluição atmosférica e aquecimento global ... 198
Geolink: Por uma cidade mais saudável: entrevista com Paulo Saldiva ... 200

Conexões 201
Atividades 202

CAPÍTULO 10: Biosfera 204

1. Vida 205
   - INFOGRÁFICO: A extinção dos dinossauros 206
   - Inter-relação dos sistemas terrestres 208
   - Bioma 209
   - Biomassa e biodiversidade 210
   - Fatores naturais 210
   - Importância da biodiversidade ... 211
   - Geolink: Conhecimento indígena é vital para preservar biodiversidade ... 212
2. Os grandes biomas da Terra 213
   - Tundra 213
   - Taiga 214
   - Floresta Temperada 214
   - Pradaria 215
   - Savana 215
   - Floresta Tropical 216
   - Deserto 217
3. Os biomas brasileiros 220

Conexões 221
Atividades 222
Projeto 224

Luiz Iria/Arquivo da editora

Unidade 4
Espaço geográfico, paisagem, região e território 226

CAPÍTULO 11: Espaço geográfico e paisagem 228

1. Espaço geográfico 229
   Escala do espaço geográfico 229
   INFOGRÁFICO: Dimensões do espaço geográfico 230
2. Paisagem 232
   Elementos da paisagem 233
   Natureza e ação humana 234
   Transformações da paisagem 235
   Geolink: Grupo de voluntários transforma área abandonada em bosque em Santo André 237

Paisagem e desigualdade social 238

Conexões 239

Atividades 240

CAPÍTULO 12: Lugar, território e região 242

1. Lugar 243
   Lugar e paisagem 244
2. Território 245
   Geolink: O que são Terras Indígenas? 247
3. Região 248

Conexões 251

Atividades 252

Projeto 254

Bibliografia 256

INTRODUÇÃO

Espaço geográfico: natureza e sociedade em interação

A **natureza** e a **sociedade** estão em constante interação: juntas elas representam o **espaço geográfico**, que é o objeto de estudo da ciência geográfica.

No espaço geográfico há elementos da natureza, como florestas, mares, rios, montanhas, etc., além de elementos construídos pela sociedade, como prédios, pontes, indústrias, praças, ruas e rodovias, por exemplo.

Ao longo deste ano, você vai aprender mais sobre o espaço geográfico, como se localizar nele, reconhecer seus elementos naturais e sociais e identificar algumas de suas dimensões. Para começar os estudos, observe a imagem ao lado e reflita sobre o que é **interação**.

▶ **Metamorfose:** mudança de forma, transformação.
▶ **Xilogravura:** técnica em que se faz gravura sobre madeira.

Céu e Água II, de Maurits Cornelis Escher. Xilogravura, 40,7 cm × 62,3 cm, 1938.

Maurits Cornelis Escher (1898-1972) foi um artista holandês. Suas obras representam, entre outros temas, o infinito e a metamorfose. Escher costumava utilizar padrões geométricos que, ao se entrecruzarem gradualmente, transmitem a ideia de interação e movimento. Uma das técnicas bastante utilizadas pelo artista foi a xilogravura.

1. Observe a xilogravura *Céu e água II*, da página anterior, e responda:

   a) Que animais você identifica na imagem?

   b) Por que a obra recebeu esse nome?

   c) Na obra, é possível perceber os limites entre o céu e a água? Por quê?

2. Agora, observe as obras de arte abaixo.

Banhistas na Grenouillère, de Claude Monet. Óleo sobre tela, 92 cm x 73 cm, 1869.

Restos de garrafas de plástico, instalação do artista estadunidense Jeremy Underwood em Houston (Estados Unidos), 2013. O artista utilizou restos de plástico e garrafas descartados no leito de um rio para construir a escultura.

   a) Quais elementos naturais você identifica nas duas imagens?

   b) Quais elementos construídos pelo ser humano você identifica em cada imagem?

   c) Em sua opinião, qual das duas imagens representa uma interação mais harmônica entre natureza e sociedade? Por quê?

3. Junte-se a um colega para criar uma imagem que represente outro exemplo de interação entre natureza e sociedade.

INTRODUÇÃO

Tempo da natureza e tempo da sociedade no espaço

Os elementos naturais e sociais localizam-se no espaço e surgiram em momentos determinados. Eles resultam de processos com durações distintas e interferem um no outro.

O tempo da natureza é diferente do tempo da sociedade. A escala temporal de formação e de duração dos elementos naturais é da ordem de milhões ou mesmo bilhões de anos. Já a escala do tempo dos objetos sociais mais antigos diz respeito há milhares de anos, sendo, portanto, muito menor do que a escala do tempo dos elementos naturais.

As formas que constituem o espaço geográfico, sendo elas naturais ou sociais, acolhem as ações humanas. Por exemplo, quando você vai de casa à escola, você utiliza a infraestrutura de circulação, como ruas, rios, etc., que fazem parte do espaço geográfico. Dessa forma, o espaço geográfico é o conjunto desses objetos (edifício da escola, infraestrutura de transporte, igrejas, árvores, praias, montanhas, entre outros) apropriados, utilizados, construídos, modificados por meio das ações dos seres humanos.

Isso significa que o espaço geográfico sempre está em transformação, apresentando combinações específicas nos diferentes lugares e ao longo do tempo. O espaço geográfico é dinâmico.

Nos estudos de Geografia, busca-se compreender esses processos e movimentos e aprende-se a identificar as interações entre a sociedade e a natureza. Isso possibilita reconhecer como cada pessoa contribui para as alterações do espaço geográfico e examinar e entender a nossa participação no contexto do Brasil e do mundo.

▷ Praia de Botafogo, no Rio de Janeiro. Fotografia da década de 1910.

◁ Praia de Botafogo, no Rio de Janeiro. Fotografia de 2017.

A paisagem

Um dos pontos de partida para o estudo do espaço geográfico é observar como ele se manifesta na paisagem.

A **paisagem** é a expressão concreta/física do espaço geográfico. Ela é apreendida pelos nossos sentidos, especialmente pela visão, mas também pela audição, pelo tato, pelo olfato e pelo paladar. **Observar a paisagem** é fazer uso dos nossos sentidos de modo atento, com a intenção de explicar o espaço geográfico.

Agora que você sabe o que significa **observar** uma **paisagem geográfica**, pratique! Comece observando as representações artísticas das paisagens a seguir.

Paisagem de Ouro Preto, de Alberto da Veiga Guignard. Óleo sobre tela, 33,5 cm × 72,5 cm, 1960.

Tempestade em Nova York, de Angela Wakefield. Acrílico sobre tela, 91 cm × 121 cm, 2017.

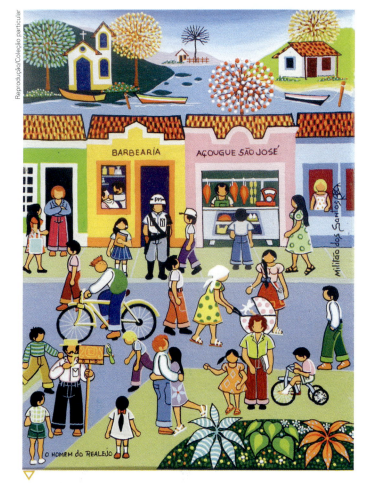

O Homem do Realejo, de Militão dos Santos. Acrílico, 40 cm × 30 cm, 2016.

Paisagem com touro I, de Tarsila do Amaral. Óleo sobre tela, 52 cm × 65 cm, 1925.

•• 👥 Após observar as imagens da página anterior, converse com os colegas e com o professor sobre as questões a seguir:

a) Em que séculos as obras foram produzidas?
b) Quais são as semelhanças e as diferenças entre as quatro obras?
c) Você acha que pinturas como essas ajudam a compreender o espaço geográfico?
d) A paisagem do lugar onde se localiza a escola em que você estuda apresenta semelhanças com as paisagens representadas nas obras? E diferenças?

A arte pode ser uma maneira de apreender, capturar, perceber a paisagem. Como você já observou, muitos artistas retratam paisagens em telas. Essas paisagens são formas de representação que podem revelar ou esconder aspectos do espaço geográfico, de acordo com a escolha de cada artista.

Não são apenas as pinturas que retratam as paisagens; elas também são representadas por meio de músicas, poemas, prosas ou outras manifestações artísticas. Leia o texto abaixo.

Confissões de Minas

O pico do Cauê, nossa primeira visão do mundo, também era inconsciente, calmo. Na nossa rua apenas passavam as pessoas que iam assistir à chegada das malas, no Correio, espetáculo diário e maravilhoso, pelo humorismo que nele sabia pôr o velho agente Fernando Terceiro; as pessoas que iam reconhecer firma no tabelião Barnabé; e algum vago transeunte, em demanda da rua de Santana [...], nós íamos [...] tomar banho na Praia do Rosário, onde uma bica nos dava a impressão de catarata doméstica, submetida aos nossos desejos. Como foi que a infância passou e nós não vimos?

ANDRADE, Carlos Drummond de. *Confissões de Minas*.
São Paulo: Cosac Naify, 2011. p. 120.

Carlos Drummond de Andrade (1902-1987) foi um cronista, poeta e contista brasileiro. Nasceu em Itabira (MG), localidade presente em várias de suas obras.

No texto, o cronista Carlos Drummond de Andrade recorre a lembranças de infância para recordar a paisagem de Itabira (MG), município em que cresceu. Note que, ao descrever a paisagem, ele inclui os elementos que a compõem, como o pico do Cauê, o correio, as ruas. O autor também faz menção às pessoas que passam e exprime suas impressões sobre elas, demonstrando que os seres humanos também são componentes das paisagens.

O trabalho e as técnicas na transformação do espaço

O espaço geográfico se transforma; isso é notável nas paisagens que, ao longo do tempo, vão se modificando. Para compreender essas alterações do espaço e das paisagens, é preciso recordar que a própria natureza se transforma e muda o espaço com o passar dos anos. Por exemplo, em regiões litorâneas, as ondas do mar chocam-se com força, dia após dia, com as rochas; isso acaba por moldá-las ou esculpi-las. O mesmo pode acontecer em razão da ação de fortes e constantes ventos ou até mesmo pela alta frequência de chuvas em determinada localidade.

As constantes e fortes ondas do mar podem esculpir e modificar rochas, transformando a paisagem litorânea. Na foto, ondas do mar se quebram em costão rochoso no Morro de Pernambuco, em Itanhaém (SP). Fotografia de 2018.

Entretanto, pode-se considerar que o trabalho humano é ainda mais impactante do que as transformações naturais. Os seres humanos trabalham, produzem, constroem de uma maneira relativamente rápida, levando a significativas alterações no espaço geográfico, reveladas na paisagem.

Operários trabalham na construção de um complexo residencial em São Paulo (SP), em 2018.

Com o trabalho, o ser humano altera o espaço de acordo com as suas necessidades; para isso, utiliza instrumentos ou ferramentas. Por exemplo, para produzir alimentos, o ser humano precisa plantar, o que exige o preparo da terra. Para preparar a terra, pode-se usar uma enxada ou um trator.

Uma enxada é muito mais simples que um trator. Para que o trator fosse inventado, o ser humano teve que acumular mais conhecimento do que para criar uma enxada. O trator é, portanto, um instrumento mais sofisticado e mais recente.

Tanto a enxada como o trator são técnicas desenvolvidas pelos seres humanos para transformar a natureza e se adaptar às condições que ela impõe à vida. Essas técnicas são fruto da necessidade, do trabalho e do conhecimento acumulado pela humanidade e têm impactos diferentes no espaço geográfico.

Paisagem: um palimpsesto

Atualmente, quando você quer mandar um recado para alguém, você pode escrever um bilhete em um pedaço de papel ou enviar uma mensagem eletronicamente por meio de algum aplicativo de mensagens instantâneas. Antigamente, quando o papel não era produzido em larga escala ou até mesmo antes disso — quando ainda não havia sido inventado —, as pessoas escreviam em pergaminhos, que são pedaços de pele de animais, como carneiros e ovelhas, tratados para que seja possível escrever neles.

Escrita de São Lucas em Crown, de Simon Bening. Têmpera sobre pergaminho, 13,2 cm × 9,6 cm, 1521.

O processo de preparo dessas peles era artesanal e seu preço era elevado, o que tornava necessária a sua reutilização. Por isso, os pergaminhos só eram utilizados para escritos importantes, como documentos. A mesma pele era reutilizada várias vezes e, para isso, uma pele já utilizada era lavada ou raspada para servir de suporte para um novo texto. Esse pergaminho que foi lavado ou raspado para ser reutilizado ficou conhecido como **palimpsesto**.

Pergaminho italiano, do ano de 1090. Este pergaminho apresentava, originalmente, um texto sobre a manutenção de um navio. O texto foi parcialmente raspado, e o pergaminho foi reutilizado como página de um livro. Ainda é possível ver as linhas apagadas na parte inferior.

A ideia de palimpsesto é útil para se pensar na paisagem geográfica. Na paisagem, as formas naturais e sociais surgidas em distintos períodos se acumulam e são usadas no presente.

Diferentes épocas produzem no espaço geográfico marcas específicas, que revelam as necessidades e técnicas que caracterizam a sociedade naquele momento. Tudo isso (necessidades, técnicas, espaço, sociedade) vai se transformando ao longo do tempo, mas deixa vestígios na paisagem.

Para compreender melhor, observe a charge a seguir, do cartunista Robert Crumb, intitulada "Breve história da América".

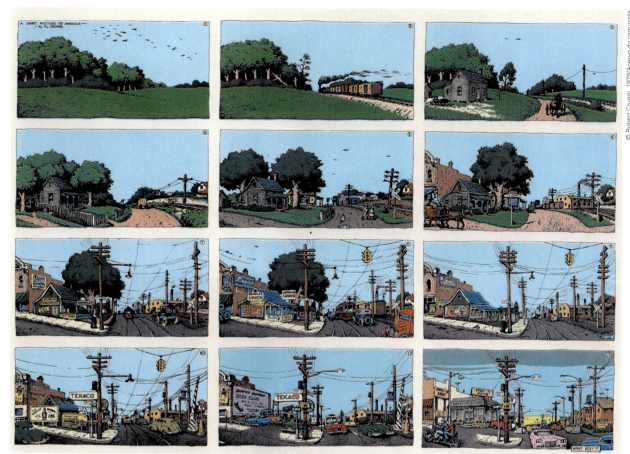

1 ▸ A charge ilustra as transformações na paisagem de um mesmo lugar. Converse com os colegas e com o professor sobre as transformações quadrinho a quadrinho.

2 ▸ Como o artista retratou o passado mais remoto na charge?

3 ▸ O que ficou do passado na paisagem mais atual?

4 ▸ O que mais chamou sua atenção na charge?

5 ▸ Ao longo do ano, você vai aprimorar seus conhecimentos sobre o espaço geográfico e conhecer mais as transformações das paisagens. Que tal utilizar a paisagem do entorno da escola como referência para compreensão dessas dinâmicas?

a) Escolha uma paisagem de fácil acesso, próximo à escola.

b) A cada trimestre, fotografe essa paisagem.

c) Organize com os colegas e o professor um mural com as produções fotográficas. Discutam as mudanças que observam de uma foto para outra.

Robert Crumb (1943) é um ilustrador e artista gráfico estadunidense, famoso mundialmente por suas charges e quadrinhos.

Vista da orla da praia dos Artistas, no município de Natal (RN), 2018.

UNIDADE 1

Orientação, localização e representações do espaço geográfico

Nesta unidade, vamos estudar os sistemas de orientação e localização, criados pelos seres humanos ao longo de sua existência, bem como as representações da superfície terrestre, elaboradas para retratar os espaços geográficos conhecidos e vivenciados.

Observe a imagem e converse com o professor e os colegas:

› Em sua opinião, que elementos da imagem podem ser usados como pontos de referência para se localizar na cidade de Natal (RN)? Por quê?

CAPÍTULO

1 Orientação

Ciclista ao nascer do sol na praia dos Carneiros, no município de Tamandaré (PE), em 2018.

Neste capítulo você entenderá a importância da orientação na superfície terrestre. Verá que as direções cardeais, colaterais e subcolaterais podem ser representadas pela rosa dos ventos. Além disso, observará que as referências de norte, sul, leste e oeste estão presentes em boa parte dos espaços construídos pelas sociedades humanas.

▶ Para começar

1. O local onde o Sol surgiu no horizonte indica uma direção fundamental para que as pessoas se orientem. Que direção é essa?

2. Com base na imagem e em seus conhecimentos sobre orientação, indique em que direção o ciclista está pedalando. Justifique sua resposta.

3. Você conhece outras formas de se orientar na superfície da Terra? Quais?

1 Como se orientar no espaço

Vamos iniciar o estudo de Geografia pelas noções de orientação no espaço geográfico. Mas, afinal, o que é o espaço geográfico? Antes de tudo, temos que recordar o que são tempo e espaço, dois conceitos interligados e dos quais todos nós, seres humanos, temos uma ideia pela nossa experiência de vida. Espaço é o **onde**, ou seja, o ponto, área ou local no qual os seres vivos se fixam ou no qual os acontecimentos ocorrem. E tempo é o **quando**, isto é, o instante, a data, época ou período em que os acontecimentos ocorrem.

O espaço abarca todo o Universo. É por isso que, quando se fala em espaço, logo pensamos em viagens espaciais, nas estrelas, no espaço astronômico. Esse, porém, é apenas um dos vários tipos de espaço, o mais amplo de todos. O espaço geográfico é diferente: é o espaço no qual os seres humanos vivem; é a superfície de nosso planeta, a Terra. Naturalmente, ele também faz parte do Universo, ou seja, do espaço astronômico. Porém, é uma parte muito pequena, quando comparada à imensidão do Universo.

Mesmo sendo uma parte minúscula do Universo, o espaço geográfico é imenso, abarcando desde nosso local de morada aqui no Brasil até países mais distantes daqui. E como se orientar nesse espaço? Existe um ditado popular que diz: "Quem tem boca vai a Roma"; isso significa que, para nos orientar quando precisamos chegar a algum lugar mas não conhecemos o caminho, podemos pedir informações como: "Por favor, como faço para chegar a esse endereço?".

> **Minha biblioteca**
>
> **O jogo do Universo 3: um passeio pela Via Láctea**, de Sueli Viegas. São Paulo: Terceiro Nome, 2013.
>
> O livro narra a aventura de um personagem, um próton, que presenciou a formação da galáxia que abriga nosso Sistema Solar: a Via Láctea. A autora, que é astrônoma, desvenda o Universo de forma acessível para jovens leitores.

▶ A representação ao lado mostra a Via Láctea, uma das galáxias do Universo. Nela existem inúmeras estrelas, entre as quais o Sol, que fornece luz e energia aos planetas do Sistema Solar. Apesar de o Sol ser minúsculo em relação ao tamanho da galáxia, é ao redor dele que se move nosso planeta. A Terra, um dos planetas do Sistema Solar, tem um raio cerca de 109 vezes menor que o Sol e recebe dessa estrela luz e calor suficientes para possibilitar a existência das formas de vida no planeta. Imagem de 2018.

Desde os primórdios da humanidade, a orientação no espaço é essencial para a manutenção e para o desenvolvimento dos agrupamentos humanos. Conhecer o espaço onde se vive e saber qual caminho tomar para chegar a determinado lugar ou retornar em segurança são fundamentais para a sobrevivência humana. Um dos primeiros passos para uma orientação correta no espaço geográfico é dar nome aos lugares e às direções que serão utilizados como referência. O Sol e as estrelas são usados como referência há milhares de anos. Nossos antepassados mais remotos usavam como **pontos de referência** elementos naturais do lugar onde viviam, como montanhas e rios.

Os elementos naturais, como rios e montanhas, podem ser usados como pontos de referência de algum lugar. Na foto, rio Purus, em trecho do município de Manoel Urbano (AC). Foto de 2017.

Outro aspecto muito importante para as sociedades humanas é medir a passagem do tempo, o que pode ser feito de diversas maneiras: com base na observação de fenômenos da natureza, como a sucessão dos dias e das noites, ou, ainda, com base na observação dos fenômenos naturais, ou seja, das estações do ano, que se repetem ao longo do tempo. As estações do ano têm relação estreita com a vegetação natural: algumas espécies vegetais, por exemplo, dão frutos apenas em determinada época. Por isso, alguns povos nômades, que ainda vivem sobretudo da caça e da coleta de frutos silvestres, têm grande conhecimento das estações do ano e dos demais elementos da natureza.

As estações do ano também são importantes para os agricultores, pois elas orientam o momento certo de fazer o plantio e a colheita. Além disso, ao observar a natureza, o ser humano conseguiu identificar os períodos de chuva e de seca, a época da cheia dos rios, o período do congelamento nas regiões mais frias do planeta, etc. Com isso, conseguiu organizar melhor suas atividades e, ao longo da História, criou as medidas de tempo que usamos hoje: as horas, os dias, as semanas, os meses, os anos, e assim por diante. Da mesma maneira, foi desenvolvida uma série de noções e convenções que têm por objetivo facilitar a orientação e a localização no espaço.

Convenção: conjunto de usos ou costumes estabelecidos ou aceitos pelos indivíduos de determinado grupo.

Geolink

Leia o texto a seguir.

Mitos e estações no céu tupi-guarani

A observação do céu sempre esteve na base do conhecimento de todas as sociedades do passado. Os indígenas há muito perceberam que as atividades de caça, pesca, coleta e lavoura estão sujeitas a flutuações sazonais e procuraram desvendar os fascinantes mecanismos que regem esses processos cósmicos, para utilizá-los em favor da sobrevivência da comunidade. [...]

O Sol e os pontos cardeais

Para os tupis-guaranis o Sol é o principal regulador da vida na Terra e tem grande significado religioso. Todo o cotidiano deles está voltado para a busca da força espiritual do Sol. Os guaranis, por exemplo, nomeiam o Sol de Kuaray, na linguagem do cotidiano, e de Nhamandu, na espiritual.

Os tupis-guaranis determinam o meio-dia solar, os pontos cardeais e as estações do ano utilizando o relógio solar vertical, ou gnômon, que na língua tupi antiga, por exemplo, chamava-se Cuaracyraangaba. Ele é constituído de uma haste cravada verticalmente em um terreno horizontal, da qual se observa a sombra projetada pelo Sol. Essa haste vertical aponta para o ponto mais alto do céu, chamado zênite. O relógio solar vertical foi utilizado também no Egito, China, Grécia e em diversas outras partes do mundo. [...]

O calendário guarani está ligado à trajetória aparente anual do Sol e é dividido em tempo novo e tempo velho (*ara pyau* e *ara ymã*, respectivamente, em guarani). *Ara pyau* é o período de primavera e verão, sendo *ara ymã* o período de outono e inverno.

O dia do início de cada estação do ano é obtido através da observação do nascer ou do pôr do sol, sempre de um mesmo lugar, por exemplo, da haste vertical. O Sol sempre nasce do lado leste e se põe do lado oeste.

No entanto, somente nos dias do início da primavera e do outono, o Sol nasce exatamente no ponto cardeal Leste e se põe exatamente no ponto cardeal Oeste. Para um observador no hemisfério Sul, em relação à linha Leste-Oeste, o nascer e o pôr do sol ocorrem um pouco mais para o norte no inverno e um pouco mais para o sul no verão. Utilizando rochas, por exemplo, para marcar essas direções, os tupis-guaranis materializavam os quatro pontos cardeais e as direções do nascer e do pôr do sol no início das estações do ano.

Os observatórios indígenas encontrados nos sítios arqueológicos datam de milhares de anos e eram utilizados por povos indígenas guarani para a marcação do tempo e orientação geográfica. A imagem acima, de 2011, mostra uma réplica de observatório solar indígena no município de Garopaba (SC), elaborada e mantida por Germano Afonso, pesquisador de astronomia indígena da Universidade Federal do Paraná.

AFONSO, Germano. Mitos e estações no céu tupi-guarani. *Scientific American Brasil*, n. 45, fev. 2006. Disponível em: <www2.uol.com.br/sciam/reportagens/mitos_e_estacees_no_ceu_tupi-guarani.html>. Acesso em: 5 maio 2018.

Agora, responda:

1. Explique a importância do Sol para a vida na Terra na perspectiva dos Tupi-guarani.

2. De acordo com o texto, o calendário guarani está dividido em dois períodos, o *ara pyau* e o *ara ymã*.

   a) Eles correspondem a qual período do ano no calendário tradicional?

   b) Em seu bairro ou município, você consegue perceber alguma mudança nos períodos mencionados? Converse com os colegas.

Polos e hemisférios

A Terra, embora não seja uma esfera perfeita, tem a forma arredondada e ligeiramente achatada nos **polos**. Um deles é chamado de **norte** e o outro, de **sul**.

Na parte mais larga do planeta, cuja distância até cada um dos polos geográficos é igual, os estudiosos traçaram um círculo imaginário. É uma espécie de "cintura" da Terra na sua parte mais larga. Esse círculo imaginário é chamado de **linha do equador** e divide o planeta em dois **hemisférios**, ou seja, em duas partes iguais. A palavra *hemisfério* significa "metade de uma esfera". O hemisfério norte é aquele que vai da linha do equador até o polo norte. O hemisfério sul, ao contrário, é aquele que vai do equador até o polo sul. Observe o mapa abaixo.

Mundo: hemisférios e polos

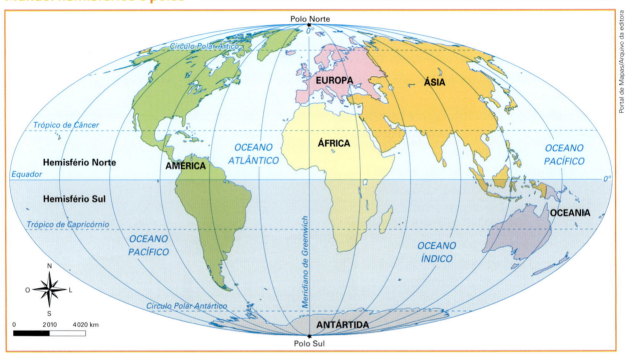

Fonte: elaborado com base em IBGE. *Atlas geográfico escolar*. 7. ed. Rio de Janeiro, 2016. p. 34.

O norte fica acima do sul?

Você já deve ter visto vários mapas que mostram o mundo todo, denominados **mapas-múndi** ou planisférios. Eles normalmente mostram toda a superfície terrestre com seus continentes e oceanos. Provavelmente você também já tenha percebido que, em geral, esses mapas representam o hemisfério norte "acima" do hemisfério sul e que na parte central desse mapa situa-se a Europa. Será que essa forma de representar o mundo é obrigatória ou a mais correta?

Talvez você se surpreenda, mas a resposta é **não**. Essa forma convencional de representação tem uma explicação: como foram os europeus que confeccionaram os primeiros mapas do mundo com todos os continentes, especialmente a partir do final do século XV, a Europa foi representada centralizada (isto é, na parte central do mapa) e "acima" da África, ou seja, na parte superior do mapa.

Sem dúvida, já existiam outros mapas elaborados por diferentes povos antes do século XV, porém eles representavam somente uma parte do planeta.

▶ **Planisfério:** representação da superfície terrestre completa em um plano.

Os raros mapas que pretendiam representar todo o mundo, na verdade, mostravam apenas parte do planeta conhecida pelos povos na Antiguidade ou na Idade Média.

Somente nos séculos XV e XVI, época das Grandes Navegações realizadas pelos europeus, começou-se a ter uma noção mais precisa da superfície terrestre. Foi nesse período, por exemplo, que navegantes europeus descobriram o caminho marítimo da Europa para as Índias, navegaram pelo oceano Pacífico, atravessaram o oceano Atlântico e chegaram ao continente americano. Com a coleta de informações dessas viagens, os europeus elaboraram os primeiros mapas-múndi que representavam a superfície do planeta de maneira mais próxima da realidade. Eles criaram então a convenção de se colocar o norte "acima" do sul, conforme vemos no mapa abaixo. Ainda assim, nem todos os continentes eram representados de maneira correta.

Granger/Fotoarena

Reconstrução de um possível mapa que mostra o mundo conhecido há cerca de 2500 anos. Observe que a representação dos continentes e oceanos é diferente da maioria dos mapas da atualidade. Mapa elaborado no século XIX de acordo com os escritos do geógrafo e historiador grego Hecateu de Mileto (que viveu no século V a.C.).

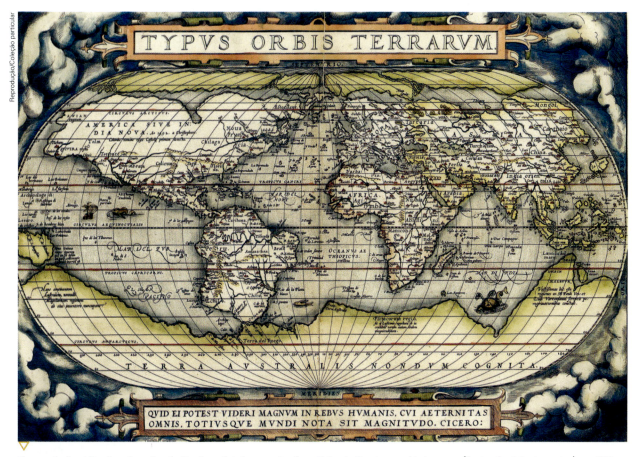

Reprodução/Coleção particular

Mapa-múndi publicado pelo geógrafo Abraham Ortelius na primeira edição do *Theatrum orbis terrarum* (Teatro do globo terrestre), em 1570; é considerado o primeiro atlas moderno. Apesar de apresentar alguma proximidade com os mapas da atualidade, essa representação ainda possui muitas deformações em certas partes da superfície do planeta, além de imagens sem legenda para explicar o que representam.

Agora imagine uma situação em que os povos que viveram no continente africano, na Oceania ou na América do Sul fossem os primeiros a elaborar os planisférios. Será que a forma de representação dos continentes no mapa seria diferente? É bastante provável que o hemisfério sul constasse na parte superior do mapa, semelhante à representação a seguir.

Mundo: planisfério político

Fonte: elaborado com base em IBGE. *Atlas geográfico escolar*. 7. ed. Rio de Janeiro, 2016. p. 24.

O mapa acima parece estranho, não é mesmo? Mas ele está correto. Como vimos, os mapas que representam o hemisfério norte acima do hemisfério sul são elaborados com maior frequência. No entanto, essa maneira de representar a superfície terrestre não tem nada de oficial ou de obrigatório, é apenas um costume, uma tradição, uma convenção. Logo, nada impede que sejam elaboradas outras formas de organizar representações da superfície terrestre.

Em alguns mapas produzidos atualmente, na parte central da representação encontramos outros continentes que não a Europa, e o hemisfério sul aparece na parte de cima, mas, nesses casos, sempre é indicado que a direção norte está voltada para baixo.

◁ *América Invertida*, 1936, nanquim sobre papel, 15 cm x 12 cm. O artista plástico uruguaio Joaquín Torres García (1874-1949) desenhou um mapa da América do Sul com os polos invertidos e o sul apontando para cima.

UNIDADE 1 • Orientação, localização e representações do espaço geográfico

Independentemente da representação que escolhermos, temos de recordar que a superfície do planeta tem um formato arredondado, portanto não existe possibilidade de um continente estar "em cima" ou "embaixo" do outro. O que está "acima" de nós é a atmosfera, e o que está abaixo da superfície terrestre é a litosfera e o núcleo terrestre, partes do planeta que estudaremos mais à frente.

Observe ao lado um globo terrestre, que imita quase perfeitamente o formato da superfície do planeta. Perceba que nenhum país ou continente está "acima" dos demais; eles estão apenas em lados ou hemisférios diferentes dessa esfera.

◁ Observe, nessa representação, que os países da América do Sul e do Norte estão em hemisférios diferentes, mas nenhum país está sobreposto a outro. O globo simula a divisão política dos países na Terra.

 Texto e ação

1. Por que a linha do equador foi traçada na parte mais larga do planeta?

2. Explique por que somente nos séculos XV e XVI surgiram os primeiros mapas-múndi representando de forma mais precisa todos os continentes da superfície terrestre.

3. Por que se diz que é apenas uma convenção representar o polo norte na parte de cima e o polo sul na parte de baixo no mapa?

4. Imagine um planisfério em que o Brasil seja retratado de maneira centralizada. Ele está correto? Por quê?

5. Observe as representações da página 25. Elas mostram o mapa elaborado de acordo com os escritos de Hecateu de Mileto e o mapa de Abraham Ortelius, que representam o mundo conhecido pela humanidade na época em que esses geógrafos viveram. Agora, faça o que se pede.

    a) Compare os dois mapas e aponte as diferenças entre eles.

    b) Aponte que representação difere mais dos mapas-múndi confeccionados atualmente. Justifique sua resposta.

 Mundo virtual

Google Earth
Disponível em: <www.google.com/earth/>. Acesso em: 1º out. 2018.

Programa de computador que apresenta modelo tridimensional do globo terrestre, construído com mosaicos de imagens de satélite, imagens aéreas (fotografadas por aeronaves) e também imagens 3D.

2 Direções e pontos cardeais

Você já viu que a Terra tem dois polos geográficos, o norte e o sul. Os polos serviram de referência para se estabelecerem as direções norte e sul. Ou seja, quando estamos próximos à linha do equador, rumando em direção ao polo norte, estamos indo para o norte; ao contrário, quando apontamos para o polo sul, estamos indicando o sul.

Além da noção de orientação mencionada acima, é comum dizer que o **nascer do sol** ocorre quando este surge no horizonte pela manhã, enquanto o momento em que o Sol desaparece no horizonte, ao final da tarde, é conhecido como **pôr do sol**. Essas palavras são usadas porque povos antigos, como os egípcios, acreditavam que um novo Sol nascia a cada dia, enquanto, ao entardecer, ele ia lentamente morrendo. Hoje, sabemos que não é isso que acontece. Pela manhã, o Sol surge no horizonte e à noite desaparece nele por conta do movimento de rotação da Terra, isto é, o movimento que o planeta faz ao redor de si, do eixo que vai do polo norte até o polo sul, atravessando o centro. No entanto, os termos **nascer** e **pôr** do sol permaneceram devido à tradição de seu uso.

Com base em nosso corpo e nas noções de leste e de oeste, também podemos estabelecer as demais direções: se posicionarmos o braço direito em direção ao local onde o Sol "nasce", teremos o leste (este, oriente ou nascente). Consequentemente, à nossa esquerda estará o oeste (ou poente ou ocidente), onde o Sol se põe ou desaparece nos fins de tarde. A partir dessa orientação, teremos à frente a direção norte e, atrás de nós, a direção sul. Portanto, o leste ou "nascente" é o primeiro ponto cardeal. A partir dele foram estabelecidos os demais pontos ou direções cardeais.

▶ **Cardeal:** principal ou primordial.

Esses pontos podem ser observados em uma **rosa dos ventos**, figura encontrada em mapas e cartas utilizadas por navegadores que mostra todas as direções de orientação. Essa representação indica quais são as direções cardeais, colaterais e subcolaterais. Observe:

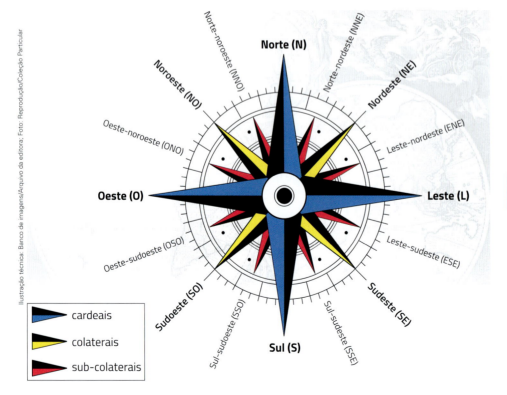

> **Minha biblioteca**
>
> **Rosa dos ventos**, de Bartolomeu Campos de Queirós. São Paulo: Global, 2009.
>
> Com texto cheio de ritmo e musicalidade, o livro ensina os pontos cardeais de forma leve, fazendo o leitor refletir sobre si mesmo e sobre estar no mundo.

Hoje também sabemos que o Sol aparece na direção leste toda manhã e se põe na direção oeste no fim da tarde devido ao chamado movimento aparente do Sol. Esse movimento é a impressão que uma pessoa que está na Terra tem ao olhar para o céu e ver o deslocamento que o Sol faz no horizonte. Para esse observador, o Sol parece ir da direção leste para a oeste, o que poderia nos fazer pensar que ele gira ao redor do nosso planeta. No entanto, o que ocorre na verdade é o movimento constante de rotação da Terra, realizado de oeste para leste. Dessa forma, quem se desloca constantemente é o observador, pois ele está na superfície do planeta. Essa impressão é semelhante à que temos quando viajamos de trem ou estamos no carro em uma estrada e olhamos pela janela: parece que as árvores e outros objetos estão se deslocando no sentido contrário ao nosso, porém o que se move, nesse caso, é o veículo onde estamos.

Uma das formas de encontrar os pontos cardeais é pelo nascer do sol. A figura mostra uma criança apontando o braço direito na direção em que o Sol surge pela manhã, ou seja, aproximadamente o ponto leste. Assim, os demais pontos podem ser encontrados: na direção do braço esquerdo está o oeste, à frente está o norte, e atrás está o sul.

Texto e ação

1. Muitas vezes, quando estamos perdidos, dizemos que estamos "desnorteados". Por que essa palavra é usada?

2. Você notou alguma relação entre os nomes das direções cardeais e os nomes das direções colaterais? Qual?

3. Observe um mapa do município onde você mora. Depois, faça o que se pede.

    a) Localize nele o(s) bairro(s) em que se situam sua casa e a escola em que você estuda.

    b) Seu bairro está localizado ao norte, ao sul, a leste ou a oeste em relação ao centro do município?

    c) E a escola onde você estuda, em que direção está localizada em relação à sua casa?

4. Por que o primeiro ponto de orientação espacial criado pelos seres humanos foi o leste e não algum outro?

Bússola

A bússola é um antigo **instrumento** de orientação que foi inventado pelos chineses no século X e ainda hoje continua sendo bastante utilizado. No final do século XIII, foi aperfeiçoada pelos europeus e desempenhou um importante papel nas grandes navegações. Antes do uso da bússola, os navegadores se orientavam pelo Sol (durante o dia) e pelas estrelas (à noite).

A principal estrela usada para se orientar é a Polar (ou Polaris), que faz parte da constelação da Ursa Menor. Do nosso ponto de observação aqui na Terra, ela nunca muda de lugar e indica aproximadamente a direção norte. Mas essa estrela só é visível no hemisfério norte.

> **Constelação:** grupo de estrelas que, vistas da Terra, parecem estar próximas entre si e formam uma figura imaginária.

No hemisfério sul, os navegadores descobriram outra constelação para conseguir se orientar em suas viagens. A constelação Cruzeiro do Sul, que parece a figura de uma cruz, permite encontrar a direção sul a partir de um prolongamento do braço mais longo dessa constelação.

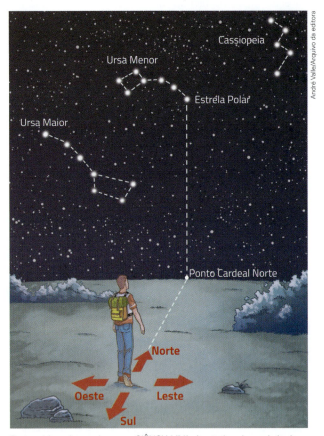

Fonte: elaborada com base em CIÊNCIA VIVA. A estrela polar e a latitude. Disponível em: <www.cienciaviva.pt/equinocio/onde_estas/estrela_polar_e_latitude.asp>. Acesso em: 8 maio 2018.

Ilustração indicando a forma de se orientar, no hemisfério norte, pela estrela Polar, que faz parte da constelação da Ursa Menor. É uma estrela bem visível à noite do hemisfério norte (desde que o céu esteja claro). Traçando uma linha vertical a partir dessa estrela, temos o ponto cardeal norte.

O esquema mostra como se orientar pela constelação do Cruzeiro do Sul. Primeiro traçamos uma linha reta entre as duas estrelas que formam o braço maior da cruz, a estrela de Magalhães e a Rubidea. Prolongamos essa reta por 4,5 vezes a sua extensão e, nesse ponto, identificamos o chamado polo celeste sul, tal como na figura. A partir desse ponto, traçamos uma linha vertical reta e encontraremos o ponto cardeal sul na superfície terrestre. É um pouco complicado, não é? Por aí se tem uma ideia das dificuldades dos navegantes antes do aperfeiçoamento da bússola para uso nos navios.

Fonte: elaborada com base em UNIVERSIDADE DE SÃO PAULO. Centro de Divulgação Científica e Cultural. *O Cruzeiro do Sul*. Disponível em: <www.cdcc.usp.br/cda/jct/cruzeiro-sul/index.html>. Acesso em: 8 maio 2018.

A orientação pelo Sol ou pelas demais estrelas não possibilita a determinação de um ponto cardeal de forma precisa. Primeiro, porque muitas vezes o céu está nublado e não é possível enxergar bem o Sol e, principalmente, as estrelas. Além disso, com um navio balançando constantemente em alto-mar, uma orientação precisa pelo Sol ou pelas estrelas também é dificultada. Por isso, antes do aperfeiçoamento da bússola para o uso na navegação, era muito comum os navios se perderem em alto-mar, com inúmeros acidentes fatais. Os navegadores tinham receio de se aventurar em águas desconhecidas, daí ter levado muito tempo para os europeus descobrirem o caminho marítimo para as Índias ou para desembarcarem no continente americano. A bússola revolucionou a navegação mundial, facilitando a vida dos navegadores e possibilitando as viagens pelos diversos pontos da superfície terrestre. Mas como esse instrumento possibilita a orientação correta?

A bússola possui um mostrador semelhante ao de um relógio, mas, em vez de números (as horas), ele apresenta as direções cardeais, colaterais e subcolaterais. Ela conta com uma agulha imantada que aponta sempre para o norte magnético e de modo aproximado para o norte geográfico. Com base na identificação dessa direção, podemos localizar todas as outras.

O núcleo da Terra é composto basicamente de ferro e níquel e funciona como um grande ímã. Dele partem linhas de força, ao longo das quais se manifesta a ação de um campo magnético, para os extremos norte e sul do planeta, constituindo os polos magnéticos. A agulha da bússola é atraída somente por um desses polos, como vimos anteriormente. Observe a ilustração abaixo; ela mostra que os polos norte magnético e geográfico não estão localizados no mesmo ponto do planeta.

Este tipo de bússola portátil é utilizado para orientação. No entanto, outros tipos estão inseridos em aparelhos modernos, como o GPS e os celulares. A vantagem do modelo portátil é a independência de energia elétrica ou de baterias para funcionar.

▶ **Imantado:** que tem as propriedades de um ímã, ou seja, com extremidades que atraem ou repelem metais ferrosos.

Linhas do campo magnético da Terra

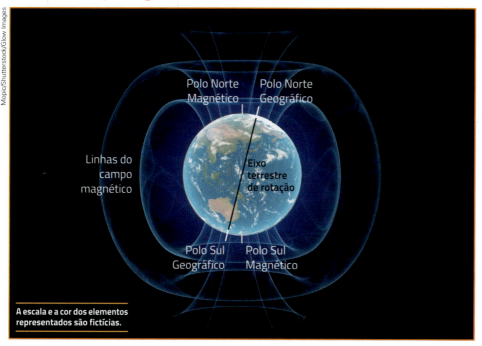

A escala e a cor dos elementos representados são fictícias.

De olho na tela

A origem da bússola. Duração: 2 min 48 s. Disponível em: <www.ebc.com.br/infantil/voce-sabia/galeria/videos/2012/08/a-origem-da-bussola>. Acesso em: 11 abr. 2018.

A animação conta a história da bússola, como ela foi inventada e por que foi tão importante para as navegações.

Qual é a diferença entre o norte geográfico e o magnético?

O norte geográfico resulta do movimento de rotação da Terra, enquanto o norte magnético é o resultado do campo magnético gerado pelo metal fundido no interior do planeta. O norte e o sul geográficos, assim, são constituídos pelas extremidades do eixo terrestre, ao redor do qual a Terra gira constantemente. Esse movimento, conhecido como rotação, resulta nos dias e nas noites. Os polos norte e sul geográficos não mudam de lugar, mas os polos magnéticos sim. Pesquisas recentes detectaram que o polo norte magnético está se movimentando em direção à Ásia, a uma velocidade média de cerca de 55 quilômetros por ano, devido a mudanças magnéticas no núcleo do planeta.

Durante séculos se pensou que o norte geográfico e o norte magnético eram os mesmos. Somente em 1831 se descobriu que são diferentes, quando um explorador inglês chegou à região ártica e percebeu que a agulha da bússola apontava para o chão – isto é, ela só parava de se mover num determinado lugar, no polo magnético –, em um local relativamente distante do norte geográfico.

Essa constatação resultou na descoberta de uma ligeira diferença entre o norte e o sul apontados pela bússola (o norte e o sul magnéticos) e o norte e o sul geográficos. Essa diferença, de aproximadamente 890 km na região ártica, é quase insignificante para as áreas distantes do polo norte, mas é significativa para as regiões próximas a ele. No hemisfério sul, essa diferença é bem maior entre os polos geográfico e magnético. O polo sul geográfico está a 2 835 km do polo sul magnético. Observe os mapas ao lado.

Região polar ártica

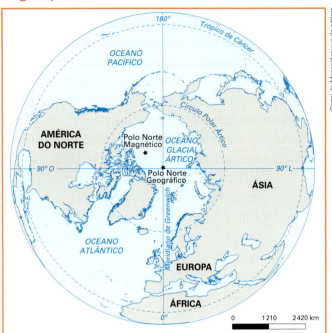

Fonte: elaborado com base em IBGE. *Atlas geográfico escolar*. 7. ed. Rio de Janeiro, 2016. p. 56.

Região polar antártica

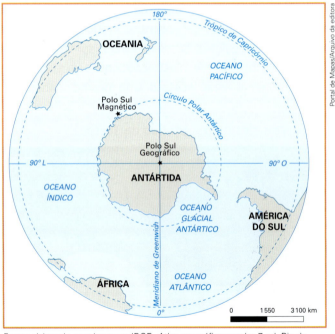

Fonte: elaborado com base em IBGE. *Atlas geográfico escolar*. 7. ed. Rio de Janeiro, 2016. p. 56.

Minha biblioteca

Bússola: a invenção que mudou o mundo, de Amir D. Aczel. Rio de Janeiro: Zahar, 2002.
Como se descobriu que uma agulha imantada pode indicar o norte? Onde surgiu a ideia dos pontos cardeais e da rosa dos ventos? O livro busca explicar a importância da chegada da bússola à Europa do século XIII e demonstra como os marinheiros passaram a fazer uso desses recursos, como os navegantes se orientavam antes da invenção da bússola e como aprenderam a usá-la para navegar.

CONEXÕES COM HISTÓRIA E LÍNGUA PORTUGUESA

1. Faça uma pesquisa sobre os instrumentos usados pelos portugueses para se orientar em expedições marítimas no século XVI. O astrolábio, a balhestilha, a bússola e as cartas de navegação são alguns exemplos. As questões a seguir podem orientar sua pesquisa. Combine com o professor uma data para compartilhar o que você descobriu.

   a) Qual era a função de cada um dos instrumentos pesquisados?

   b) Atualmente, os equipamentos e instrumentos de orientação e localização no espaço geográfico se modernizaram, o que possibilita mais precisão. Pensando nisso, escreva, com suas palavras, qual é a importância de as pessoas utilizarem instrumentos mais precisos para orientação e localização no espaço.

2. O cordel é um tipo de poesia popular. Os poemas são impressos em folhetos que são pendurados em cordel (corda fina) ou barbante, daí o seu nome. Essa literatura teve origem em Portugal e, chegando ao Brasil, se popularizou na região Nordeste do país. Geralmente as estrofes são feitas com quatro (quadra) ou seis versos (sextilhas) e o poema é acompanhado por uma xilogravura, ilustração que utiliza a madeira como uma espécie de carimbo.

Geografia em rima

Estudando Geografia
Seja em qualquer dimensão
Estado, País, Continente
Veja a localização
Pegue o mapa-múndi
Tenha uma ampla visão.

Para localizar-se no espaço
Existem algumas questões
De dia observe o sol
E à noite as constelações
Nunca venha esquecer
Dessas orientações.

Vamos todos aprender
E a dúvida eliminar
Procure usar a bússola
Pra sempre se orientar
Pois em qualquer posição
Ao Norte vai apontar.

Para construir a bússola
É bem fácil de montar
Com prato, água e agulha
Com ímã para imantar
Ponha sobre o isopor
Que ao norte vai apontar

Elimine toda a dúvida
Não queira continuar
Tanto professor e aluno
Procure se orientar
Usando a rosa dos ventos
Pra direção encontrar.

Na rosa dos ventos vemos
Quatro pontos cardeais
Norte-Sul, Leste-Oeste
Também os colaterais
Veja que também existem
Pontos subcolaterais.
[...]

PEREIRA, Juarês Alencar. *Geografia em rima*.
Disponível em: <http://juaresdocordel.blogspot.com/2011/02/geografia-em-rima.html>. Acesso em: 11 ago. 2018.

a) De acordo com o poema, quais são os modos pelos quais podemos nos localizar no espaço? Explique com suas palavras como poderíamos nos localizar em cada um desses modos.

b) Observe novamente os versos da terceira estrofe. Considerando o que você estudou ao longo do capítulo, explique os seguintes versos referentes à bússola: "Pois em qualquer posição / Ao Norte vai apontar".

c) Agora é sua vez! Elabore um poema de cordel que apresente, em seus versos, algum dos temas abordados neste capítulo. Lembre-se das características desse tipo de poema. Depois, compartilhe com os colegas.

ATIVIDADES

+ Ação

1. Observe novamente, na página 32, o mapa da região polar ártica e responda: Como o polo norte magnético está se movimentando em direção à Ásia, você acha que, com o decorrer dos anos, ele estará mais perto ou mais longe do polo norte geográfico? Justifique sua resposta.

2. Imagine que você esteja em Curitiba, capital do estado do Paraná, e pretenda se dirigir a alguns locais com o auxílio de uma planta. Observe a representação do bairro Centro a seguir e faça o que se pede.

   a) Examine novamente a rosa dos ventos da página 28.

   b) Desenhe uma pequena rosa dos ventos com as direções cardeais e colaterais em um papel transparente.

   c) Sobreponha a rosa dos ventos à representação abaixo, que mostra o bairro Centro, em Curitiba. Centralize a rosa dos ventos no Terminal de transporte.

   d) Tendo como referência o Terminal de transporte, responda em que direção é preciso seguir para chegar:
   - ao Passeio público;
   - à Unidade de saúde mais próxima;
   - ao Restaurante popular;
   - ao CEL (Centro de Esporte e Lazer);
   - ao Creas (Centro de Referência Especializado de Assistência Social);
   - ao Liceu de Ofício.

Autoavaliação

1. Quais foram as atividades mais fáceis para você? Por quê?
2. Algum ponto deste capítulo não ficou claro? Qual?
3. Você participou das atividades em dupla e em grupo e expressou suas opiniões?
4. Como você avalia sua compreensão dos assuntos tratados neste capítulo?
   - **Excelente**: não tive dificuldade.
   - **Bom**: consegui resolver as dificuldades de forma rápida.
   - **Regular**: tive dificuldade para entender os conceitos e realizar as atividades propostas.

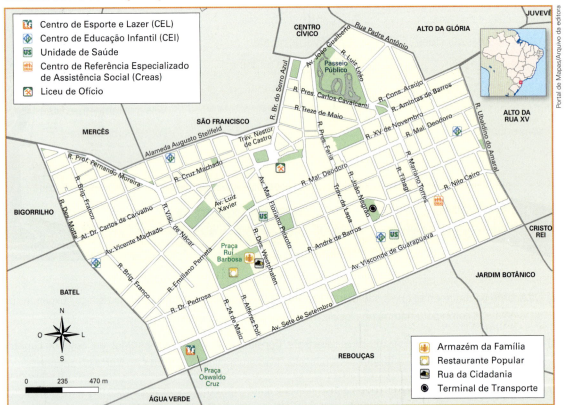

Curitiba: bairro Centro (2014)

Fonte: elaborado com base em EQUIPAMENTO URBANO: IPPUC (SEUC), 2014. *Mapa dos equipamentos municipais do bairro Centro*. Disponível em: <www.ippuc.org.br/nossobairro/anexos/01-Centro.pdf>. Acesso em: 11 abr. 2018.

Lendo a imagem

1▸ Em duplas, leiam a tirinha abaixo e resolvam as atividades.

©Joaquim S. Lavado Tejón (QUINO), TODA MAFALDA/Fotoarena

a) O que Mafalda percebe ao observar o globo terrestre? Você concorda com as ideias da personagem?

b) Por que Mafalda acha que está de cabeça para baixo?

c) A forma como Mafalda coloca o globo, no último quadro da tirinha, mostra uma maneira correta de observar o planeta? Justifiquem a resposta.

2▸ O que vocês acham que Mafalda quis dizer no trecho a seguir: "Você não vê que os países desenvolvidos são justamente os que vivem de cabeça pra cima?".

3▸ Você conhece o programa Google Earth? Ele possibilita a representação digital do globo terrestre. Abra o programa em um computador e faça o que se pede.

a) Descreva a primeira representação do globo que você viu quando abriu o programa.

b) Digite o nome do seu bairro na aba "Pesquisar", localizada no canto superior esquerdo do programa.

c) Escreva com suas palavras o que acontece com a representação que está na tela no momento em que você clica em "Pesquisar", após digitar o nome do seu bairro.

ATIVIDADES 35

CAPÍTULO 2
Localização

A busca pela localização exata sempre fez parte da vida dos seres humanos. Ao longo de sua história, a humanidade criou diversos recursos para indicar sua posição na superfície terrestre. Na foto, mulher observa o mapa dos arredores da estação de metrô Fradique Coutinho, no município de São Paulo (SP). Foto de 2016.

Neste capítulo você estudará as coordenadas geográficas, que possibilitam a localização precisa de qualquer ponto na superfície terrestre. Entenderá o que são as linhas imaginárias que dividem a superfície do planeta, conhecerá os paralelos e os meridianos, o significado de latitude e longitude. Verá, ainda, o que é e como pode ser utilizado o Sistema de Posicionamento Global (GPS).

▶ Para começar

Observe a imagem e responda às questões.

1. Você já viu mapas semelhantes a esses no lugar onde mora? Em caso positivo, as pessoas costumam consultá-los com frequência?

2. Você acha que esses tipos de mapa são importantes? Por quê?

1 Como se localizar com precisão

Quantas vezes você já se deslocou por lugares que não conhecia? Já precisou pedir ajuda a alguém para encontrar o caminho correto até chegar ao destino?

Agora, imagine a seguinte situação: um navio no meio do oceano Atlântico Sul está sem combustível e os tripulantes dessa embarcação precisam pedir ajuda. Em razão da falta de combustível, nenhum dos equipamentos de localização do navio está funcionando e eles possuem apenas rádios comunicadores para informar o local onde estão.

Para pedir socorro, os tripulantes não poderiam dizer somente que estão parados no meio do oceano Atlântico, a oeste da África, a leste da América do Sul ou ao norte da Antártida, pois o oceano é extenso e levaria vários dias para algum avião ou outra embarcação localizar o navio com apenas essas informações.

No entanto, se eles indicarem a localização, com base nas **linhas imaginárias** que estão no mapa e os números delas, será possível identificar que o navio se encontra no cruzamento de duas dessas linhas. Esse ponto exato, ou melhor, a coordenada geográfica, pode ser encontrado facilmente pelas equipes de socorro. Observe o mapa abaixo e identifique o local onde estão os tripulantes que pediram ajuda.

Mundo: linhas imaginárias

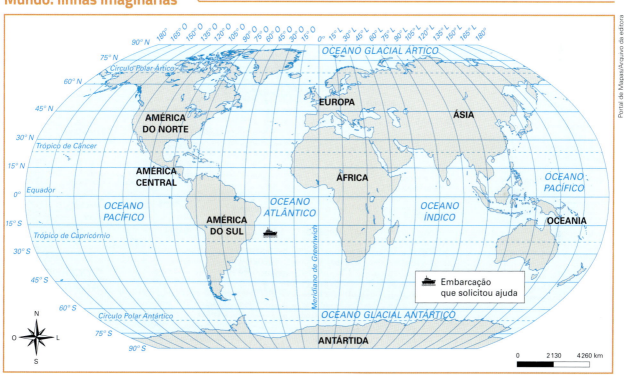

Fonte: elaborado com base em IBGE. *Atlas geográfico escolar*. 7. ed. Rio de Janeiro, 2016. p. 34.

De olho na tela

Os Goonies. Direção: Steven Spielberg, Estados Unidos, 1985.

O filme conta a história de um grupo de crianças e adolescentes que se envolvem em uma aventura ao seguirem as pistas encontradas em um misterioso mapa. Possibilita, de maneira divertida, a discussão sobre a importância do mapa para a orientação e localização de objetos.

Coordenadas geográficas

As direções de orientação que vimos no capítulo anterior fornecem um **rumo**, mas não permitem localizar com exatidão um ponto na superfície terrestre. Informar um rumo é sempre relativo, porque depende de onde está o ponto de referência.

Se considerar, por exemplo, a cidade de Vitória (Espírito Santo) como ponto de referência, Recife (Pernambuco) e Manaus (Amazonas) estarão situadas ao norte em relação a ela. Manaus, por sua vez, situa-se a oeste da cidade do Recife. Porém, se tomar como referência a cidade de Porto Alegre (Rio Grande do Sul), Vitória será uma das cidades que estarão ao norte.

Assim, dizer que uma cidade está a norte ou a leste de outra não é uma localização precisa, mas uma indicação relativa, já que depende de uma referência. Para saber a localização exata de qualquer local ou ponto na superfície terrestre, como uma cidade, uma montanha ou mesmo um avião ou um navio, são utilizadas as **coordenadas geográficas**.

As coordenadas geográficas são constituídas pelo cruzamento de **paralelos** e **meridianos**, ou seja, de linhas imaginárias traçadas sobre o globo terrestre.

Brasil: algumas cidades (2016)

Fonte: elaborado com base em IBGE. *Atlas geográfico escolar*. 7. ed. Rio de Janeiro, 2016. p. 90.

Os paralelos, como o próprio nome indica, são linhas paralelas à linha do equador que circundam a Terra. Portanto, são circulares. Cada paralelo abrange 360° do globo, ou seja, dá uma volta completa na Terra. A própria linha do **equador** é um paralelo, que se localiza na parte mais larga da Terra, na sua "cintura". Com aproximadamente 40 mil quilômetros de extensão, ele divide a Terra em dois hemisférios, o norte e o sul.

À medida que os paralelos se afastam da linha do equador e se aproximam dos polos, tornam-se cada vez menores, como é possível observar no mapa abaixo. Outros paralelos importantes são: os trópicos de Capricórnio e de Câncer, linhas que marcam a posição dos solstícios de verão nos hemisférios sul e norte (como você verá no capítulo 4), e os círculos polares Antártico e Ártico, pois a partir deles começam as chamadas zonas polares ártica (ao norte) e antártica (ao sul).

Mundo: paralelos

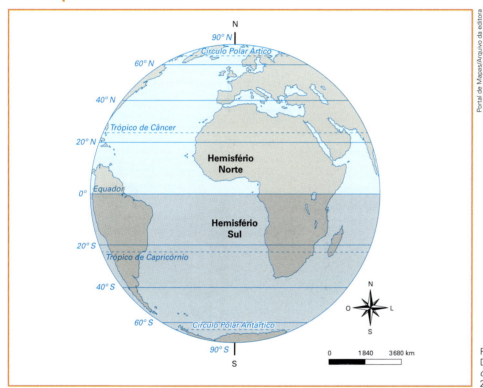

Fonte: elaborado com base em DUARTE, Paulo Araújo. *Fundamentos de cartografia*. Florianópolis: UFSC, 2006. p. 53.

Esses paralelos marcam também as chamadas zonas térmicas da Terra: a intertropical (entre os dois trópicos e tendo o equador no centro), as temperadas norte e sul (entre os trópicos e os círculos polares) e as zonas polares ártica e antártica (dos círculos polares até os polos).

De olho na tela

As aventuras do Geodetetive: latitude e longitude. Duração: 10 min 22 s. Disponível em: <http://m3.ime.unicamp.br/recursos/1103>. Acesso em: 28 mar. 2018. Nesse vídeo, Arnaldo, um jovem curioso, se transforma no Geodetetive e busca desvendar, com seu assistente Sagan, como é possível indicar precisamente um ponto na superfície da Terra. A resposta é simples: por meio de um sistema de coordenadas geográficas.

Os meridianos são linhas imaginárias semicirculares, isto é, linhas de 180°. Eles ligam o polo norte ao polo sul e cruzam os paralelos. Veja o mapa.

Mundo: meridianos

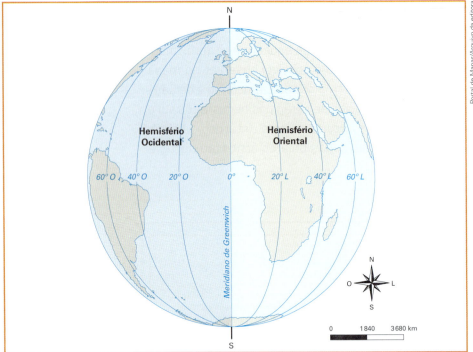

Fonte: elaborado com base em DUARTE, Paulo Araújo. *Fundamentos de cartografia*. Florianópolis: UFSC, 2006. p. 48.

Cada meridiano possui seu antimeridiano, isto é, um meridiano oposto, localizado na metade oposta do planeta, que, junto com ele, forma um círculo completo. Todos os meridianos têm o mesmo tamanho. Convencionou-se que o **meridiano de Greenwich**, que passa pelos arredores da cidade de Londres (Reino Unido), é o meridiano principal ou zero.

Latitude e longitude

Latitude é a distância, medida em graus (de 0° a 90°), que vai da linha do equador a qualquer ponto da superfície da Terra. Qualquer lugar ou objeto situado na linha do equador está a 0° de latitude. O polo norte possui 90° de latitude norte, e o polo sul, 90° de latitude sul, totalizando, com as somas das latitudes dos dois hemisférios, **180°** de latitude na superfície terrestre.

Monumento que marca onde passa o meridiano de Greenwich, em Londres, Reino Unido. Foto de 2017.

Longitude, por sua vez, é a distância, também medida em graus (de 0° a 180°), que vai do meridiano de Greenwich até um ponto qualquer da Terra. Qualquer lugar ou objeto situado exatamente sobre o meridiano de Greenwich possui 0° de longitude. Para oeste ou para leste desse meridiano, a longitude vai aumentando até chegar a 180°, totalizando, com a soma das longitudes leste e oeste, **360°** de longitude na superfície terrestre.

Em resumo, tanto a latitude como a longitude são medidas em graus, cujo símbolo é (°). Cada grau se divide em 60 minutos, cujo símbolo é ('), e cada minuto se divide em 60 segundos, cujo símbolo é ("). Quando sabemos a latitude e a longitude exatas de algum lugar, de um navio, de um grupo de pessoas perdidas num deserto ou numa floresta, podemos encontrá-los com facilidade.

Os usos das coordenadas geográficas

Imagine a seguinte situação: um avião caiu numa região montanhosa da Ásia, na parte oeste da Mongólia, próximo à fronteira do país com Rússia, Cazaquistão e China.

Mesmo supondo que os sobreviventes do acidente soubessem que estavam em algum ponto a oeste da Mongólia e ao sul da Rússia, essa informação não seria suficiente para localizá-los rápida e precisamente. Para informar com exatidão o lugar onde se encontravam, os sobreviventes teriam de fornecer a latitude e a longitude desse ponto. Observe o mapa: o avião caiu a 50° de latitude norte e 90° de longitude leste. Essas coordenadas, sim, forneceriam a localização mais precisa das vítimas.

Por isso, atualmente, qualquer navio ou avião, e também automóveis, aparelhos de celular e até alguns relógios dispõem de instrumentos que se conectam com satélites e indicam as suas coordenadas geográficas.

Mundo: latitude e longitude

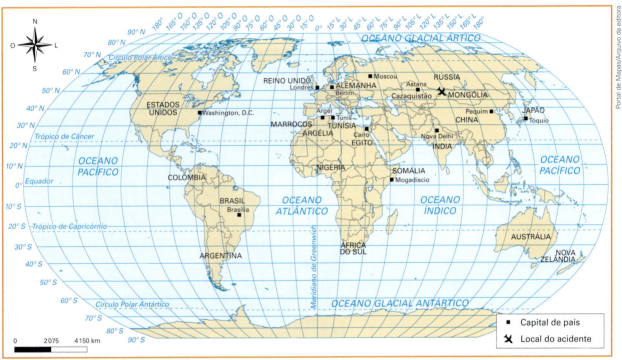

Fonte: elaborado com base em CALDINI, Vera Lúcia de Moraes; ÍSOLA, Leda. *Atlas geográfico Saraiva*. 4. ed. São Paulo: Saraiva, 2013. p. 24.

Texto e ação

1. Observe novamente o mapa do Brasil da página 38.
   a) Quais são os dois estados brasileiros que possuem a maior parte de seus territórios no hemisfério norte?
   b) Qual é a capital estadual que se localiza no extremo oeste do país?
   c) Quais são os estados brasileiros por onde passa o trópico de Capricórnio?

2. Observe o mapa-múndi acima e responda:
   a) Qual é o país onde se localiza o ponto situado a 20° de latitude sul e 120° de longitude leste?
   b) Onde fica o local com latitude 10° sul e longitude 60° a oeste?

2 Sistema de Posicionamento Global

Já vimos que, durante milênios, até ser inventada a bússola, os referenciais de localização mais utilizados eram o Sol e as estrelas, além de elementos da paisagem, como as montanhas e os rios, que permitem uma orientação, mas não a localização precisa de um ponto na superfície terrestre. Ainda hoje esses referenciais são utilizados por escoteiros; povos tradicionais, como ribeirinhos, quilombolas, indígenas; militares em treinamento, entre outros.

No século XX, a invenção do **sistema de localização** por meio de sinais de rádio aprimorou muito a orientação de navios e aeronaves, e, na década de 1960, um novo instrumento baseado em informações transmitidas por satélites artificiais foi criado: o *Global Positioning System* (GPS), em inglês, ou Sistema de Posicionamento Global.

Concebido pelo Departamento de Defesa dos Estados Unidos, o GPS foi considerado totalmente operacional apenas em 1995. O sistema, que consiste em 24 satélites artificiais colocados em órbita a cerca de 20 200 km da Terra, é capaz de indicar a localização de pontos de referência com grande precisão, fornecendo a latitude, a longitude e a altitude. Esses satélites circulam duas vezes por dia ao redor do planeta, emitindo sinais de rádio codificados, que são capturados por um receptor.

Para utilizar esse sistema de localização é necessário ter um receptor de GPS, que possui uma antena (externa ou embutida) para captar os sinais de alguns desses satélites. Menos de um segundo é o tempo necessário para que o aparelho processe os dados e calcule a posição em que se encontra. Receptores de GPS são utilizados por navios, aviões, caminhões e demais veículos (observe a ilustração ao lado). Mais recentemente, a União Europeia, a Rússia e a China lançaram satélites artificiais com a finalidade de terem seus próprios GPS para não dependerem do sistema estadunidense.

> **Satélite artificial:** objeto posto em órbita ao redor da Terra ou de outro astro por meio de foguete. Serve para observações científicas e é operado automaticamente por instrumentos.

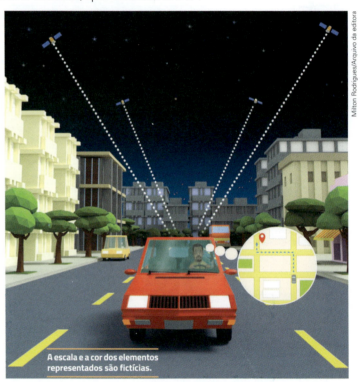

A escala e a cor dos elementos representados são fictícias.

Fonte: elaborada com base em GOVERNO DOS ESTADOS UNIDOS. Disponível em: <www.gps.gov/multimedia/poster/poster-web.pdf>. Acesso em: 10 maio 2018.

Texto e ação

1. Quais são os pontos de referência mais utilizados pelas pessoas para se orientarem na área próxima à sua escola?

2. Em duplas, pesquisem quais são as coordenadas geográficas de sua casa e de sua escola. Essa pesquisa pode ser feita por meio da internet ou por um GPS (se vocês tiverem um e souberem usá-lo) ou até por algum aplicativo de celular que apresente essa informação.

Geolink

Leia a reportagem.

GPS: O guia que veio do espaço

Era o ano de 1978 [...]. De uma base americana, três satélites foram secretamente lançados ao espaço. Lá do alto, eles enviariam constantemente sinais de rádio para que alguns navios de guerra dos Estados Unidos pudessem calcular sua localização com precisão [...]. Os militares americanos não sabiam, mas acabavam de colocar em órbita uma inovação que quinze anos depois seria adorada por civis pacíficos do mundo inteiro: o Sistema de Posicionamento Global, ou GPS, como ficou conhecido. [...]

Embora tecnologicamente complicado – cada satélite, por exemplo, carrega quatro relógios atômicos para marcar o tempo –, o sistema tem um funcionamento teórico simples, o que despertou a atenção das indústrias eletrônicas americanas na metade dos anos [19]80. Elas perceberam que o sistema era capaz de muitos outros feitos, além de orientar destróieres ou porta-aviões. E mais: os sinais estavam sendo irradiados pelos satélites para qualquer pessoa com um receptor capaz de captá-los. Ou seja, bastava construir tais aparelhinhos e vendê-los aos montes.

▶ **Destróier:** navio veloz, de porte médio, que acompanha grandes navios para vigiá-los e defendê-los contra torpedos e outros ataques.

Hoje essa constelação [de satélites] diz, com precisão nunca antes atingida, a latitude, longitude e altitude de qualquer ponto na face da Terra. [...]

Obviamente, os militares americanos não gostaram [...] de ver seus satélites sendo usados [...]. Como não podiam impedir a captação dos sinais, introduziram distorções nas ondas enviadas pelos satélites. O desvio proposital reduz a precisão dos aparelhos de uso civil. [...]

[...] É em terra que o GPS está encontrando aplicações cada vez mais inesperadas, como preservar a pureza da água bebida pelos paulistanos. "Estamos mapeando toda a área de mananciais da Cantareira", conta o geólogo Fábio Cardinale Branco. [...] Registraram com extrema precisão áreas onde ocorre erosão, urbanização e destruição de mata natural.

Soldados americanos testam dois dos primeiros modelos de receptores de GPS desenvolvidos para fins militares em 1978.

Esse trabalho poderia ser feito pelo tradicional método de fotografias aéreas. "Só que custaria 1 milhão de dólares e ficaria desatualizado rapidamente, devido à dinâmica de ocupação do solo em São Paulo", justifica Branco. "Usando um receptor do GPS de apenas 500 dólares, podemos atualizar os dados a cada voo." [...]

D'AMARO, Paulo. GPS: o guia que veio do espaço. *Superinteressante*.
Disponível em: <https://super.abril.com.br/tecnologia/gps-o-guia-que-veio-do-espaco/>. Acesso em: 16 maio 2018.

Agora, responda:

1. Qual a função dos primeiros satélites lançados de uma base americana ao espaço?
2. Qual a importância de mapear via satélite a área da Cantareira, em São Paulo?
3. Além do GPS, outros instrumentos utilizados constantemente em nosso dia a dia foram inventados a partir de exigências militares. Cite ao menos dois instrumentos que foram inventados para atender a necessidades militares e mais tarde se popularizaram.
4. Assim como os Estados Unidos, outros países também desenvolveram sistemas de localização. Pesquise, em jornais, revistas e *sites*, informações sobre os sistemas de posicionamento global alternativos ao GPS e apresente ao menos duas características de cada um deles.

O GPS no dia a dia

Associado a um mapa, o uso do GPS é um excelente instrumento de localização, orientação e navegação. O sistema tem se tornado cada vez mais popular também entre ciclistas, balonistas, pescadores, ecoturistas e mesmo entre pessoas que querem apenas se localizar melhor durante seus trajetos cotidianos. Hoje, quase todos os automóveis e aparelhos celulares já saem das fábricas com um receptor de GPS e com *softwares* com mapas que mostram as ruas da cidade e as rodovias.

> **Software:** programa de computador ou sistema de processamento de dados, também chamado de aplicativo.

Muitos acreditam que o próximo passo consiste em tornar comum o uso de automóveis autônomos, isto é, sem um motorista ao volante. Eles são conduzidos por meio de sistemas informatizados com vários equipamentos – sensores para detectar obstáculos no caminho, para identificar curvas na via, etc. –, entre eles, o GPS. Cabe mencionar que o GPS pode indicar não apenas a localização, mas também o deslocamento, a distância e a velocidade do veículo em relação a qualquer outro ponto de referência na superfície terrestre.

Os veículos autônomos são equipados com GPS e mapas mais precisos, além de programas de computador de bordo "inteligentes". Apresentam, também, inúmeros sensores para detectar se o semáforo está verde ou vermelho, se há obstáculos no caminho (outros veículos, pessoas, animais, árvores tombadas, etc.), para evitar acidentes. Na foto, mulher testa veículo autônomo em Amsterdã, Holanda, em 2016.

Contudo, os veículos autônomos ainda se encontram em estágio experimental. Provavelmente, dentro de alguns anos ou décadas, esses veículos circularão em grande quantidade em cidades e rodovias dos países nos quais os mapas digitais são de boa qualidade e o sistema informatizado dos veículos estiver permanentemente em contato com o controle de tráfego. Já nos países que carecerem desses aparatos tecnológicos, a introdução de veículos autônomos deve demorar, pois, além do alto custo, há problemas com os mapas digitais, que geralmente estão desatualizados – não incluem várias ruas, nem indicam qual é o sentido da via, por exemplo.

A conexão entre o sistema público de controle do tráfego e os sistemas de GPS possibilitaria a constante troca de informações sobre a existência ou localização de acidentes, interdições ou congestionamentos em alguma via, o que favoreceria a identificação de um trajeto alternativo pelo próprio veículo autônomo.

Texto e ação

1. ▶ Você já leu ou viu alguma reportagem sobre a fabricação de automóveis e caminhões autônomos no Brasil ou no mundo? Em caso afirmativo, conte ao professor e aos colegas o que você já sabe a respeito. Pesquise o assunto em jornais, revistas, *sites* da internet, etc. Procure escrever sobre os aspectos positivos e os negativos dessa tecnologia.

2. ▶ Qual é a sua opinião sobre os veículos autônomos: São mais perigosos ou mais seguros em relação aos veículos tradicionais? Por quê? Você acha que no Brasil eles vão se popularizar logo ou isso ainda vai demorar? Converse com os colegas.

CONEXÕES COM MATEMÁTICA

• ▸ O jogo batalha-naval tem por base um sistema de coordenadas cartesianas. Esse sistema consiste em dois eixos que se cruzam: o X, horizontal, e o Y, vertical. Veja o tabuleiro abaixo e reproduza-a no caderno.

Cada participante tem uma frota que deverá ser distribuída pelo papel quadriculado. Ao todo são:

- 2 submarinos (uma quadrícula):

- 2 cruzadores (duas quadrículas):

- 2 hidroaviões (três quadrículas):

- 1 encouraçado (quatro quadrículas):

- 1 porta-aviões (cinco quadrículas):

Como jogar

Jogue com um colega. Cada um deve marcar seus navios na quadrícula sem que o outro veja. O objetivo do jogo é acertar as coordenadas dos pontos que o rival marcou na folha dele.

Um dos jogadores indica uma coordenada e o seu adversário diz se a coordenada apontada acertou alguma das embarcações de sua frota. Caso tenha acertado uma parte dos equipamentos que abarcam mais de uma coordenada (mais de uma quadrícula), como é o caso dos submarinos, cruzadores, hidroaviões, encouraçado e porta-aviões, o jogador adversário pode indicar outra coordenada próximo à acertada, pois é bem provável que o restante do equipamento esteja por perto. Considera-se que o equipamento foi abatido quando todas as suas coordenadas foram descobertas pelo jogador adversário.

Veja no tabuleiro a seguir a localização escolhida por um jogador hipotético e, abaixo, as coordenadas de localização de cada parte da sua frota naval:

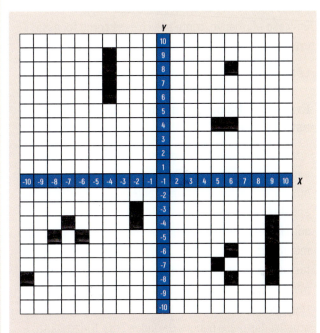

- Submarinos (6,8); (-10,-8)
- Cruzadores (-2,-3) e (-2,-4); (5,4) e (6,4)
- Hidroaviões (-7,-4), (-6,-5) e (-8,-5); (5,-7), (6,-6) e (6,-8)
- Encouraçado (-4,6), (-4,7), (-4,8) e (-4,9)
- Porta-aviões (9,-4), (9,-5), (9,-6), (9,-7) e (9,-8)

Pontuação: acertar o submarino vale 20 pontos; o cruzador, 40 pontos; o hidroavião vale 60; o encouraçado, 120; e o porta-aviões, 250 pontos. Vence aquele que conseguir acertar mais navios do rival.

Agora, responda:

a) Você já conhecia esse jogo?

b) Você percebeu que as coordenadas cartesianas desse jogo têm muita semelhança com as coordenadas geográficas?

c) Explique as semelhanças e as diferenças entre as coordenadas do jogo e as geográficas, isto é, a latitude e a longitude.

ATIVIDADES

+ Ação

1 ▸ 👥 Você já precisou usar um GPS ou um aplicativo de mapas para celular ou *tablet* para chegar a algum local? Em caso afirmativo, conte aos colegas como foi essa experiência.

2 ▸ Leia o texto e faça as atividades propostas.

Erros no GPS ocorrem porque as cidades estão vivas

Erros envolvendo GPS, especialmente em celulares, ocorrem porque as cidades são organismos vivos, ou seja, elas estão constantemente mudando. É o que aponta o diretor da Divisão de Mapas [de uma empresa], Hélder Azevedo. "Pode ser que as empresas cometam erros de digitação, equívocos na hora de coletar informações etc., mas eles são poucos. O que leva mesmo à grande maioria dos erros de localização são transformações ocorridas nas cidades e que não são atualizadas pelos bancos de dados", diz. Ele ressalta que recentemente em Belo Horizonte uma ponte foi inaugurada no Anel Rodoviário e a alteração foi incluída quase automaticamente nos sistemas de mapas [...]. "Mas isso poderia demorar mais tempo caso não tivéssemos a informação", afirma. Só em BH, segundo o diretor, a empresa mantém uma equipe de 12 cartógrafos e geólogos e quatro veículos de olho vivo em alterações.

SCALIONI, Silas. Erros no GPS ocorrem porque as cidades estão vivas. *Em.com.br*. Disponível em: <www.em.com.br/app/noticia/tecnologia/2013/04/25/interna_tecnologia,376726/erros-no-gps-ocorrem-porque-as-cidades-estao-vivas.shtml>. Acesso em: 21 fev. 2018.

a) Alguns dizem que, ao utilizar o GPS, as pessoas, especialmente os motoristas, ficam mais acomodadas e não sabem ir sozinhas a vários lugares ou se localizar corretamente na cidade. Você concorda com essa afirmação? Por quê?

b) Por que nos mapas digitais utilizados nos GPS há muitos erros?

c) O que você entende pela expressão "as cidades estão vivas"?

3 ▸ Leia com atenção o texto ao lado e responda às questões.

Sistema Glonass se torna obrigatório na Rússia

Desde 1º de janeiro de 2017 entrou em vigor a lei que obriga todos os carros registrados na Rússia a possuírem o sistema de posicionamento global Glonass.

Em carros de passageiros, o sistema russo, análogo ao GPS, informará automaticamente sobre a ocorrência de acidentes rodoviários. Ele também deverá facilitar muito o trabalho dos policiais no local do acidente.

O sistema partilha o local, a hora e a velocidade exatos no momento de qualquer acidente. Assim, a tarefa do policial que chega ao local será bastante facilitada visto que os dados apresentados são extremamente precisos.

De acordo com a nova alteração da lei, todos os carros que estão sendo fornecidos à Rússia devem ser equipados com o sistema. Uma série de marcas de carros de luxo ameaçou sair do mercado russo por esta razão, argumentando a decisão pelo custo de realizar testes do sistema em grande número de veículos.

[...] O sistema [já] funcionava no país desde 1º de janeiro de 2016, em carros dos serviços de emergência, partilhando dados precisos do local do acidente.

SISTEMA Glonass se torna obrigatório na Rússia. *Sputnik*. Disponível em: <https://br.sputniknews.com/russia/201701037341684-glonass-carros-russia-lei/>. Acesso em: 26 mar. 2018.

a) Segundo o texto, por que é importante que o Glonass seja utilizado com maior frequência pelas pessoas que moram na Rússia?

b) Por que várias marcas de carro ameaçaram sair do mercado russo?

c) Você acha que o Brasil deveria adotar um sistema semelhante a esse? Por quê?

Autoavaliação

1. Quais foram as atividades mais fáceis pra você? Por quê?
2. Algum ponto deste capítulo não ficou claro? Qual?
3. Você participou das atividades em dupla e em grupo e expressou suas opiniões?
4. Como você avalia sua compreensão dos assuntos tratados neste capítulo?

   » **Excelente**: não tive dificuldade.
   » **Bom**: consegui resolver as dificuldades de forma rápida.
   » **Regular**: tive dificuldade para entender os conceitos e realizar as atividades propostas.

> **Lendo a imagem**

- No Equador, país que se orgulha por carregar o nome da linha imaginária que divide a Terra nos hemisférios norte e sul, há um monumento chamado Metade do Mundo, construído em 1936. Em dupla, observem as imagens, leiam o texto e resolvam as atividades.

Linha do equador está no lugar errado

Milhares de turistas do mundo todo visitam anualmente o monumento "Metade do Mundo" para tirar suas fotos com um pé no hemisfério sul e outro no hemisfério norte sem saber que na verdade estão com os dois no sul.

O monumento, construído em 1936 [...], não está exatamente sobre a linha do equador como se supunha. A expedição geodésica francesa que de 1736 a 1742 mediu e demarcou a linha imaginária de 0° 0' 00" errou.

A linha do equador, que divide o globo terrestre, passa, na verdade, 300 metros ao norte de onde está demarcada. Quem constatou o erro foram os cientistas, também franceses, 250 anos depois.

Agora com aparelhagem sofisticada, que opera através do Sistema de Posicionamento Global via satélite (GPS), eles descobriram que a posição correta da linha coincide exatamente com a que os índios chamavam de "inti-ñan", ou "caminho do Sol", na língua quíchua. [...]

A guia turística [...], que há 50 anos opera o passeio à "metade do mundo", mostra orgulhosa aos visitantes os *shows* de músicos e bailarinos em homenagem ao Sol.

E confessa: "Não dizemos aos turistas que o meio do mundo não é aqui, para não frustrá-los. Quando aparece alguém que sabe a verdade, dizemos que a Terra se deslocou desde a primeira medição. Se, mesmo assim, o turista não se convencer, somos obrigados a admitir a verdade".

GAUDÉRIO, Antônio. Linha do equador está no lugar errado. *Folha de S.Paulo*. Disponível em: <www1.folha.uol.com.br/fsp/turismo/fx2804200304.htm>. Acesso em: 22 maio 2017.

A imagem de satélite destaca o local onde passa a linha do equador em Quito (Equador) e a localização do monumento "Metade do Mundo". Foto de 2018.

Metade do Mundo, monumento construído em 1936 em Quito, no Equador. Foto de 2015.

a) O que há em comum entre o texto e as imagens?

b) Qual é a sua opinião sobre a atitude da guia turística de omitir a verdade sobre a posição correta da linha do equador?

c) No Brasil também há uma capital cortada pela linha do equador: Macapá (Amapá). Mas o turismo em Macapá é bastante inferior ao do monumento equatoriano. Vocês acham que Macapá também deveria investir no turismo? Justifiquem.

CAPÍTULO 3

Representações do espaço geográfico

As diferentes representações do espaço geográfico podem nos ajudar a compreender melhor desde o bairro em que moramos até as mais distantes áreas do mundo. Na imagem acima, alunos e professora de uma escola no município de São Paulo (SP) realizam uma atividade com mapa. Foto de 2018.

Neste capítulo você estudará diversas formas de representar visualmente o espaço geográfico. Primeiro, você vai entender o que são e para que servem os diferentes tipos de mapa. Verá o que são legendas, escala gráfica e numérica e os demais elementos de um mapa. Estudará também o que são anamorfoses, blocos-diagramas, perfis topográficos e outros recursos visuais importantes para estudarmos algum fenômeno, natural ou humano, no espaço geográfico.

▶ Para começar

Observe a imagem que os alunos estão analisando. Compare-a com um globo terrestre.

1. Qual das duas representações, em sua opinião, é mais fiel à forma do planeta? Explique.

2. Que tipo de representação do espaço a imagem acima mostra? Ela é adequada para indicar o número de residências que existem no bairro em que você mora? Por quê?

1 Mapas

Você já estudou nos capítulos anteriores a orientação com base no movimento aparente do Sol, na bússola e no GPS. Talvez você não tenha percebido, mas um instrumento apareceu frequentemente enquanto falávamos sobre esses assuntos: trata-se dos **mapas**.

Vamos observar um pouco mais detalhadamente esse instrumento fundamental para **conhecer** o espaço geográfico? Ele possibilita compreender melhor o mundo em que vivemos.

O mapa é uma representação em escala reduzida de um lugar qualquer em um plano, como uma folha de papel. Ele pode representar um bairro, um município, um país, um continente e até toda a superfície terrestre. Ele representa um espaço em determinado momento, que pode durar milhões de anos (como a atual configuração dos continentes na superfície terrestre) ou apenas alguns anos (como um mapa sobre a produção de alimentos no mundo).

A maioria dos estudos de Geografia vem acompanhada de mapas. Isso porque essa forma de representação do espaço, que apresenta uma linguagem visual própria, é indispensável para a Geografia. Os mapas, além de servirem de instrumento de orientação e localização, podem representar fenômenos naturais ou humanos no espaço geográfico.

Observe o mapa ao lado, feito pelo belga Theodore de Bry, no final do século XVI. É uma das representações da América do Sul desse período. Como essa parte do mundo não era perfeitamente conhecida, é possível perceber que o formato da América do Sul não está correto. Comparado aos mapas mais atuais, ele é mais largo de leste para oeste. Além disso, havia a representação de um "monstro do mar", nas proximidades da linha do equador.

Apesar desses problemas, o mapa era considerado excelente para a época, já que trazia as informações que os navegantes e exploradores europeus tinham do continente.

O mapa *Americae Pars Magis Cognita*, de Theodore de Bry, foi publicado em Frankfurt em 1592, relatando as descobertas até o início da última década do século XVI. Nele vemos dois brasões de armas, rosas dos ventos e as ilustrações de um veleiro e de um "monstro do mar". Essa representação demonstra que, nesse período, ainda havia muitas incertezas sobre o formato e a extensão da América do Sul. No entanto, ela foi importante para que os europeus visualizassem as terras que haviam conquistado e para onde diversos navegadores tinham se deslocado ao longo dos séculos XV e XVI.

> **Mundo virtual**
>
> **IBGE Mapas.** Disponível em: <https://mapas.ibge.gov.br/>. Acesso em: 24 abr. 2018. O *site* traz um menu extenso com diversos tipos de mapa do país, regiões e estados, contando com uma seção de mapas digitais interativos. Há uma seção de mapas escolares, onde é possível encontrar mapas com diferentes graus de complexidade para as diferentes etapas de ensino.

Elaborar um mapa é como fazer uma espécie de desenho explicativo bastante complexo, que apresenta de forma visual elementos que existem no espaço representado.

Um mapa pode mostrar, por exemplo, ruas, avenidas e outras vias de circulação; estados e principais cidades; países; clima e agricultura; religiões predominantes em determinado país; entre diversos outros temas relacionados ao dia a dia das pessoas.

Pesquisadoras brasileiras fazem levantamento topográfico no município de Caravelas (BA), em 2016.

▶ **Levantamento topográfico:** pesquisa realizada em uma área da superfície terrestre que tem como objetivo descobrir as dimensões, as formas do terreno e outras características do local analisado.

Antes de produzir um mapa, é necessário conhecer muito bem a área a ser mapeada: sua dimensão ou tamanho, os objetos que se quer representar e onde eles se localizam nesse espaço. Portanto, antes da elaboração de um mapa, é preciso fazer um levantamento e a identificação da área. Além disso, é necessário realizar pesquisas de campo, isto é, visitar o local, para observar e registrar medidas, fotografar, elaborar esboços e desenhos da área e fazer anotações. Ou, ainda, podem-se pesquisar, em documentos já existentes, dados sobre essa área, como fotos aéreas, imagens de satélite, estudos publicados sobre a população local e as atividades econômicas da região, altitudes, recursos minerais, entre outros aspectos.

Drone em voo captando imagens para levantamento topográfico na Inglaterra, em 2016.

Perspectiva do mapa

As fotografias podem ser feitas de diversos pontos de vista, não é mesmo? Já o mapa sempre é feito em perspectiva **vertical**, isto é, como se a área mapeada fosse vista de cima para baixo. Agora, vamos relembrar os diferentes pontos de vista ao observar as imagens a seguir.

As fotos mostram o Palácio do Congresso Nacional. Esse edifício concentra as duas sedes do Poder Legislativo do Brasil (Câmara dos Deputados e Senado Federal) e está localizado na praça dos Três Poderes, em Brasília (DF).

A foto **A** mostra uma perspectiva de frente, a foto **B** apresenta o prédio visto do alto e de lado (perspectiva oblíqua) e a foto **C** apresenta vista vertical (prédio visto do alto).

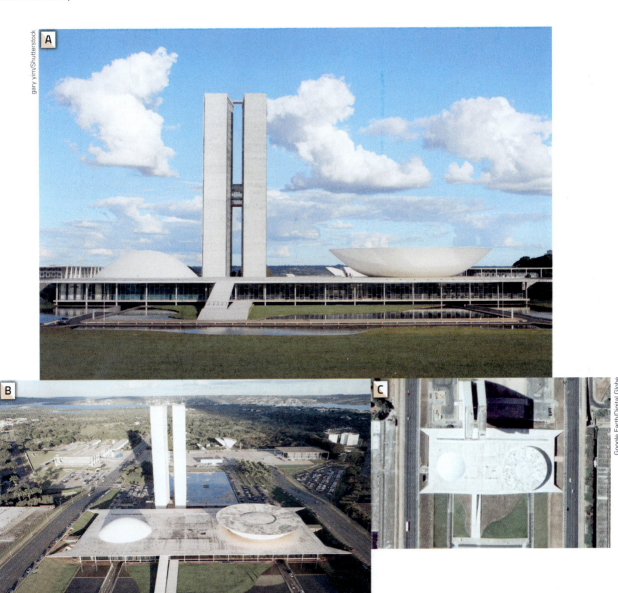

Congresso Nacional, fotos de 2016 (foto A) e 2018 (fotos B e C).

Representações do espaço geográfico • **CAPÍTULO 3**

Agora, veja o mapa. Ele mostra o Eixo Monumental, principal avenida de Brasília, localizada na parte central da cidade, onde está o Congresso Nacional e outras sedes vinculadas aos poderes Executivo e Judiciário.

Distrito Federal: Brasília

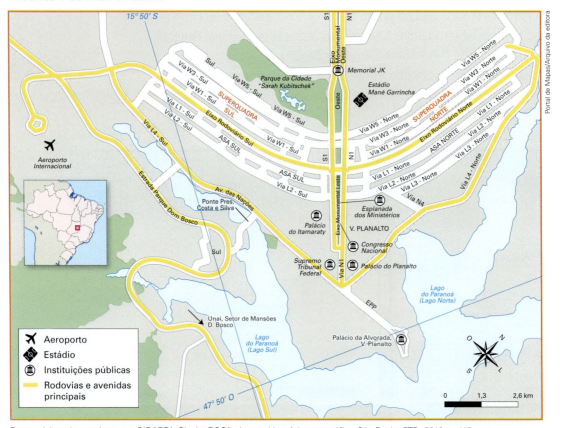

Fonte: elaborado com base em GIRARDI, Gisele; ROSA, Jussara Vaz. *Atlas geográfico*. São Paulo: FTD, 2016. p. 113.

O mapa sempre representa o espaço geográfico (uma praça, um bairro, uma cidade, um país, etc.) visto do **alto**, de cima para baixo, ou seja, de uma visão vertical, em ângulo reto, como as imagens de um drone. Por esse motivo podemos virar um mapa de ponta-cabeça ou para os lados sem alterar a representação. Assim como um drone pode mudar de rota, modificando o sentido da observação, um mapa também pode ser visualizado de mais de uma maneira, de diversos ângulos de observação.

Texto e ação

1. Com base nas imagens da página 51, de qual ponto de vista você observa a sua escola? Esse é o ponto de vista mais apropriado para produzir um mapa? Justifique sua resposta.

2. Observe o mapa acima. Suponha que você está no Congresso Nacional e quer ir para o aeroporto: usando os pontos cardeais e colaterais, explique em que direção e por quais ruas você deve seguir para chegar ao destino.

Elementos do mapa

A palavra *cartografia* provém do termo *carta*, um sinônimo para mapa. Logo, a **cartografia** (*carto* = carta ou mapa; *grafia* = escrita ou estudo) é a arte ou ciência de elaborar mapas. Tanto os mapas como as cartas transmitem uma mensagem a alguém para comunicar algo.

Quando recebemos uma carta, precisamos lê-la para saber o assunto a que se refere. Se o mapa é um tipo de carta, temos que lê-lo também? Sim, no entanto essa leitura é um pouco diferente da leitura de cartas ou livros. Ao contrário da carta como mensagem impressa em forma de texto, o mapa é uma mensagem impressa em forma visual, embora existam pequenos textos ou frases explicativas a respeito dos símbolos nele usados.

Ler um mapa é interpretar e compreender as suas informações. Por meio dele, podemos conhecer o espaço geográfico, orientar-nos, perceber as distâncias entre os lugares, localizar elementos e as relações entre eles, entender a organização espacial do local cartografado, identificar fenômenos ou acontecimentos específicos de um local, etc.

A seguir você conhecerá os elementos que fazem parte de um mapa.

Título, fonte e legenda

Todo mapa tem um **título**, ou seja, um nome que o identifica. Geralmente, o nome é baseado naquilo que o mapa retrata. Por exemplo, "Climas do Brasil" ou "Densidades demográficas no mundo", "Planta da área central de Uberlândia", etc.

Um mapa apresenta uma série de informações representadas em determinado suporte (papel, por exemplo). Essas informações foram pesquisadas e fornecidas por alguém, em uma época. A esse pesquisador, que pode ser também uma organização, que fornece as informações para elaboração de uma representação espacial é dado o nome de **fonte**. Um mapa de um mesmo lugar que possui duas fontes diferentes possivelmente apresentará informações diferentes.

Já a **legenda** se refere às "convenções cartográficas", aquelas cores aplicadas nos mapas, ou aqueles desenhos especiais, como um círculo preto, um círculo menor, um triângulo verde ou um pequeno avião, que representam determinados fenômenos que foram mapeados. Geralmente o significado de cada símbolo, ou convenção cartográfica, utilizado no mapa se encontra ao lado (ou embaixo) dele, na legenda, que é a explicação do significado desses símbolos.

> **Minha biblioteca**
>
> **Meu primeiro atlas.**
> 4. ed. Rio de Janeiro: IBGE, 2017.
>
> Esse atlas pode ser adquirido impresso ou baixado em formato digital neste endereço: <https://loja.ibge.gov.br/meu-1-atlas-encartado-com-mapa-brasil-e-unidades-da-federac-o-3-edic-o.html>. Acesso em: 7 ago. 2018.
>
> Acompanhe as descobertas cartográficas de Júlia e Bebeto enquanto aprendem a fazer um mapa e conhecem um atlas. Ricamente ilustrado, o livro ensina a linguagem cartográfica trazendo noções dos elementos de um mapa, orientação, escala, aerofotogrametria, entre outros temas.

◁ Turista usa mapa em visita à cidade de Piracicaba (SP).

Observe o mapa abaixo. Repare que, na parte inferior, à esquerda, dele, há um quadro que relaciona os símbolos utilizados, acompanhados de um pequeno texto explicativo. Essa é a legenda do mapa.

Fonte: elaborado com base em IBGE. *Atlas geográfico escolar*. 7. ed. Rio de Janeiro: IBGE, 2016. p. 90.

O mapa mostra a distribuição das principais rodovias do Brasil. Além disso, apresenta as siglas que correspondem aos estados, suas capitais e a divisa das unidades da federação.

Ao observar um mapa, você pode perceber que existem nele certos **símbolos**, **cores** ou **desenhos**. Esses códigos são usados para representar os fenômenos cartografados, como cidades, capitais, rios, rodovias, aeroportos, florestas, indústrias e outros. A maioria dos símbolos que representam fenômenos cartografados se repete em mapas do mundo todo: são **convenções cartográficas**.

Os símbolos são necessários, pois não é possível desenhar no mapa os elementos tais como eles são na realidade. Em geral, os símbolos utilizados nos mapas são facilmente identificáveis pelas pessoas, já que lembram o elemento representado ou possuem alguma relação com ele. Esse é o caso, por exemplo, de um aeroporto, local geralmente representado pelo desenho de um avião.

No mapa desta página, as rodovias e as ferrovias são simbolizadas como mostra a legenda ao lado.

Já as cores podem diferenciar as partes de um território do mapa, como os diferentes estados de um país, ou representar uma área urbanizada de uma cidade. Algumas cores, porém, são tradicionalmente utilizadas para representar elementos específicos. Esse é o caso do azul, que indica rios, oceanos, lagos, mares, etc., e do verde, usado geralmente para indicar áreas com algum tipo de vegetação. Também as diferentes tonalidades das cores (mais fortes ou mais fracas) têm relação com a realidade mapeada: por exemplo, o azul mais escuro pode significar maior profundidade, ou mais água, enquanto o azul mais claro indica maior proximidade da superfície terrestre; o marrom mais forte, geralmente usado para representar áreas montanhosas, significa maior altitude, o marrom mais claro mostra altitudes um pouco menores.

Assim, a legenda indica o significado de cada símbolo ou cor representados no mapa. Ela é importante porque destaca os elementos que merecem atenção especial. São muitos os símbolos convencionais que podem ser utilizados nas legendas, dependendo do tema que o mapa apresentar. Observe a seguir alguns exemplos de diferentes símbolos que podem ser utilizados em mapas.

Convenções cartográficas

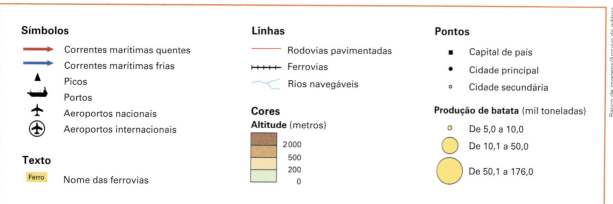

Texto e ação

1. Observe atentamente o mapa da página 54 e responda às questões.

   a) Quais são os estados do Brasil que possuem tanto ferrovias como rodovias?

   b) Suponha que você está na cidade de Palmas, capital do estado de Tocantins, e deseja se deslocar de carro até Fortaleza, no Ceará. Assinale a direção (pelos pontos cardeais ou colaterais) em que seguem essas estradas.

   c) Por meio da análise desse mapa é possível concluir que há mais rodovias ou mais ferrovias no Brasil? Como você chegou a essa conclusão?

2. Observe novamente o quadro acima, que mostra alguns símbolos utilizados em legendas de mapas. Agora, cite ao menos dois símbolos adequados para um mapa:

   a) utilizado por uma pessoa que está navegando por rios;

   b) utilizado por um turista;

   c) utilizado por um grupo que está escalando uma montanha.

Orientação

Outro elemento importante em um mapa é o **indicador de direção**, que consiste, geralmente, em uma pequena seta que indica onde está o norte em relação à área mapeada. Sabendo onde está o norte, é possível presumir as demais direções (sul, leste, noroeste, etc.).

Mas o norte não precisa, necessariamente, apontar sempre para a parte "de cima" do mapa. A orientação também pode ser dada por uma rosa dos ventos, representando as direções cardeais e colaterais. Veja alguns exemplos:

Escala cartográfica

Você já deve ter reparado que os mapas são representações menores que a realidade, pois é impraticável representar um local em seu tamanho real. Então, para representar determinado espaço em um mapa, é necessário reduzi-lo a uma dimensão bem menor do que a real, respeitando a proporcionalidade dos elementos. Essa proporcionalidade é a **escala do mapa**.

Observe o mapa a seguir, de uma parte do bairro da República, na cidade de São Paulo. Note que na parte inferior da representação, ao lado da legenda, está a escala gráfica. Ela indica que cada centímetro desse mapa corresponde a 150 metros na área mapeada.

São Paulo: bairro da República (2018)

Fonte: elaborado com base em GOOGLE MAPS. Disponível em: <www.google.com.br/maps/place/Praça+da+República+-+República,+São+Paulo+-+SP/@-23.544085,-46.6468776,17z>. Acesso em: 18 jan. 2018.

A **escala gráfica** é aquela que expressa diretamente os valores da realidade mapeada num gráfico de barras horizontal situado, geralmente, na parte inferior do mapa. Ela permite que se visualizem imediatamente, por meio da utilização de um instrumento de medição (geralmente uma régua), as distâncias entre os elementos de um mapa. Dessa forma é possível estimar as distâncias reais do espaço mapeado.

Os mapas podem também apresentar **escala numérica**, que mostra a relação entre o mapa e a dimensão da área mapeada por meio de uma fração, em que há sempre um **numerador** fixo (o número 1), representando o valor medido no mapa, e um **denominador**, que varia dependendo da escala. Por exemplo, uma escala 1 : 5 000 000 significa que uma unidade de medida (milímetro ou centímetro) no mapa corresponde a 5 milhões dessa mesma unidade na área mapeada. A escala numérica daquele mapa anterior, do bairro República, portanto, ficaria assim:

> 1 : 15 000 ou 1/15 000 (um por 15 mil)

Isso significa que uma unidade (um centímetro ou um milímetro) no mapa corresponde a 15 mil dessa mesma unidade no terreno.

A escala, portanto, é uma proporção matemática, uma relação numérica entre as distâncias representadas no mapa e as distâncias reais do terreno. Geralmente, as distâncias no espaço cartografado são medidas em quilômetros, às vezes em metros, enquanto, no mapa, elas correspondem a centímetros ou milímetros. Ou seja, um milímetro ou um centímetro no mapa corresponde a metros ou quilômetros do espaço cartografado, e essa proporção varia conforme a escala do mapa.

Mundo virtual

IBGE Educa. Disponível em: <https://educa.ibge.gov.br/>. Acesso em: 24 abr. 2018. Com conteúdo voltado para crianças, jovens e professores, o IBGE Educa disponibiliza, para a pesquisa dos alunos, dados e mapas adequados a cada faixa etária, além de trazer jogos e sugestões de atividades a serem aplicados em sala de aula.

Para compreender melhor, acompanhe o exemplo do mapa da página anterior. Se quisermos calcular, a partir da escala numérica (1 : 15 000), a distância em linha reta entre dois pontos – a instituição de ensino localizada na praça da República e o Teatro Municipal, que fica na praça Ramos de Azevedo –, devemos proceder da seguinte forma:

- primeiro, com a ajuda de uma régua, medimos no mapa a distância entre os dois locais. Em linha reta, há 6,5 centímetros;
- então, realizamos a seguinte multiplicação: 6,5 cm x 15 000 = 97 500 cm;
- enfim, temos de converter os centímetros para uma medida mais adequada. Observe a tabela:

Escala métrica decimal

Centímetros	Decímetros	Metros
97 500	9 750	975

Logo, a distância entre os dois pontos é de 975 metros.

Observamos acima como calcular a distância entre dois locais a partir da escala de um mapa. No entanto, qual é a escala mais apropriada para representar um ponto no bairro ou um local específico da cidade em que você mora? E qual a escala correta para representar a sua cidade no mapa do estado, ou representar todo o território do Brasil?

Para responder a essas questões lembre-se sempre: **quanto menor for o denominador da escala, maior é a escala, logo, maior é o detalhamento**. E vice-versa, ou seja, quanto maior for o denominador da escala, menor ela será, pois 1 : 100 resulta num número maior do que 1 : 10 000, não é mesmo? Vamos analisar um pouco melhor o que isso quer dizer. Observe o mapa a seguir e preste atenção na escala dele.

Fortaleza: bairro Centro (2017)

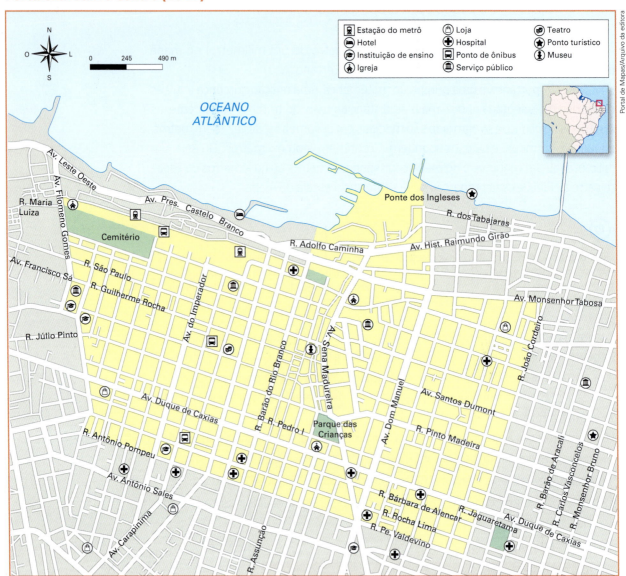

Fonte: elaborado com base em PREFEITURA DE FORTALEZA. *Fortaleza em mapas*. Fortaleza: Instituto de Planejamento, 2018. Disponível em: <http://mapas.fortaleza.ce.gov.br/#/>. Acesso em: 19 abr. 2018.

Observe que o mapa desta página mostra uma **área menor** do que o da página 59; um bairro da cidade de Fortaleza, capital do Ceará, é muito menor do que o Brasil. Note que o mapa desta página mostra informações muito **mais detalhadas**, como os nomes das ruas e a localização de praças, igrejas, hospitais, etc. Mapas como esse também são conhecidos como **plantas** e as escalas dessas representações são grandes, geralmente, com um denominador de no máximo 100 000. Isso quer dizer que as plantas retratam em 1 centímetro áreas inferiores a 1 quilômetro no terreno.

Agora, imagine um mapa do Brasil nessa escala grande, capaz de mostrar todas as principais cidades com as suas ruas. O mapa ficaria enorme, com quilômetros de extensão e com tantos dados que seria impossível utilizá-lo, pois o excesso de informações na representação prejudicaria sua leitura e interpretação. Assim, a escala de um mapa depende bastante do tamanho da área nele representada e de quais informações gostaríamos de transmitir por meio dele. Uma área pequena, como a planta de um bairro, vai ter uma escala grande (isto é, com um denominador pequeno), ao passo que uma área imensa como o Brasil vai ser mapeada com uma escala pequena (ou seja, com um denominador grande), caso do mapa ao lado.

Brasil: político (2016)

Fonte: elaborado com base em IBGE. *Atlas geográfico escolar*. 7. ed. Rio de Janeiro, 2016. p. 90.

Agora, observe estas escalas de mapas.

Escalas gráficas

A relação mostrada pela escala é, na verdade, uma "conta de dividir". Observe abaixo como ela pode ser aplicada em cada mapa:

Escalas numéricas

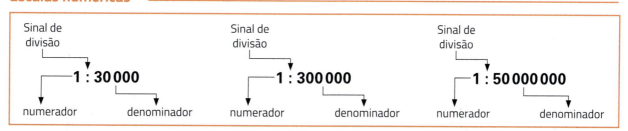

Assim, 1 dividido por 30 mil resulta em um número maior do que 1 dividido por 50 milhões, não é mesmo? Os resultados indicam, portanto, que a área representada no primeiro mapa foi dividida por um número menor e, por conta disso, é possível observar mais detalhes nessa representação. É por esse motivo que o tamanho da escala é inversamente proporcional ao tamanho do seu denominador, o que significa que 1 : 30 000 é uma escala maior que 1 : 50 000 000.

Tipos de mapa

Diferentes tipos de mapa evidenciam os mais variados fenômenos do espaço geográfico. Dependendo do que pretendem comunicar, os mapas podem ter formatos, escalas, cores, legendas e projeções cartográficas diversas. Esses recursos servem para transmitir ao leitor informações visuais e objetivas sobre determinado tema. Observe alguns dos diferentes tipos de mapa:

Mapa político

Representa as divisões territoriais do local mapeado, com destaque para a indicação de aspectos políticos do espaço, como as fronteiras entre países ou estados, suas divisões administrativas, bem como os nomes de seus municípios, províncias, capitais, etc. Observe ao lado o mapa político da América do Sul.

América do Sul: político

Fonte: elaborado com base em FERREIRA, Graça Maria Lemos. *Moderno atlas geográfico*. 6. ed. rev. São Paulo: Moderna, 2016. p. 34.

Mapa histórico

Retrata fenômenos acontecidos no passado. Representa acontecimentos importantes de determinados períodos e mostra como as pessoas de determinada época entendiam e se apropriavam do espaço geográfico.

Mapa elaborado por Jean Guerard, em 1634, que mostra a hidrografia das regiões conhecidas até então.

Mapa físico

O mapa físico apresenta características físicas do lugar retratado, ou seja, os diversos aspectos da natureza observados no espaço: o relevo, as altitudes, a vegetação, os tipos de solo ou rochas encontrados no terreno de um município, estado, país ou até mesmo de um continente ou do mundo inteiro. Esses mapas podem, ainda, representar características referentes ao clima, às correntes marítimas de uma área do planeta ou de sua totalidade.

Observe o mapa ao lado, que mostra as altitudes do continente africano, ou seja, as elevações que esse continente apresenta em seu terreno.

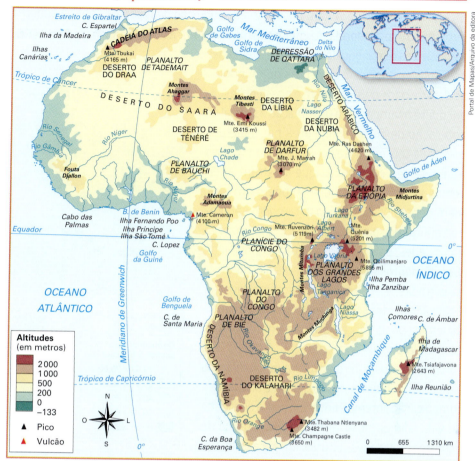

África: altitude (hipsometria)

Fonte: elaborado com base em CALDINI, Vera Lúcia de Moraes; ÍSOLA, Leda. *Atlas Geográfico Saraiva*. 4. ed. São Paulo: Saraiva, 2013. p. 150.

Os mapas mencionados anteriormente são alguns dos muitos tipos de mapa existentes. Esses e muitos outros vêm sendo elaborados, tradicionalmente, no papel, o que permite uma manipulação limitada. No entanto, atualmente, essas representações podem ser disponibilizadas no **formato digital**.

Para visualizar essa forma de representação, é necessário o uso de computadores, celulares ou *tablets*. Geralmente, os mapas nesse formato são mais interativos: à medida que se clica numa de suas partes, novas janelas vão se abrindo, ou, ainda, quando se clica sobre determinada área de uma cidade, por exemplo, ela aparece em escala maior, ampliada, destacando seus detalhes.

Planta de parte do bairro Setor Bueno, no município de Goiânia (GO), exibida na tela de um celular. Em razão da interatividade que esse suporte oferece, é possível diminuir a escala do mapa representado e observar todos os bairros e até mesmo as cidades próximas. Foto de 2018.

Representações do espaço geográfico • **CAPÍTULO 3** **61**

Para que servem os mapas

Os mapas nos permitem observar a **distribuição** de recursos sobre a superfície terrestre, como as representações sobre a produção mundial de petróleo, a localização das reservas de minério de ferro ou de manganês no Brasil, as principais indústrias do mundo ou de determinado país. Também é possível descobrir qual é o tamanho e a distribuição espacial da população de determinada área por meio dos mapas de concentração populacional nos países e continentes, ou daqueles que mostram os diversos grupos étnicos que compõem um país. Além desses usos, os mapas também são importantíssimos para a orientação e a localização nas cidades, pois nos possibilitam conhecer as ruas, os pontos turísticos, as áreas de comércio, as estradas, etc. Eles podem também mostrar as desigualdades sociais no espaço, as desigualdades regionais e internacionais em relação ao acesso da população à educação, à saúde, aos serviços ligados à infraestrutura (a exemplo do saneamento básico), aos meios de transporte e comunicação (internet, entre outros), à qualidade de vida (alimentação, áreas verdes, prática de esportes, atividades culturais em geral), etc.

Veja o mapa ao lado, que mostra, em cada unidade da federação, qual é o percentual de domicílios brasileiros que possuem acesso à internet.

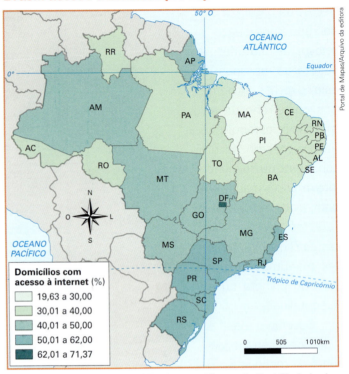

Fonte: elaborado com base em IBGE. *Atlas geográfico escolar.* 7. ed. Rio de Janeiro: IBGE, 2016. p. 144.

O Distrito Federal é a unidade federativa com maior percentual de domicílios com acesso à internet, enquanto os estados do Maranhão e do Piauí detêm os menores percentuais de domicílios com acesso a essa rede.

O globo terrestre

Representação cartográfica confeccionada, em geral, com material à base de papel revestido de plástico, o globo é uma representação mais próxima da **forma da Terra** (veja a página 27). Assim, nele é possível visualizar melhor a distribuição das áreas e dos países na superfície terrestre do que em um mapa-múndi.

Quando se observa um planisfério, pode-se ter a impressão de que para viajar do Brasil ao Japão devemos rumar a leste, atravessando o oceano Atlântico, a África e boa parte da Ásia. Porém, se observarmos o globo com atenção, notaremos que o inverso também pode ser feito, ou seja, atravessar o oceano Pacífico, a oeste. Se olharmos para um mapa-múndi tradicional, aquele que tem como centro o meridiano de Greenwich, temos a impressão de que o caminho para se ir do Canadá até a Rússia é seguir a leste atravessando o oceano Atlântico, mas olhando num globo notaremos que esse é o caminho mais longo, pois indo para oeste, pelo oceano Glacial Ártico, a distância é bem menor.

Esse tipo de equívoco acontece porque no mapa-múndi a esfericidade da Terra não fica tão evidente quanto no globo.

Geolink

Leia o texto.

Globos e mapas em sala de aula

Ainda que a Terra não seja uma esfera perfeita e um globo a represente como se fosse, ele é a única forma de ver a Terra por inteiro, reduzida proporcionalmente em todas as suas dimensões. Já o mapa é a expressão no plano de superfícies que são curvas, como as terrestres e as oceânicas. Portanto, o mapa sempre apresentará deformações.

Em um globo, usando uma escala, é possível medir a distância mais curta entre dois pontos e indicá-la em quilômetros ou outra unidade de medida. Só em um globo distâncias, áreas e direções podem ser observadas sem as distorções que uma projeção necessária à construção de um mapa acarreta.

Menino observa um globo terrestre na Biblioteca Municipal de Santaluz (BA), em 2018.

Vantagens do uso do globo terrestre:

- É a representação que mais se aproxima da realidade, porque a forma de um globo é muito semelhante à da Terra;
- Mostra, em totalidade, os continentes, os oceanos e outros importantes elementos físico-geográficos da Terra;
- Dá uma visão geral dos aspectos físicos e da divisão política do nosso planeta;
- Traz a rede de coordenadas geográficas (paralelos e meridianos) completa e sem distorções;
- Permite o cálculo direto das distâncias mais curtas e o traçado de rotas para navegação;
- Pode ser movimentado, posicionando o eixo terrestre de diferentes maneiras, fugindo à visão estereotipada de norte em cima e sul embaixo que se constrói por uma leitura inadequada dos mapas, que não podem ser reposicionados, com esse objetivo, com a mesma facilidade;
- Possibilita a simulação dos movimentos da Terra e a consequente compreensão da sucessão dos dias e das noites, das estações do ano, dos fusos horários, dos eclipses, etc.;
- Suscita muitas indagações e reflexões naqueles que o movimentam e o consultam;
- É um objeto que magnetiza a atenção em qualquer faixa etária.

SCHÄFFER, N. O. et al. *Um globo em suas mãos*: práticas para a sala de aula. 3. ed. rev. Porto Alegre: Penso, 2012.

Agora, observe um mapa-múndi e um globo terrestre e responda às questões.

1. Quais diferenças de tamanho (e de formato) no mapa-múndi e no globo você consegue perceber em países como Índia, Suécia e Rússia?

2. Observe a escala do globo e a do mapa-múndi e meça, em cada um deles, as distâncias, em linha reta, entre Brasília e Londres e entre Nova York e Moscou. Quais foram os valores que você encontrou?

3. Qual seria o melhor caminho para se deslocar de avião do México para a China? Há diferenças nesse trajeto quando observamos o globo terrestre e um mapa-múndi com o meridiano de Greenwich no centro?

2 Outras representações do espaço geográfico

As representações do espaço geográfico se vincularam ao cotidiano dos seres humanos antes mesmo da escrita. Por meio de símbolos e desenhos, a humanidade representou suas primeiras percepções da realidade e registrou algumas de suas ações cotidianas.

Imagem de pintura rupestre de cerca de 10 mil anos atrás encontrada no sítio Xique-Xique, situado no município de Carnaúba dos Dantas, no estado do Rio Grande do Norte. Ela representa cenas do cotidiano dos Tapuia (denominação dada aos indígenas que não falavam a língua tupi). Foto de 2014.

Apesar de o registro acima estar bem nítido, é impossível ter certeza do que ele representa, pois essa imagem retrata uma sociedade específica em determinado momento da história desse povo.

Para ser compreendida por um maior número de pessoas, as representações do espaço geográfico passaram a conter alguns códigos e convenções fundamentais para que a sua leitura não ficasse restrita a um pequeno grupo. Esses códigos deram origem aos mapas. Dessa forma, grande parte das representações espaciais foram registradas a partir da confecção de mapas. Porém, existem outras representações espaciais importantes no estudo da Geografia que nos permitem conhecer características do mundo ou de um país em particular. Essas representações se diferenciam dos mapas porque elas não contêm todos os elementos necessários para um mapa, mas, mesmo assim, permitem a compreensão de determinados fenômenos que ocorrem no espaço geográfico. Além disso, elas podem ser confeccionadas de maneira bidimensional ou tridimensional, conforme veremos em alguns exemplos a seguir.

Representações bidimensionais do espaço geográfico

São aquelas que permitem representar um local, uma característica ou um fenômeno que ocorre no espaço geográfico em duas dimensões (largura e altura). O mapa é uma representação bidimensional. Além dele, outras representações apresentam essa característica, conforme podemos observar a seguir.

Croquis

A palavra *croqui* vem do francês e significa rascunho, desenho rápido, esboço. O croqui é muito usado na moda (desenho de roupas), na engenharia (um desenho preliminar do prédio a ser construído, sem as medidas exatas), na geografia e em várias outras atividades. Na geografia ou na cartografia, um **croqui** é um desenho feito à mão de uma determinada paisagem, de uma área qualquer. É também um esboço de mapa; logo, sua elaboração não é precisa (nas distâncias, na legenda, no uso das coordenadas) como a de um mapa. Veja os exemplos ao lado.

O que podemos concluir ao observar os dois croquis? Eles são realmente mapas? Há neles os elementos de um mapa?

Notamos que, no primeiro caso, o croqui é o desenho de uma paisagem, o Palácio da Alvorada em Brasília (DF), residência oficial do presidente da República. No segundo caso, é um esboço de mapa dos principais rios no entorno da cidade de Viçosa (MG). Nenhum deles tem escala nem coordenadas geográficas; muito menos as dimensões exatas dessas áreas desenhadas. Por não terem as dimensões exatas, eles não podem realmente apresentar uma escala, ou seja, uma correspondência entre as medidas do terreno e as de sua representação. Dessa forma, embora sejam representações do espaço geográfico e nos permitam visualizar determinadas paisagens, precisamos de outros elementos para localizá-los.

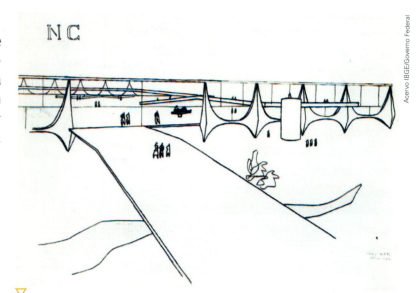

Croqui do Palácio da Alvorada em Brasília (DF), de Oscar Niemeyer. Revelação em papel fotográfico, sem data.

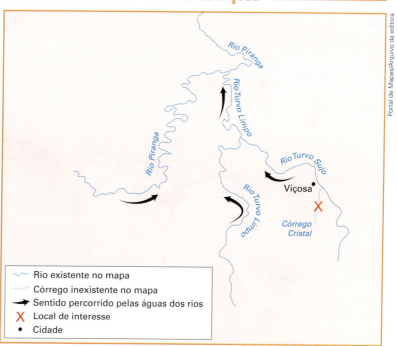

Fonte: elaborado com base em *Atlas das águas de Minas*. Disponível em: <http://www.atlasdasaguas.ufv.br/atlas_digital_das_aguas_de_minas_gerais.html>. Acesso em: 4 out. 2018.

Croqui de área da bacia hidrográfica do rio Piranga/Doce no estado de Minas Gerais.

Cartograma

Os cartogramas não precisam apresentar escala nem coordenadas geográficas (os paralelos e os meridianos), uma vez que sua função é mostrar a distribuição de um fenômeno, e não retratar fielmente as dimensões do espaço representado. Então, podem distorcer o formato ou o tamanho de uma área para retratar melhor algum fenômeno. Por exemplo, um cartograma sobre a população de cada país do mundo pode exagerar o tamanho da Índia (país extremamente populoso) e representar países extensos como o Canadá (que tem uma população relativamente pequena) com um tamanho bem menor que o da Índia.

Observe, ao lado, uma representação que mostra como estava distribuída a população feminina pelo Brasil em 2010. Note que os estados de São Paulo, Rio de Janeiro e Minas Gerais apresentam retângulos maiores em relação àqueles que representam os outros estados.

A **anamorfose** cartográfica é considerada um tipo de cartograma. É uma técnica artística e geométrica utilizada em vários campos: nas Artes Visuais (pintura, escultura, etc.), na Matemática, na Biologia, na Geologia, etc. Na cartografia, ela mostra mapas distorcidos ou reformatados, isto é, as áreas representadas são desenhadas com outras dimensões ou formas diferentes das de um mapa convencional. Com essa distorção, procura-se evidenciar algum fenômeno.

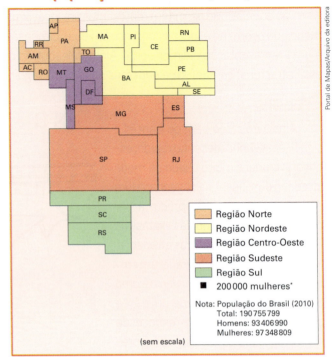

Brasil: população de mulheres (2010)

* Esse valor corresponde ao quadradinho preto; logo, para estimar quantas mulheres existem em cada estado, é necessário quantificar os quadradinhos que cabem em cada um dos estados.

Fonte: elaborado com base em SIMIELLI, M. E. R. *Geoatlas*. 34. ed. São Paulo: Ática, 2013. p. 141.

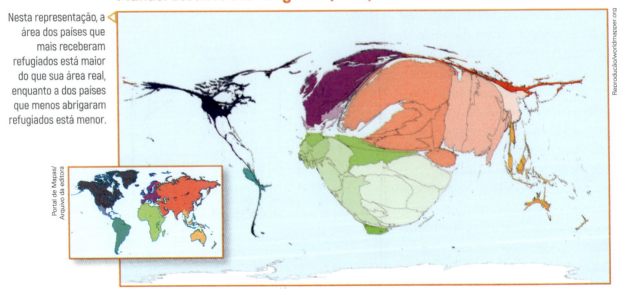

Mundo: destinos dos refugiados (2016)

Nesta representação, a área dos países que mais receberam refugiados está maior do que sua área real, enquanto a dos países que menos abrigaram refugiados está menor.

Fonte: elaborado com base em WORLDMAPPER. Disponível em: <https://worldmapper.org/maps/refugee-destinations-2016/?sf_action=get_data&sf_data=results&_sft_product_cat=education,people>. Acesso em: 22 maio 2018.

Texto e ação

1. Com base nas representações da página 65, responda às questões.

   a) Você conseguiria chegar às áreas representadas pelos croquis? Justifique sua resposta.

   b) Elabore um croqui que mostre o caminho entre a sua casa e uma praça, parque ou outro ponto turístico do seu município que você costuma frequentar. Depois, compartilhe-o com os colegas e comente uma situação que você já vivenciou nesse lugar.

2. A partir da leitura da anamorfose da página 66, responda às questões a seguir.

   a) Quais foram os continentes que mais receberam refugiados no mundo em 2016?

   b) É possível dizer que o Brasil está entre os países que mais receberam refugiados em 2016? Justifique sua resposta.

Infográficos

Outra forma de representar um fenômeno são os infográficos. Comuns em jornais e revistas, eles são utilizados para transmitir visualmente informações sobre alguma questão ou notícia. Eles mobilizam uma combinação de símbolos e textos para apresentar – e explicar – visualmente algum assunto, seja um fenômeno natural (vulcões, terremotos, mudança climática), seja um fenômeno humano (economia, pobreza, desigualdades, migrações). Observe um exemplo a seguir.

Um infográfico é uma ilustração destinada a transmitir informações com o uso de imagens variadas, como fotografias, desenhos, gráficos, mapas e outros símbolos, com informações e pequenos textos sobre essas imagens.

Por exemplo, no infográfico desta página é possível observar quantos litros de água cada estado do Brasil consumiu em 2013. Nesse tipo de representação foram usados uma ilustração com os estados brasileiros e um gráfico de barras demonstrando a quantidade de água consumida em cada estado.

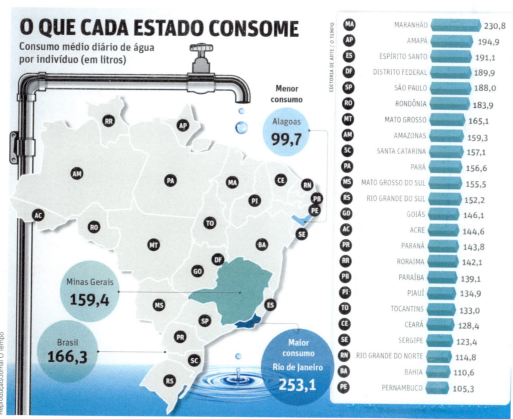

Representações do espaço geográfico • CAPÍTULO 3 · 67

Perfil topográfico

Para entender o que é um perfil topográfico, vamos examinar um exemplo desse tipo de representação.

Brasil: perfil topográfico noroeste-sudeste

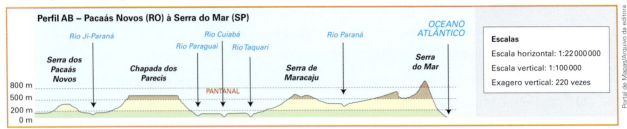

Fonte: elaborado com base em GIRARDI, G.; ROSA, J. V. *Atlas geográfico do estudante*. São Paulo: FTD, 2015. p. 58.

A representação gráfica acima permite a visualização da topografia de um terreno entre dois pontos determinados e segundo determinada direção: nesse caso, entre o Parque Nacional de Pacaás Novos, no estado de Rondônia, e o oceano Atlântico, passando pela chapada dos Parecis, pelo Pantanal, pela serra de Maracaju e pela serra do Mar. Ela constrói uma vista lateral dessa faixa de terras, permitindo uma visão do relevo, das diferentes formas e altitudes do terreno. Por meio desse tipo de representação, tornam-se mais evidentes os planaltos, montanhas, planícies, depressões, etc. Geralmente o perfil topográfico apresenta escala horizontal para mostrar a extensão da área representada e escala vertical para demonstrar a altitude dos locais do terreno traçado, além do exagero vertical.

Brasil: físico

Fonte: elaborado com base em GIRARDI, G.; ROSA, J. V. *Atlas geográfico do estudante*. São Paulo: FTD, 2015. p. 58.

Saiba mais

O que é exagero vertical?

Para as representações que mostram a altitude de um terreno, como maquetes e perfis topográficos, é necessário que a escala vertical estabelecida seja sempre maior (ou seja, com um denominador menor) do que a escala horizontal, de modo a dar bastante destaque para as variações do relevo, que ficam mais visíveis dessa forma. Chamamos essa diferença entre as escalas vertical e horizontal de exagero vertical.

Representações tridimensionais do espaço geográfico

As representações tridimensionais da Terra são aquelas que evidenciam a largura, a profundidade e a altura do local representado. Elas possibilitam uma visão privilegiada do objeto. Observe alguns exemplos a seguir.

Bloco-diagrama

Trata-se da representação de uma área em suas três dimensões (largura, profundidade e altura), em vez de apenas duas, como nas fotografias ou nos mapas comuns. Veja o exemplo ao lado.

O bloco-diagrama não é um mapa ou um croqui. Ele mostra o relevo (as altitudes, as formas do terreno) de uma área.

Se observarmos um mapa com a mesma paisagem do bloco-diagrama, veremos cores mais escuras (maiores altitudes) e mais claras (menores altitudes). O mapa também pode mostrar as curvas de nível do local, mas essas informações nos fornecerão uma ideia de como é esse relevo em uma representação bidimensional e não tridimensional como no bloco-diagrama.

> **Curva de nível:** nome das linhas imaginárias que agrupam as áreas de um terreno com a mesma altitude. Por meio delas são confeccionados os mapas topográficos, pois a partir de sua observação o técnico pode interpretar suas informações com base em uma visão tridimensional do relevo. A partir das curvas de nível é possível gerar perfis topográficos ou blocos-diagramas que mostrem as diferentes altitudes de um terreno.

Baía de Guanabara: bloco-diagrama (ilustração)

Fonte: elaborado com base em FERREIRA, G. M. L. *Moderno atlas geográfico*. 6. ed. São Paulo: Moderna, 2016. p. 15.

Rio de Janeiro: baía de Guanabara

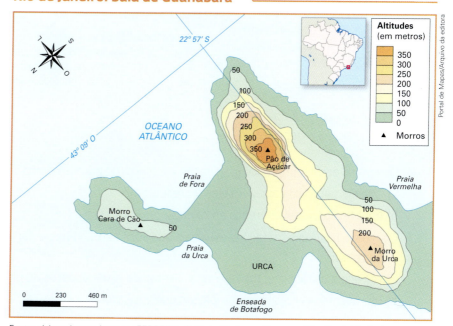

Fonte: elaborado com base em FERREIRA, G. M. L. *Moderno atlas geográfico*. 6. ed. São Paulo: Moderna, 2016. p. 15.

Maquetes

Se fizermos o modelo de uma paisagem sobre uma mesa usando, por exemplo, materiais moldáveis como gesso, isopor, massa de moldelar e outros, teremos uma **maquete**. Maquete é um modelo em miniatura de uma área, uma paisagem, um edifício ou qualquer outro espaço que se deseja representar, e geralmente as maquetes apresentam escala. Com as maquetes podemos visualizar melhor como é uma área em suas três dimensões, assim como no bloco-diagrama.

Blocos-diagramas, porém, procuram representar uma área de forma tridimensional, ao passo que as maquetes de fato são tridimensionais e podem ser vistas de todos os lados e de todos os ângulos.

Saiba mais

As maquetes táteis

O conceito de espaço é fundamental para a compreensão da ciência geográfica. Nessa perspectiva, o uso das maquetes táteis é útil para que um deficiente visual, pelo tato, tenha uma ideia mais real de determinada área ou paisagem.

O contato com as maquetes possibilita uma experiência de associação entre a área representada e o mundo real. Dessa forma, há possibilidade de perceber a estrutura do espaço geográfico representado. Diferentemente de uma maquete comum, a tátil é feita de materiais mais resistentes, como madeira, chapa de PVC, acrílico e tinta de pintura de piso, e as estruturas são aparafusadas para resistir aos constantes toques.

Alunos de uma instituição de ensino para pessoas com deficiência visual conhecendo características do Parque Olímpico do Rio de Janeiro por meio de uma maquete tátil. Essa maquete de 1,3 m², construída para representar uma área de 1,18 milhão de metros quadrados, tem escala de 1 : 750. Foto de abril de 2016.

Texto e ação

1. Observe o perfil topográfico (página 68) e o bloco-diagrama (página 69) e responda:
   a) Que elemento da paisagem eles representam?
   b) Aponte a principal diferença entre eles.
2. Com base nas representações espaciais que você estudou neste capítulo, aponte aquela mais apropriada para:
   a) calcular a distância entre lugares que estão de lados opostos do planeta;
   b) representar as ruas do município em que você mora;
   c) representar as diferenças de altimetria do terreno que é o percurso de uma competição de ciclismo.

CONEXÕES COM CIÊNCIAS

Quando se fala em conservação dos recursos naturais, **sustentabilidade** é uma das palavras mais usadas. Entre outras coisas, ela está relacionada a atitudes responsáveis, de respeito à natureza e às pessoas à nossa volta e ao desejo de melhorar a qualidade de vida no lugar onde moramos. Veja como o uso de satélites pode ajudar o Brasil na preservação das florestas brasileiras.

Satélite ajuda a monitorar desmatamento com mais precisão

Um satélite que ajuda a monitorar o desmatamento no Brasil com mais precisão detectou que a área devastada na Amazônia pode ser maior do que se imaginava.

Amazônia é uma fábrica de nuvens. A umidade que brota da floresta deixa o céu carregado durante seis meses do ano. Nesse período mais chuvoso, os satélites não conseguiam enxergar a região toda.

"Em alguns meses chegava a 80%, 90% de cobertura de nuvens para a região. Então, isso praticamente inviabilizava o monitoramento do desmatamento", destaca Antonio, pesquisador do Imazon [Instituto do Homem e Meio Ambiente da Amazônia].

Mas agora o vento sopra a favor dos pesquisadores. O Imazon [...] começou a utilizar um radar da Agência Espacial Europeia, capaz de monitorar terremotos e vulcões.

Imagem de satélite de trecho da Amazônia em 2018.

Nas florestas, a vantagem é que o radar consegue detectar o desmatamento mesmo com a presença de nuvens e até durante a noite.

Em dezembro [de 2017], esse novo sistema registrou 184 quilômetros quadrados de desmatamento na Amazônia. No mesmo período de 2016, quando o Imazon ainda não utilizava o radar, a destruição detectada foi de nove quilômetros quadrados.

Os pesquisadores dizem que essa nova tecnologia tem um alvo específico: madeireiros que, tradicionalmente, costumam derrubar a mata nos meses mais chuvosos do ano para escapar dos satélites. Mas o Imazon também faz um alerta: não basta ter um sistema moderno de monitoramento se não houver fiscalização.

"Essa nova informação que está sendo gerada com esses novos sensores só vai ter realmente uma efetividade no combate ao desmatamento se você tiver uma ação mais efetiva no campo para combater, para penalizar quem está infringindo a lei", afirma o pesquisador. [...]

GLOBO.COM. Satélite ajuda a monitorar desmatamento com mais precisão. *Jornal Nacional*, 18 jan. 2018. Disponível em: <http://g1.globo.com/jornal-nacional/noticia/2018/01/satelite-ajuda-monitorar-desmatamento-com-mais-precisao.html>. Acesso em: 15 fev. 2018.

a) Qual é a importância das imagens de satélite para o combate ao desmatamento da floresta Amazônica?

b) Qual é a vantagem desse novo satélite em relação aos anteriores para detectar o desmatamento?

c) Segundo o texto, qual é a principal atividade econômica que ameaça a floresta? Como isso se dá?

d) Você concorda com a frase "Não basta ter um sistema moderno de monitoramento se não houver fiscalização"? Converse com os colegas.

e) Além da vegetação e dos animais do local, alguns povos que vivem nessa região também sofrem com o desmatamento da floresta. Pesquise em jornais, revistas e na internet ao menos um dos povos que sofrem com o desmatamento da Amazônia. Explique como o desmatamento afeta a vida desses povos.

ATIVIDADES

+ Ação

1. Observe o mapa das principais cidades da Bahia e resolva as atividades.

   a) O mapa tem uma escala gráfica na qual 1 cm equivale a 180 km na realidade. Qual é a escala numérica do mapa?

Fonte: elaborado com base em IBGE. *Atlas geográfico escolar.* 7. ed. Rio de Janeiro, 2016. p. 170.

   b) Complete o quadro:

Cidades	Distância no mapa (em cm)	Distância real (em km)
Camaçari-Senhor do Bonfim		
Barreiras-Vitória da Conquista		
Salvador-Ilhéus		
Juazeiro-Itabuna		
Bom Jesus da Lapa-Itabuna		
Salvador-Barreiras		
Feira de Santana-Camaçari		

2. Observe os mapas das páginas 58, 59 e 60 e responda às questões.

   a) Por meio dos títulos dos mapas, você consegue identificar as informações que eles representam? Justifique sua resposta.

   b) Qual dos mapas apresentados se assemelha mais a um mapa que você pode observar na tela de um celular ou em um GPS? Justifique sua resposta.

3. Qual é a diferença entre escala gráfica e escala numérica?

4. Pesquise um mapa ou planta do município (ou bairro) onde você mora ou onde fica a sua escola. Você poderá encontrar um mapa desses na escola, na prefeitura ou na internet. Com base nele, faça o que se pede.

   a) Qual é a escala do mapa? O mapa tem escala numérica ou gráfica?

   b) Escolha algum local representativo da cidade ou bairro: uma igreja, uma praça, um hospital, um teatro, um parque, etc. Depois calcule, em linha reta, a distância em metros ou em quilômetros entre esse local e a sua casa (ou a escola).

5. Pesquise em livros, revistas, enciclopédias ou na internet informações sobre mapas antigos do Brasil e do mundo e selecione alguns exemplos.

   Escreva um pequeno texto destacando as principais características dos mapas selecionados. Tente responder às seguintes questões.

   - Quais informações eram apresentadas nos mapas?
   - A quem interessavam as informações registradas nos mapas?
   - O que o material selecionado expressa sobre a história da cartografia no Brasil e no mundo?

Autoavaliação

1. Quais foram as atividades mais fáceis pra você? Por quê?
2. Algum ponto deste capítulo não ficou claro? Qual?
3. Você participou das atividades em dupla e em grupo e expressou suas opiniões?
4. Como você avalia sua compreensão dos assuntos tratados neste capítulo?
   » **Excelente**: não tive dificuldade.
   » **Bom**: consegui resolver as dificuldades de forma rápida.
   » **Regular**: tive dificuldade para entender os conceitos e realizar as atividades propostas.

> **Lendo a imagem**

1 ▸ 👥 Diferentes sociedades representaram os espaços de acordo com sua época e seu modo de "enxergar" o mundo. Em duplas, observem o mapa a seguir, elaborado em 220 a.C. pelo astrônomo e geógrafo grego Eratóstenes. Depois, respondam às questões.

Mundo: Eratóstenes (220 a.C.)

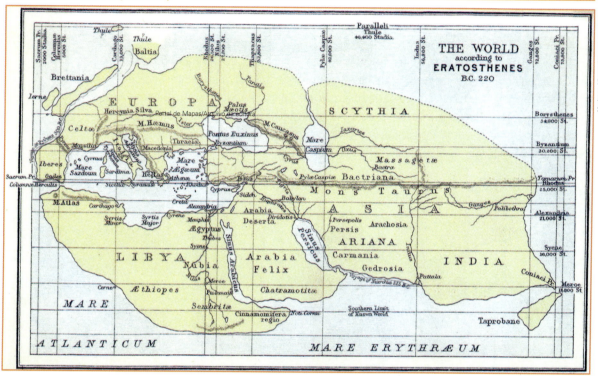

Fonte: GUIA Geográfico. *Mapas históricos*. Disponível em: <www.mapas-historicos.com/mapa-eratostenes.htm>. Acesso em: 8 fev. 2018.

a) Eratóstenes viveu há mais de 2 mil anos, na época conhecida como Antiguidade clássica. Naquele tempo os gregos e outros povos europeus não conheciam a maior parte da superfície terrestre. Esse mapa representa o mundo conhecido por eles na época. O que chama sua atenção ao observar o mapa?

b) Qual seria o atual continente que está nomeado como Líbia (Libya) no mapa? Justifique a sua resposta.

c) O que falta nesse mapa-múndi?

d) Qual parte da superfície terrestre está representada de forma mais aproximada da conhecida atualmente?

e) Quais continentes estão representados de forma completamente diferente dos mapas elaborados atualmente?

f) Com base no que estudou neste capítulo, como você classificaria o mapa de Eratóstenes? Justifique sua resposta.

2 ▸ Entre as frases abaixo, selecione a que está mais de acordo com o que você aprendeu nesta atividade.

> Ao longo do tempo, à medida que novas terras e técnicas foram descobertas, os cartógrafos representaram o mundo de diversas maneiras.

> Algumas representações cartográficas de lugares retratam áreas menores que o mapa.

> Atualmente, consigo visualizar o mapa de um país distante do Brasil com apenas um clique.

> Ao longo do tempo, a forma de representar os continentes por meio de mapas permaneceu igual.

ATIVIDADES 73

PROJETO — Arte

Elaboração de um material cartográfico tátil

Como você viu ao longo desta unidade, as representações espaciais são fundamentais para que possamos nos orientar, localizar ou conhecer outros lugares. Elas nos permitem imaginar locais onde não estivemos ou mesmo conhecer mais detalhadamente lugares próximos a nós.

Por serem elaboradas em linguagem visual, essas representações são inapropriadas para pessoas com deficiência visual, que necessitam de formas de representação que lhes permitam perceber o espaço geográfico por meio de outros sentidos, como o paladar, o olfato, a audição e principalmente o tato. É por isso que tem se desenvolvido, nos últimos anos, a cartografia tátil, uma área da Cartografia com um objetivo bem específico. Leia o excerto abaixo, que aborda esse assunto, e observe a imagem.

Criança toca o "Pé-Yara", mapa tátil do estado do Amazonas, elaborado pela Universidade Federal do Estado do Amazonas e disponibilizado em escolas públicas para que crianças cegas ou com baixa visão possam conhecer melhor os aspectos cartográficos do estado. Foto de 2015.

A cartografia tátil é um ramo específico da Cartografia que se ocupa da confecção de mapas e outros produtos cartográficos que possam ser lidos por pessoas cegas ou com baixa visão. Os mapas e gráficos táteis tanto podem funcionar como recursos educativos, quanto como facilitadores de mobilidade em edifícios públicos de grande circulação, como terminais rodoviários, metroviários, aeroviários, nos *shopping centers*, nos *campi* universitários, e também em centros urbanos.

LOCH, Ruth E. N. Cartografia tátil: mapas para deficientes visuais. *Portal Cartografia*, v. 1, n. 1, p. 35, maio/ago. 2008. Disponível em: <www.uel.br/revistas/uel/index.php/portalcartografia/article/view/1362/1087>. Acesso em: 2 maio 2018.

- Por que é importante desenvolver representações cartográficas táteis que sejam disponibilizadas em escolas e outros estabelecimentos (museus, estações de trens, paradas de ônibus)? Converse com os colegas e justifique sua resposta.

Que tal, agora, construirmos uma forma de representação que pode ser utilizada por uma pessoa cega, isto é, um material tátil? Para isso, observe a seguir os materiais necessários e as etapas essenciais para produzirmos a representação.

Material

- representação cartográfica visual selecionada;
- materiais de diferentes texturas e colorações: lixas, papéis, colas, massinhas, EVA, panos, tintas, etc.;
- placa de isopor;
- papel-cartão;
- cola branca;
- tipos diferentes de linha (de costura, barbante, fio de náilon);
- tesoura sem ponta;
- lápis;
- régua;
- pincéis;
- folha de papel vegetal;
- fita adesiva.

Etapa 1 – O que fazer

Juntem-se em grupos de 3 ou 4 alunos. Então, decidam qual projeto será elaborado, ou seja, que tipo de representação o grupo deseja produzir. O grupo poderá, ainda, escolher a escala que a representação deve ter. Nesse momento, lembrem-se de que as escalas grandes são utilizadas em mapas que apresentam pequenas áreas, mas muitos detalhes. Já os mapas de escalas menores mostram áreas maiores.

Etapa 2 – Como fazer

Depois de escolher o que será representado, cada grupo deverá decidir que materiais vai utilizar. Comecem a elaborar o material cartográfico tátil tendo como base a representação cartográfica escolhida.

Sobreponha a folha de papel vegetal à representação visual e coloque pedaços de fita adesiva nas bordas do papel vegetal para fixá-lo. Na sequência, com um lápis, contorne os limites externos (dos países, do país, do estado, do município, do bairro) e internos (as ruas, os bairros, as cidades, os estados, os países) da sua representação. Ao terminar de contornar as linhas, você terá um molde.

Com o molde pronto, retire a fita adesiva, sobreponha a folha de papel vegetal a um dos suportes escolhidos (placa de isopor, EVA, papel-cartão) e cole-a. Quando a cola secar, recorte o suporte nos limites externos da folha de papel vegetal, deixando-o, assim, do tamanho do seu mapa.

Cole sobre cada uma das linhas dos limites internos um barbante ou qualquer outra linha que possa servir para separar as diferentes áreas do mapa.

Por fim, escolha os materiais, com diferentes texturas, que serão aplicados em cada área representada no mapa. Lembre-se de que esse mapa deve apresentar um fenômeno ou lugar do espaço geográfico, portanto é necessário que as diferentes texturas dos materiais escolhidos possibilitem uma diferenciação tátil por parte do seu leitor. Por exemplo, se a escolha foi representar o mapa das regiões brasileiras do IBGE, cada região deverá ser confeccionada com um material de diferente textura, visto que a diferenciação das regiões é o principal objetivo desse trabalho.

Etapa 3 – Apresentação

Após a finalização desse projeto, cada grupo apresentará seu trabalho para os demais. Neste momento, deve ficar evidente como uma pessoa cega, ou com baixa visão, poderia identificar o fenômeno ou o lugar do espaço geográfico que o grupo quis representar. No entanto, antes de tatear a área representada, é preciso demonstrar o significado de cada um dos elementos da legenda, identificando-os.

A imagem representa a Terra e seu satélite natural, a Lua, vistos do espaço. Yuri Gagarin, primeiro astronauta que viu nosso planeta do espaço na missão aeroespacial russa em 12 de abril de 1961, exclamou: "A Terra é azul!".

UNIDADE 2

A Terra, nossa morada

Nesta unidade, vamos estudar o lugar onde vivemos, isto é, a Terra. Entenderemos seu formato e os movimentos que realiza, as razões da existência dos dias e das noites e das quatro estações do ano. Além disso, veremos as diferentes "esferas" do nosso planeta. Por fim, estudaremos a superfície e a estrutura da Terra, as rochas, os minerais e os solos.

Observe a imagem e responda às seguintes questões:

1. Que elementos naturais podem ser percebidos no planeta Terra?

2. Na segunda metade do século XX, tornou-se possível obter a imagem da Terra vista do espaço. Alguns autores afirmam que isso transformou nossa ideia sobre o planeta: antes, se imaginava que o espaço terrestre era inesgotável; hoje temos a percepção dos seus limites e do cuidado que devemos ter com ele para continuarmos a existir. Você concorda com essa ideia ou discorda dela? Justifique.

CAPÍTULO 4

Forma e movimentos da Terra

A tirinha mostra o Sol (representado por um abajur) iluminando uma face do planeta (a bolinha): é dia na área que recebe a luz solar e noite onde não há iluminação do Sol.

Neste capítulo você conhecerá melhor o formato da Terra, arredondado e ligeiramente achatado nos polos. Você também vai identificar os dois principais movimentos que nosso planeta realiza no espaço celeste. Um desses movimentos está relacionado à existência do dia e da noite e à diferença de horário nos diversos pontos da superfície terrestre. O outro movimento, com a inclinação do eixo terrestre, produz as estações do ano.

Para começar

Observe a tirinha e responda:

1. A ideia de que ocorrem horários diferentes em diversas partes do planeta ao mesmo tempo pode parecer estranha para muitas pessoas. Por que não ocorre um único horário em todos os lugares do mundo?

2. Por que Miguelito começou a andar na ponta dos pés após ouvir a explicação de Mafalda?

UNIDADE 2 • A Terra, nossa morada

1 A Terra no espaço

Os seres humanos habitam o planeta Terra, que é um dos inúmeros astros do Universo. A Terra, mais especificamente a sua superfície, é, portanto, a nossa morada, como também a dos demais seres vivos.

A Terra orbita ao redor de uma estrela – o Sol –, cuja luminosidade e cuja temperatura, transmitidas por seus raios, possibilitam a existência de vida no planeta e influenciam sua dinâmica física, climática, hidrológica (das águas), etc. Dessa forma, muitos fenômenos que ocorrem na superfície terrestre têm origem no espaço exterior a ela. A vida na Terra também sofre uma influência muito importante da Lua, o satélite natural que orbita nosso planeta.

▶ **Orbitar:** executar trajetória em torno de outros astros; girar em torno.

O Sol e a Lua despertam a curiosidade dos seres humanos há milhares de anos. Esses astros são personagens de inúmeros mitos e lendas e já foram considerados divindades, isto é, deuses ou seres sobrenaturais para alguns povos.

Povos da Antiguidade, assim como as inúmeras sociedades indígenas, sempre utilizaram o Sol, a Lua e as estrelas como uma espécie de agenda do clima e como referência para se orientar. Diversas sociedades humanas em diferentes épocas se dedicaram a observar o céu, o movimento dos astros, o caminho do Sol, as fases da Lua, o brilho das estrelas e os desenhos que formam no céu noturno – as constelações (como mostra a imagem abaixo).

O Sol é indispensável para a vida na Terra, pois o calor e a luz solar fornecem a energia vital para os vegetais, os animais e os seres microscópicos. A energia vinda do Sol também é responsável pela formação dos ventos, pela evaporação das águas, pelas variações da temperatura do ar e por outros fenômenos na superfície terrestre.

⏻ **Mundo virtual**

IBGE
Disponível em: <http://atlasescolar.ibge.gov.br/a-terra/nosso-planeta-no-universo> Acesso em: 16 ago. 2018.
O *site* apresenta animações sobre a formação do Universo, da Terra e dos continentes, além dos dois principais movimentos da Terra: a rotação e a translação.

A distância do planeta Terra ao Sol é de, aproximadamente, 150 milhões de quilômetros. Se ele estivesse mais perto, como ocorre com os planetas Mercúrio e Vênus, o calor seria tão intenso que toda a água evaporaria e provavelmente não existiria nenhuma forma de vida na Terra. Porém, se estivesse mais distante, como outros planetas (Marte, Júpiter, Saturno, Urano e Netuno), o frio seria tão intenso que toda a água congelaria e provavelmente também não existiria vida na Terra.

▷ A constelação observada na imagem é conhecida como "constelação do Veado". Os indígenas do sul do Brasil, como os Kaingang e os Xetá, enxergavam da Terra esse agrupamento de estrelas e viam a figura de um veado.

A Lua é o astro que se encontra mais próximo do nosso planeta. É também, até este momento, a única superfície onde o ser humano já pisou, além da terrestre. A distância média entre a Terra e a Lua é de, aproximadamente, 384 mil quilômetros. Na Lua não existe atmosfera nem água na forma líquida. Isso significa que lá não há vento, chuva, rios ou lagos, bem como nenhuma forma de vida.

A principal influência que a Lua exerce sobre a superfície da Terra ocorre em relação às marés, isto é, a subida e a descida do nível das águas dos mares e oceanos. Pela força da **gravidade**, a Terra atrai a Lua e mantém esse astro orbitando-a. Ao mesmo tempo, a Lua exerce uma força de atração gravitacional sobre a Terra. Essa força é insignificante sobre as partes sólidas (continentes e ilhas), mas sensível sobre as grandes partes líquidas da superfície terrestre (os mares e oceanos).

A Lua não é a única responsável por esse efeito, pois as marés também sofrem influência do Sol, embora com menor intensidade em virtude da sua maior distância em relação à Terra. No transcorrer de um dia, a influência lunar provoca duas marés altas (quando o oceano está de frente para a Lua e em oposição a ela) e duas baixas (nos intervalos entre as marés altas).

A Lua é o astro do Universo mais próximo do nosso planeta. A órbita desse satélite não é um círculo perfeito, e sim uma elipse. Foto de 2017.

Saiba mais

Gravidade

É uma das forças fundamentais da natureza e está relacionada à atração mútua entre os corpos. Essa atração é diretamente proporcional às massas dos corpos e inversamente proporcional ao quadrado da distância entre eles. Ou seja, quanto maior for um corpo, maior a sua força de atração gravitacional, e quanto mais distante estiver de outro corpo, menor será essa força de atração.

A gravidade explica por que temos um peso aqui na superfície terrestre e um peso bem menor na superfície lunar: a atração da Lua, que é um corpo menor do que a Terra, é menos forte. Se não existisse a força da gravidade no nosso planeta – como no espaço sideral, distante de qualquer astro –, nenhum objeto ou pessoa teria peso, e ficaria flutuando.

Astronauta flutuando em estação espacial, fotografada enquanto se alimentava, em 2015. No espaço, a gravidade é zero, ou seja, não há gravidade sendo exercida sobre os corpos.

Texto e ação

1. Suponha que a passagem de energia vinda do Sol em direção ao planeta Terra fosse bloqueada. Seria possível a manutenção da vida no nosso planeta? Justifique sua resposta.
2. Quais são as áreas que podem sofrer as consequências das marés?
3. Em sua opinião, por que o Sol e a Lua sempre fascinaram os seres humanos? Converse com os colegas.

2 A forma da Terra

Durante muito tempo, pensava-se que a Terra era perfeitamente **esférica** como uma bola ou até **plana** como um disco. Os primeiros registros conhecidos que mostram que a Terra é esférica datam da Grécia antiga. Acredita-se que, por volta dos séculos VI ou V a.C., alguns matemáticos gregos já concebiam uma Terra esférica.

O formato dos demais astros conhecidos e a sombra da Terra na Lua foram algumas das evidências observadas que permitiram essa conclusão. Além disso, percebeu-se que a superfície da Terra possuía uma curvatura. Essa constatação se deu por causa da percepção da visibilidade de um navio à medida que ele se afastava no horizonte. Com 10 km de distância da costa, parte do casco do navio já não é visível. A partir dos 20 km se veem apenas os mastros, até o completo desaparecimento da embarcação. Se a Terra fosse plana, veríamos o navio ficar cada vez menor até desaparecer, e não "sumiria" primeiro a parte de baixo (o casco) e, só depois, a parte de cima.

Durante o século III a.C., Eratóstenes calculou a circunferência do planeta, e sua medida – 39 700 km – foi bastante próxima da realidade, um feito notável para a Antiguidade. Outro importante estudioso da Astronomia na Antiguidade foi o grego Cláudio Ptolomeu (100-170), autor da mais completa obra sobre Astronomia e Geografia daquela época. Ele apresentou um sistema denominado **geocêntrico**, que afirmava que a Terra seria o centro do Universo e os outros corpos celestes, planetas e estrelas descreveriam órbitas ao seu redor. Esse sistema foi aceito por toda a Idade Média até o século XVI, quando Copérnico provou que os planetas, incluindo a Terra, orbitam em torno do Sol, no chamado modelo **heliocêntrico**.

A esfericidade da Terra só foi demonstrada em 1521, quando Fernão de Magalhães atravessou o oceano Pacífico, na primeira viagem de circum-navegação, chegando à costa oriental da Ásia.

Graças aos avanços dos recursos tecnológicos, tornou-se possível medir a Terra com precisão. O valor real da circunferência da Terra é de aproximadamente 39 900 km nas áreas polares e de 40 100 km na linha do equador. Sabe-se que o planeta tem formato esférico, ligeiramente achatado nos polos. A parte próxima da linha do equador tem os maiores diâmetro e perímetro do planeta. Os polos são as partes com os menores diâmetros e perímetros. Esse formato, arredondado e com ligeiro achatamento nos polos e diferentes medidas do perímetro e da circunferência do planeta no equador e nos polos, é chamado de **geoide** (do grego, *geo* = Terra; *oide* = aspecto ou formato).

Este é o formato da Terra: um geoide, ou seja, ela é arredondada e com ligeiro achatamento nos polos. A imagem apresenta as diferentes medidas do perímetro e da circunferência do planeta no equador e nos polos.

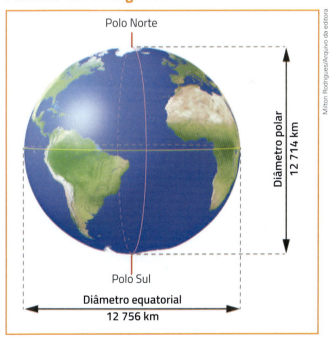

Formato da Terra: geoide

Polo Norte
Diâmetro polar 12 714 km
Polo Sul
Diâmetro equatorial 12 756 km

Fonte: elaborado com base em Planet Earth. *The Time Now*. Disponível em: <www.thetimenow.com/astronomy/earth.php>. Acesso em: 4 set. 2018.

▶ **Diâmetro:** é o comprimento do segmento de reta que une dois pontos de uma circunferência passando pelo seu centro.
▶ **Perímetro:** medida do contorno da circunferência.

3 Movimentos da Terra

O planeta Terra, assim como os demais corpos celestes, não está parado no Universo. Ele executa diversos movimentos, principalmente os de **rotação** e de **translação**. Esses movimentos, que estudaremos a seguir, influenciam as dinâmicas do planeta e, consequentemente, impactam a vida de todos os seres vivos, incluindo os humanos.

> **Minha biblioteca**
>
> **De olho na Ciência: Iniciação à Astronomia**, de Romildo Póvoa Faria. 12. ed. São Paulo: Ática, 2004.
>
> O livro explica com detalhes assuntos de Astronomia, como por que a Terra é um planeta azul, por que os planetas giram em torno do Sol e o que são constelações e galáxias.

Rotação

O movimento de rotação da Terra é o giro que o planeta faz ao redor de si mesmo, ou seja, ao redor do próprio eixo. Logo, os dias, as noites e os diferentes horários na superfície terrestre são consequências do movimento de rotação, conforme mostra o esquema abaixo.

Movimento de rotação

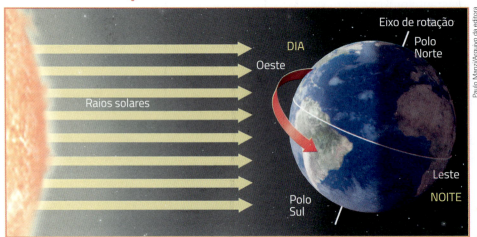

A escala e a cor dos elementos representados são fictícias.

Fonte: elaborado com base em ISTITUTO GEOGRAFICO DE AGOSTINI. *Atlante geografico metodico De Agostini*. Novara, 2011. p. E6.

A duração de uma volta da Terra ao redor do próprio eixo é de aproximadamente 23 horas e 56 minutos. Esse tempo é chamado de **dia sideral** ou **astronômico**. Existe ainda o **dia solar**, com 4 minutos a mais, que é o tempo que o Sol leva, depois que passa por um meridiano, para passar sobre ele novamente. Essas 24 horas correspondem à duração de um dia terrestre.

O eixo terrestre é inclinado em relação ao plano da órbita da Terra, que é o caminho que ela descreve ao redor do Sol (veja a ilustração ao lado). Essa inclinação mede aproximadamente 23°30' (lê-se 23 graus e 30 minutos ou 23 graus e meio). Os diferentes níveis de inclinação do eixo terrestre de acordo com o movimento do planeta ao redor do Sol resultam nas estações do ano.

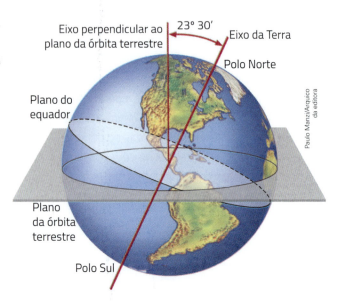

Fonte: elaborado com base em ISTITUTO GEOGRAFICO DE AGOSTINI. *Atlante geografico metodico De Agostini*. Novara, 2014. p. E6 e 3.

Movimento aparente do Sol

Movimento aparente é a impressão que temos do movimento de um objeto qualquer, em virtude de nossa posição na superfície terrestre. Esse mesmo fenômeno acontece com relação ao **Sol**, que parece se movimentar no céu: ele "**nasce**" pela manhã, está **a pino** por volta do meio-dia e **se põe** ao fim da tarde. É por isso que, durante muito tempo, acreditou-se que o Sol girava ao redor da Terra, até que se compreendeu que isso é só impressão e que, na realidade, é o nosso planeta que está girando constantemente ao redor de si próprio e do Sol.

A impressão que um observador situado na superfície terrestre tem é a de que o Sol "nasce" na direção leste. Isso se deve ao sentido do movimento de rotação da Terra – **de oeste para leste** –, que é oposto ao movimento que o Sol aparenta fazer durante o dia. É a mesma impressão que temos ao olhar objetos pela janela de um trem em movimento: parece que os objetos estão se movendo para trás; no entanto, quem se movimenta é o trem, e para a frente. Assim, ao longo do dia, conforme o Sol aparentemente se movimenta de leste para oeste no céu, a sombra das pessoas e dos objetos se desloca na direção oposta, de oeste para leste, acompanhando o movimento de rotação do planeta.

Nos locais situados entre os trópicos, aproximadamente ao meio-dia, o Sol está a pino, ou seja, situado acima do local de referência, de modo que, nesse instante, uma pessoa em pé estaria exatamente sobre a própria sombra.

manhã

meio-dia

Estas representações mostram o **movimento aparente** do Sol e a sombra projetada por um objeto localizado na superfície terrestre pela sua interação com a luz do Sol durante um dia. Pela manhã, o Sol está a leste, e a sombra está à esquerda (a oeste); ao meio-dia, o Sol está a pino, e a sombra está no centro da imagem; à tarde, o Sol se encaminha para o poente (oeste), e a sombra acompanha esse movimento, ficando à direita, a leste.

tarde

Dias e noites

Você já reparou que alguns modelos de telefone celular apresentam a opção "horário mundial"? Já observou que em certos edifícios ou estabelecimentos comerciais há vários relógios que indicam as horas em diferentes cidades do mundo? Ou, ainda, já assistiu pela televisão, à noite, a algum evento esportivo transmitido ao vivo de um lugar onde ainda era dia?

A razão pela qual é dia em algumas partes do planeta e noite em outras é o movimento de rotação da Terra. Nosso planeta demora cerca de **24 horas** para dar um giro completo em torno do próprio eixo. Como o formato da Terra é aproximadamente esférico, quando parte dela está voltada para o Sol e, portanto, iluminada, é dia. Enquanto isso, na outra parte, que está escura, oposta ao Sol, é noite.

Como a Terra gira constantemente, as posições dia e noite se invertem conforme ocorre o movimento de rotação do planeta. Assim, com o tempo, a parte iluminada vai entrando na sombra e a parte escura começa a receber a luz do Sol.

Com a opção "horário mundial" disponibilizada por alguns modelos de celulares e aplicativos, é possível saber o horário de diversas localidades do mundo. Essa ferramenta pode ser útil para quem precisa ligar para alguém que esteja em outra cidade ou para identificar o horário de uma cidade para onde se deseja viajar.

Texto e ação

- Observe a imagem abaixo. Ela mostra uma experiência que você pode fazer em casa ou mesmo na sala de aula. Para isso, você precisará de um globo terrestre e uma lanterna. A lanterna representará o Sol, e o globo, a Terra. Ilumine uma face do globo com a lanterna. Gire lentamente o globo, simulando o movimento de rotação, de oeste para leste.

    a) O que a representação indica quando a lanterna ilumina uma face do globo?

    b) Com base na observação da representação ao lado, é possível afirmar que é dia no Brasil e no México? Justifique sua resposta.

A escala e a cor dos elementos representados são fictícias.

Fusos horários

Há diversos horários na superfície do planeta. À medida que a Terra realiza seu movimento de rotação, porções diferentes dela são iluminadas pelo Sol – áreas diurnas –, enquanto outras partes não são iluminadas – áreas noturnas. As áreas diurnas e as noturnas também apresentam horários diferentes entre si. Na tentativa de sistematizar, ou seja, organizar melhor essas diferenças, foram criados os **fusos horários**.

Cada fuso horário corresponde a uma faixa imaginária na superfície terrestre que se estende de um polo a outro e está localizada entre dois meridianos.

Pelo fato de o Sol aparecer no horizonte sempre na direção **leste**, convencionou-se que os horários a leste estão sempre **adiantados** em relação aos do oeste. Portanto, as direções **leste** e **oeste** – as longitudes – são fundamentais para a variação de horários na superfície terrestre. Já as direções **norte** e **sul** – as latitudes – não influenciam essas diferenças.

Como o dia tem 24 horas, convencionou-se dividir o globo terrestre em 24 fusos horários. Em relação ao **meridiano de Greenwich**, o globo terrestre tem 360°, sendo 180° para leste e 180° para oeste. Essa divisão foi resultado de um acordo entre representantes de vários países, reunidos em uma conferência internacional em Roma (Itália), em 1883. Com o passar do tempo, praticamente todos os países do mundo acabaram adotando essa convenção.

▶ **Hora legal:** horário adotado na capital de um país e tido como oficial dentro desse país.

Na parte inferior do mapa, estão os fusos que deveriam existir a cada 15° de longitude. Contudo, no mapa aparecem os fusos reais ou políticos que existem em cada país ou ilha. Veja que as faixas dos fusos horários são verticais, e nunca horizontais. Note que tanto a faixa leste do Brasil, localizada no hemisfério sul, como a Groenlândia, situada no hemisfério norte, possuem o mesmo fuso horário. Logo, nelas prevalece a mesma hora legal.

Mundo: fusos horários políticos*

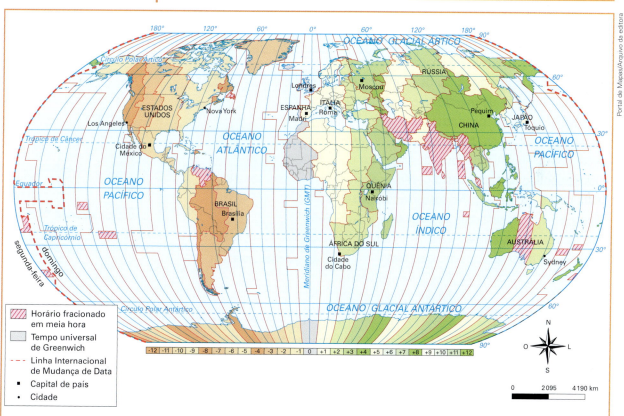

* Este mapa não leva em consideração o horário de verão para nenhum país.
Fonte: elaborado com base em SIMIELLI, Maria Elena. *Geoatlas*. 34. ed. São Paulo: Ática, 2013. p. 21.

Cada fuso possui um horário próprio, e sua abrangência corresponde a **15°** de longitude (resultado de 360° divididos por 24 fusos). Dessa forma, a cada 15° da longitude, de leste para oeste, o horário se reduz em **uma hora**, enquanto aumenta uma hora a cada 15° de longitude de oeste para leste.

Na prática, porém, os fusos não são divididos dessa maneira. Caso isso ocorresse, cidades, ilhas e outros locais menores poderiam ter dois horários. Para evitar esse tipo de problema, os limites dos fusos horários estão ajustados aos interesses dos países ou das localidades. Para não causar transtorno às pessoas, alguns governos nacionais estabelecem um horário local único.

Linha Internacional de Mudança de Data

Convencionou-se que o fuso horário inicial se situa na faixa cujo centro é o meridiano de Greenwich (Reino Unido). Ele abrange algumas áreas da Europa, da África e da Antártida, além de diversas ilhas. Isso significa que, a partir desse fuso, as horas vão aumentando no sentido leste e diminuindo no sentido oeste.

No último fuso a leste, o décimo segundo que registra o horário mais adiantado do globo, localizam-se a Nova Zelândia, ao sul, e a parte leste da Rússia, ao norte. Já no décimo segundo e último fuso a oeste, onde os relógios marcam o horário mais atrasado em relação ao meridiano de Greenwich, situam-se algumas ilhas do oceano Pacífico.

Nessa área se localiza o chamado **antimeridiano** ou Linha Internacional de Mudança de Data (LID). Trata-se do meridiano oposto ao de Greenwich (observe o mapa ao lado).

Ao ultrapassar essa linha imaginária, ou seja, ao cruzar a Linha Internacional de Mudança de Data, no sentido oeste para leste, devemos alterar a data para o dia seguinte. No caso inverso, isto é, cruzando a linha no sentido leste para oeste, a data deve ser alterada para o dia anterior. A hora, porém, permanece a mesma para ambos os dias.

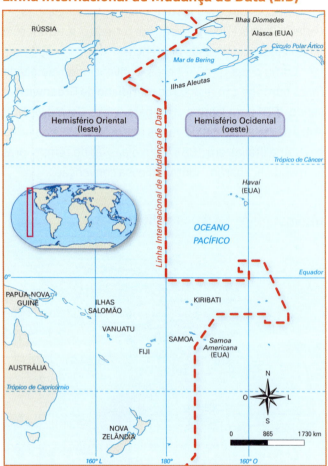

Fonte: elaborado com base em SIMIELLI, Maria Elena. *Geoatlas*. 34. ed. São Paulo: Ática, 2013. p. 21.

Texto e ação

- Faça os cálculos a seguir. Para isso, utilize o mapa da página 85.

    a) A distância, em graus, entre Brasília (Brasil) e Roma (Itália) é de 75°. Se em Brasília são 14 horas, que horas são em Roma? Lembre-se de que Roma está a leste de Brasília.

    b) Se uma pessoa viajar do Japão para os Estados Unidos pegando um voo que atravesse o oceano Pacífico, ela perderá ou ganhará um dia? Explique.

Fusos horários do Brasil

Uma pessoa que viaja de Curitiba (Paraná) para Rio Branco (Acre) terá de atrasar seu relógio em duas horas quando chegar ao seu destino. Isso ocorre porque não temos um horário único válido para todo o território nacional.

O território brasileiro é muito extenso tanto latitudinal como longitudinalmente. É o quinto maior país do mundo. Do extremo leste ao extremo oeste do Brasil, a distância é de 4 326,6 quilômetros. Além disso, pertencem ao Brasil algumas ilhas no oceano Atlântico, sendo as de Trindade e de Martin Vaz as mais distantes (a 1 100 quilômetros) da costa brasileira. Atualmente, existem no Brasil **quatro** fusos horários. Observe o mapa.

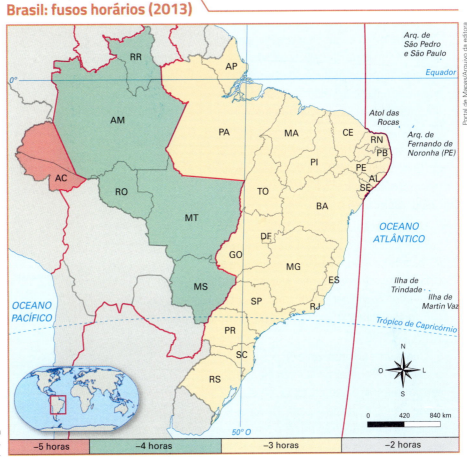

Fonte: elaborado com base em IBGE. *Atlas geográfico escolar*. 7. ed. Rio de Janeiro, 2016. p. 91.

- O primeiro fuso horário brasileiro, com duas horas de atraso em relação ao horário do meridiano de Greenwich, abrange as ilhas de Fernando de Noronha, Trindade, Martin Vaz e o arquipélago de São Pedro e São Paulo. Essas localidades estão uma hora adiantadas em relação ao horário de Brasília.

- O segundo fuso determina a hora oficial do país, que é a de Brasília. Ele abrange todos os estados do litoral brasileiro, bem como Goiás, Tocantins, Minas Gerais e o Distrito Federal. Esse fuso apresenta um atraso de três horas em relação a Greenwich.

- O terceiro fuso horário abrange os estados de Mato Grosso, Mato Grosso do Sul, Rondônia, Roraima e a maior parte do estado do Amazonas. Ele está atrasado uma hora em relação ao horário de Brasília.

- O quarto fuso abrange uma parte do estado do Amazonas e todo o estado do Acre. Em relação a Greenwich, está atrasado cinco horas e, em relação a Brasília, duas horas.

Geolink

Leia o texto a seguir.

Cidades vizinhas têm fuso horário diferente

Localidades são separadas apenas por ponte, mas têm uma hora de diferença

Apesar de ficarem em estados diferentes, Carneirinho, em Minas Gerais, e Paranaíba, em Mato Grosso do Sul, são separadas apenas por uma ponte. As duas cidades têm fuso horário de uma hora de diferença, um detalhe que interfere na vida de muita gente.

"Muitas pessoas ficam com problemas por causa do horário. Quando precisam ir a um banco, um departamento público, sempre atrapalha", afirma o funcionário público Cléber Junior Freitas.

Mesmo os moradores mais antigos da região se complicam com o horário. Perto dos 80 anos, Roque Maia Santos morou quase a vida inteira em Carneirinho, mas ainda se confunde. "Se vai para lá tem que atrasar o relógio. Não, adiantar", corrige. "Dá para confundir", diverte-se.

Quem vive no outro lado da ponte também troca os ponteiros. "Quem manda no seu cotidiano é o relógio, então você confunde. Dá fome na hora errada. De repente, você está almoçando às 10h. É muito cedo, mas você está com fome", diz o estudante Cláudio Martins Toledo.

Brasil: Carneirinho (MG) e Paranaíba (MS) 2018

Fonte: elaborado com base em IBGE. *Atlas geográfico escolar*. 7. ed. Rio de Janeiro, 2016.

A ponte do Porto de Alencastro liga os municípios de Carneirinho (Minas Gerais) e Paranaíba (Mato Grosso do Sul). Foto de 2015.

Há quem se sinta privilegiado. Igor Rogério de Souza trabalha oito horas por dia, mas tem tempo até de descansar em casa antes de ir para a faculdade. Ele estuda em Paranaíba e, apesar de a viagem demorar uma hora, ainda chega adiantado. "Eu saí de casa às 18h30 e agora são 18h30", diz.

Até o comércio tem horário especial. Como anoitece mais cedo, fecha mais cedo também em Mato Grosso do Sul, às 17h30.

Fonte: G1. *Cidades vizinhas têm fuso horário diferente*. Disponível em: <http://g1.globo.com/Noticias/Brasil/0,,MUL64300-5598,00-CIDADES+VIZINHAS+TEM+FUSO+HORARIO+DIFERENTE.html>. Acesso em: 30 maio 2018.

Agora, responda às questões:

1. Explique com suas palavras o que significa "adiantar" e "atrasar" o relógio.

2. O texto fala da confusão causada pela diferença de fusos horários entre cidades de dois estados diferentes. Você acha que essa confusão poderia acontecer em cidades dentro de um mesmo estado do Brasil? Justifique.

3. Observe novamente o mapa da página 87 e indique, ao menos, outros dois estados cujas cidades de divisa poderiam apresentar a mesma situação descrita no texto.

O horário de verão

Em vários estados do Brasil, as pessoas adiantam seus relógios em uma hora durante determinado período do ano. É o chamado **horário de verão**, que dura cerca de quatro meses. Quando o verão termina, as pessoas atrasam seus relógios em uma hora, voltando, assim, ao horário "normal" ou "correto" do ponto de vista astronômico.

O horário de verão não tem relação com o horário astronômico, isto é, o horário que depende da posição do Sol. Ele foi criado nos Estados Unidos há mais de duzentos anos e é utilizado atualmente em cerca de 70 países.

Como em uma parte da primavera e no verão os dias são mais longos do que as noites, ou seja, o Sol aparece mais cedo e desaparece mais tarde, formulou-se a ideia de aproveitar ao máximo a luz solar.

Ao estabelecer o adiantamento de uma hora, os governos esperam que se economize energia, pois se tende a utilizar menos eletricidade. Veja, por exemplo, o horário entre 18 e 19 horas, conhecido como horário de pico nas cidades brasileiras. Com o horário adiantado em uma hora, observamos que, geralmente, anoitece somente após as 20 horas; logo, no período de maior movimentação da população o dia ainda está claro e não há a necessidade de acender as luzes das vias públicas e das moradias. Com essa medida, normalmente, se economiza energia no período em que mais se usa eletricidade: entre 18 e 21 horas.

Adiantar os ponteiros do relógio em uma hora, como acontece no horário de verão, permite que se aproveite melhor a luz natural, obtendo uma redução de 4% a 5% no consumo de energia elétrica.

Todavia, o horário de verão vem sendo cada vez mais questionado e até abolido em muitos lugares. Isso ocorre por dois motivos: constatou-se que a economia de energia associada a esse horário diminui a cada ano – dados sobre o consumo de eletricidade em vários países que adotam esse horário, incluindo o Brasil, comprovaram esse fato; além disso, muitos afirmam que essa prática atrapalha o **relógio biológico** humano, isto é, a percepção do tempo por parte do nosso organismo.

É esse relógio biológico que costuma, por exemplo, nos fazer acordar em determinado horário praticamente todos os dias, mesmo sem o uso de um despertador. O horário de verão alteraria o relógio biológico, gerando consequências negativas para as pessoas, como a sensação de cansaço e a diminuição da capacidade de concentração. Por esse motivo, segundo alguns especialistas não valeria a pena a economia de apenas 4% ou 5% de eletricidade, ou até menos, de acordo com números mais recentes, pois isso seria menos importante que a saúde das pessoas.

> **Horário de pico:** período do dia ou da noite no qual há maior concentração de pessoas se deslocando de um lugar para outro, ou horário em que se consomem mais recursos, como energia elétrica, água, entre outros.

Para algumas pessoas, o horário de verão é positivo; para outras, negativo. Os que são favoráveis ao horário de verão argumentam que ele economiza energia elétrica e que sair mais cedo do trabalho (pois o horário é adiantado em uma hora) é interessante para aproveitar mais o dia, para ficar com amigos, fazer caminhada, exercícios físicos, etc. Os que são contrários a esse horário argumentam que a economia de energia é mínima, que ele atrapalha a rotina das pessoas e prejudica o relógio biológico, ocasionando problemas de saúde.

O horário de verão vigora apenas nas regiões Sul, Sudeste e Centro-Oeste, ou seja, em dez estados e no Distrito Federal. Ele não é adotado em 16 estados brasileiros, aqueles localizados nas regiões Norte e Nordeste. Essas regiões estão mais próximas do equador, onde a variação sazonal entre o dia e a noite não é tão significativa como nas regiões mais distantes do equador, nas quais, no verão, o dia se torna mais longo e a noite, mais curta.

Estados que aderiram ao horário de verão (2018)

Fonte: elaborado com base em GARCIA, Alexandre. *Horário de verão começa à meia-noite em 10 Estados e no DF.* São Paulo, R7 Economia, 14 out. 2017. Disponível em: <https://noticias.r7.com/economia/horario-de-verao-comeca-a-meia-noite-em-10-estados-e-no-df-14102017>. Acesso em: 17 jun. 2018.

Texto e ação

1 ▸ Com base no que você estudou, responda:

   a) Se em Fernando de Noronha são 2 horas, que horas são no Mato Grosso?

   b) Se no Acre são 20 horas, que horas são no Distrito Federal?

   c) No inverno, se em Mato Grosso são 14 horas, que horas são no Acre?

2 ▸ Por meio do seu aparelho de celular ou de algum aplicativo:

   a) Descubra o horário das cidades de Nairóbi (capital do Quênia), Madri (capital da Espanha), Pequim (capital da China) e Washington (capital dos Estados Unidos). Anote o horário de cada uma dessas cidades.

   b) Aponte quantas horas cada cidade mencionada apresenta a mais ou a menos em relação a Brasília.

   c) Pesquise em jornais, revistas e na internet quais das cidades mencionadas anteriormente adotam o horário de verão.

3 ▸ Houve um período no Brasil em que todos os estados adotavam o horário de verão. Com base no que foi estudado, você acredita que essa medida era importante para o país? Por quê?

4 ▸ O seu município adota o horário de verão?

5 ▸ Você gosta do horário de verão? Por quê? Compartilhe sua opinião com a turma.

6 ▸ Mencione dois estados no Brasil que apresentam o mesmo horário somente no período do horário de verão. Por que essa situação ocorre nesse período do ano?

Translação

O movimento de translação ou revolução da Terra é o movimento que ela realiza ao redor do Sol, seguindo uma **órbita elíptica**. Ele dura 365 dias, 5 horas e 48 minutos. Observe o esquema.

Movimento de translação da Terra

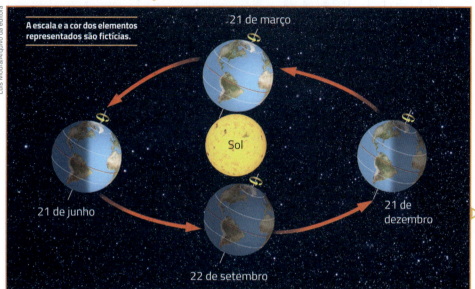

Fonte: elaborado com base em GABLER, Robert E.; PETERSEN, James F.; SACK, Dorothy. *Fundamentos da Geografia Física*. São Paulo: Cengage Learning, 2014. p. 54.

 Minha biblioteca

Um passeio pelas estações do ano, de Samuel Murgel Branco. São Paulo: Moderna, 2002.

Um livro acessível, escrito para facilitar o entendimento sobre as estações do ano. Além disso, ele relaciona as estações do ano com fatos sazonais climáticos e biológicos.

▷ A translação completa da Terra em torno do Sol leva 365 dias, 5 horas e 48 minutos. A Terra descreve essa órbita a uma velocidade média de 107 mil km/h.

Como o ano é dividido em 365 dias, sobram, portanto, 5 horas e 48 minutos. Somando essas "sobras", ao fim de quatro anos há 24 horas a mais, o que corresponde a um dia. Por esse motivo, estabeleceu-se que a cada quatro anos há um ano de 366 dias. Esse dia a mais foi introduzido no mês de fevereiro, o mais curto de nosso calendário, com apenas 28 dias. Assim, o dia 29 de fevereiro só existe a cada quatro anos. Os anos com 366 dias são chamados de **bissextos**.

Estações do ano

São quatro as estações do ano: **primavera**, **verão**, **outono** e **inverno**. Em muitos locais da superfície terrestre, é possível perceber claramente essas estações no clima e na paisagem; em outros, nem tanto.

Nas **altas latitudes**, isto é, em zonas polares e suas proximidades, apenas o verão se destaca pelos dias bem mais longos e pelo descongelamento das banquisas. As demais estações passam despercebidas na paisagem, pois se observa um frio intenso nessas áreas, especialmente no inverno, época do ano em que alguns locais se tornam inóspitos.

▶ **Banquisa:** águas oceânicas congeladas.

▽ Na imagem, pessoas caminham na cidade de Yakutsk, na Rússia, situada acima da latitude 62° N e considerada a cidade mais fria do mundo. No inverno, a temperatura média fica próxima de –45 °C. Foto de 2018.

Nas **baixas latitudes**, ou seja, na zona tropical, apenas as estações de verão e de inverno são marcadas pela variação de temperatura e de umidade. Geralmente, a primavera e o outono quase não são notados. Além disso, praticamente não se notam diferenças de temperatura entre o verão e o inverno. Em algumas áreas da zona tropical, a população local chama de "inverno" o período mais chuvoso do ano.

As estações do ano costumam ser bem definidas apenas nas regiões de **médias latitudes**: nas áreas situadas entre os trópicos e os círculos polares, tanto ao norte como ao sul da linha do equador. Os invernos apresentam frio intenso, neve e congelamento dos rios; a primavera é caracterizada pelo descongelamento dos rios, renascimento das folhas das árvores e desabrochar das flores; no verão, as temperaturas sobem bastante; e o outono é marcado pela queda das folhas das árvores e pelas temperaturas mais amenas.

As estações do ano ocorrem por causa do movimento de translação e, principalmente, devido à **inclinação do eixo** do nosso planeta. Essa inclinação influencia a maneira como a luz solar incide na superfície terrestre. O movimento de **translação** da Terra ao redor do Sol, com o seu eixo sempre inclinado na mesma direção, provoca maior insolação no hemisfério sul durante alguns meses do ano. Depois, essa situação se inverte. Por isso, quando é inverno no hemisfério sul, é verão no hemisfério norte, e vice-versa. É importante entender esse fato, pois muitas pessoas imaginam, de forma equivocada, que é verão quando a Terra, na sua órbita, está mais próxima do Sol, e inverno quando está mais distante. Na verdade, essa maior ou menor distância do nosso planeta em relação ao Sol é mínima e praticamente não influi nas diferenças de temperatura na superfície terrestre. Além disso, se essa fosse a explicação para as estações do ano, seria verão (ou inverno) no mesmo período tanto no hemisfério norte como no sul.

Nas áreas próximas à linha do equador, a temperatura não diminui muito durante o inverno. Na foto, pessoas caminham durante o inverno na cidade de Manaus, no Amazonas (situada na latitude 3° S). Foto de 2016.

As estações do ano, de acordo com o calendário astronômico – isto é, do movimento da Terra em relação ao Sol –, obedecem às seguintes datas:

- de 21 de dezembro a 20 de março: verão no hemisfério sul e inverno no hemisfério norte;
- de 21 de março a 20 de junho: outono no hemisfério sul e primavera no hemisfério norte;
- de 21 de junho a 22 de setembro: inverno no hemisfério sul e verão no hemisfério norte;
- de 23 de setembro a 20 de dezembro: primavera no hemisfério sul e outono no hemisfério norte.

Paisagem de outono na cidade de Tibilisi, na Geórgia; ela está situada na latitude 41° N; nos locais de média latitude as estações do ano são definidas. Foto de 2015.

Essas datas não foram escolhidas por acaso. Elas correspondem a quatro dias especiais do ano, resultantes do movimento de translação do nosso planeta ao redor do Sol: os **equinócios** e os **solstícios**.

Equinócios e solstícios

Equinócio significa "dia e noite iguais". É a data do ano em que a duração do dia é aproximadamente a mesma que a da noite. Os equinócios ocorrem em 21 de março e em 23 de setembro. Nesses dois dias, os raios solares incidem perpendicularmente sobre a linha do equador, iluminando por igual os dois hemisférios.

▶ **Perpendicular:** que forma um ângulo reto, ou seja, de 90°.

Equinócios

Fonte: elaborado com base em GABLER, Robert E.; PETERSEN, James F.; SACK, Dorothy. *Fundamentos da Geografia Física*. São Paulo: Cengage Learning, 2014. p. 55.

Solstício significa "Sol quieto", que é quando o Sol se encontra mais afastado da linha do equador e há uma diferença maior entre a duração do dia e da noite. Os solstícios ocorrem nos dias 21 de junho e 21 de dezembro.

Solstícios

- No dia 21 de junho, os raios solares incidem perpendicularmente sobre o trópico de Câncer. Assim, a porção norte do planeta recebe mais luz solar do que a porção sul. Nessa data, a duração do dia no hemisfério norte é maior que a da noite e, inversamente, no hemisfério sul, a duração da noite é maior que a do dia.

- No dia 21 de dezembro, os raios solares encontram-se perpendiculares ao trópico de Capricórnio. Com isso, a parte sul do planeta recebe mais luz solar do que a parte norte. No hemisfério sul, o dia é mais longo do que a noite, enquanto no hemisfério norte ocorre o inverso.

Fonte: elaborado com base em GABLER, Robert E.; PETERSEN, James F.; SACK, Dorothy. *Fundamentos da Geografia Física*. São Paulo: Cengage Learning, 2014. p. 54.

Os esquemas da página 93, principalmente aqueles que mostram os solstícios, permitem entender por que nas zonas polares existem o "Sol da meia-noite" (no verão) e a prolongada "noite polar" (no inverno). Ao observar os esquemas, percebe-se que, durante o verão no hemisfério norte, o polo norte fica inclinado na direção do Sol durante vários meses, não ocorrendo noite (não há ausência dos raios solares). Esse fenômeno é conhecido como "Sol da meia-noite". O inverso ocorre durante o inverno, quando o polo fica inclinado na direção contrária, não recebendo a luz do Sol durante vários meses. Isso significa que, nesse período, nem mesmo ao meio-dia há claridade ou incidência de raios solares. Esse fenômeno é conhecido como "noite polar". No polo sul, observam-se fenômenos semelhantes, mas em meses diferentes em relação ao polo norte. Nas proximidades dos polos norte e sul, cada um desses fenômenos predomina durante 6 meses.

▸ Na imagem é possível observar o fenômeno sol da meia-noite, em arquipélago na Noruega, em agosto de 2017, época de verão no hemisfério norte.

As estações do ano começam e terminam exatamente nas datas indicadas pelo calendário astronômico. No entanto, as características delas não são constantes, já que o tempo atmosférico depende de diversos fatores, que você estudará nos próximos capítulos, sendo o deslocamento das massas de ar um dos principais.

É por isso que é frequente estarmos no verão no Sudeste e no Sul do Brasil e enfrentarmos eventuais "ondas de frio" causadas pelo avanço de uma massa de ar que vem da Antártida. Da mesma forma, podemos estar em pleno inverno e, em vez de frio, vivenciarmos uma "onda de calor" provocada pela vinda de uma massa de ar tropical ou equatorial.

Texto e ação

1 ▸ No local onde você vive, as estações do ano são bem definidas?

2 ▸ Em que época do ano ocorrem o verão e o inverno no Brasil? Explique por que essas estações do ano ocorrem nesses períodos.

CONEXÕES COM HISTÓRIA

Leia o texto a seguir.

Maria Mitchell, uma pioneira da ciência

Maria Mitchell foi uma das mais famosas astrônomas e ficou conhecida por ter sido a primeira astrônoma profissional dos Estados Unidos. Ela também foi uma grande defensora dos direitos das mulheres e lutou contra a escravidão durante toda a sua vida.

Mitchell nasceu em Nantucket, nordeste dos Estados Unidos, uma localidade onde as famílias tinham tradições diferentes da maioria das famílias da época. Os pais de lá acreditavam que as meninas deveriam ter o mesmo ensino escolar que os meninos e, por isso, ela pôde estudar desde pequena. Seu pai chegou a construir uma escola para que ela estudasse. Foi lá que, aos 12 anos, aprendeu Astronomia com o telescópio do seu pai e virou sua assistente, ajudando nos cálculos de eclipses. Em 1835, aos 17 anos, abriu sua própria escola, onde dava aula para meninas e meninos, brancos e negros, o que causou muita polêmica, já que na época ainda havia a escravidão em seu país.

Em uma noite de 1847, durante suas observações do céu com seu telescópio, Mitchell descobriu um cometa que a fez ser famosa mundialmente. Por esta descoberta ganhou o prêmio dado pelo rei da Dinamarca, Frederico VI, ao primeiro que descobrisse um cometa que não fosse visível a olho nu. Em sua homenagem o cometa viria a ser chamado de Miss Mitchell.

Maria Mitchell. Gravura de H. Dassell, 1851. Dimensões não disponíveis.

Um ano depois, foi eleita membro da Academia de Artes e Ciências dos Estados Unidos. Mitchell foi a primeira mulher a ser aceita no grupo. Também foi uma das primeiras mulheres a entrar para a Sociedade Americana de Filosofia. Trabalhou no Observatório Naval, estudando o planeta Vênus, antes de se tornar professora de Astronomia do Vassar College, uma das mais tradicionais instituições do país, onde também se tornou diretora do observatório.

Em 1873, ajudou a fundar a Associação Americana para o Avanço da Mulher, que reunia mulheres para discutir o avanço feminino nas diversas profissões. Exigiu que seu salário como professora fosse o mesmo que os homens recebiam, e conseguiu! Continuou sua batalha contra a escravidão e o preconceito racial, chegando a parar de usar roupas de algodão que era colhido por escravos.

Mitchell deu aula até os 70 anos, quando se aposentou, falecendo um ano depois. [...]

SOUZA, Wailã de. *Maria Mitchell*. Disponível em: <www.planetariodorio.com.br/maria-mitchell>. Acesso em: 13 mar. 2018.

Agora, converse com os colegas:

1. Qual foi a importância da educação na vida de Maria Mitchell?

2. No trecho: "Exigiu que seu salário como professora fosse o mesmo que os homens recebiam, e conseguiu!", é possível perceber que, na época em que Maria Mitchell dava aulas, homens e mulheres recebiam salários diferentes pela realização do mesmo trabalho. Com base nessa constatação, respondam:
    a) É justo que homens e mulheres ganhem salários diferentes para realizar o mesmo trabalho?
    b) O texto narra uma situação vivida por uma mulher nos Estados Unidos. Você acha que, atualmente, essa situação pode ocorrer também no Brasil? Pesquise se no Brasil há casos de mulheres que recebem salários menores do que os dos homens pela mesma profissão.

3. Em livros, jornais, revistas e *sites*, pesquise mulheres que realizaram descobertas relevantes para alguma área da ciência. Em data combinada com o professor, apresente à turma o que descobriu.

ATIVIDADES

+ Ação

O horário de verão vigora no Brasil desde 1985. Ele foi adotado inicialmente em 1931, abrangendo todo o território, mas não teve continuidade. Desde 2003 passou a vigorar apenas em dez estados (os das regiões Sul, Sudeste e Centro-Oeste) e no Distrito Federal. Leia os dois textos sobre os prós e os contras da adoção do horário de verão e, depois, responda às questões.

Texto 1

De acordo com o Operador Nacional do Sistema Elétrico (ONS), a economia com horário de verão foi de R$ 162 milhões em 2015/2016. Para este ano (2016/2017), o governo estima que serão economizados R$ 147,5 milhões. [...]

De acordo com o professor Dr. Emerson Galvani, do Departamento de Geografia da USP, a importância dessa alteração no horário consiste na redução do consumo de energia elétrica nos horários de pico de abastecimento, geralmente entre 18h e 20h.

A principal vantagem é a redução da demanda, que leva a uma operação de menor risco e menor custo. A opinião do professor sobre o assunto, quando questionado se ele é a favor ou contra o vigor da medida, é que "com a ausência do horário de verão, dificilmente o sistema elétrico brasileiro operaria com segurança, então sou favorável à adoção desta medida". [...]

A economia de energia é possível porque, com o horário diferenciado, não é preciso gerar energia de usinas termelétricas para garantir o abastecimento do país nos horários de pico, de acordo com a ONS.

As usinas termelétricas causam graves danos para o meio ambiente. No Brasil, encontram-se quase 2 mil usinas deste tipo. A maioria é acionada apenas em emergências, ou seja, quando se chega no limite de demanda de energia. [...]

O grande problema dessas usinas é a emissão de gases poluentes pela queima de combustíveis fósseis, que aumentam o efeito estufa e o aquecimento global. A movida a carvão é a usina que mais causa poluição do ar. [...]

QUEIROZ, Hanna. *Saiba mais sobre o horário de verão no Brasil*, 23 nov. 2016. Disponível em: <www.impactounesp.com.br/2016/11/saiba-mais-sobre-o-horario-de-verao-no.html>. Acesso em: 5 mar. 2018.

Texto 2

"Todo mundo vai sentir certo desconforto nos primeiros dias", diz Cláudia Moreno, professora da Faculdade de Saúde Pública da USP (Universidade de São Paulo) e da Universidade de Estocolmo. Mesmo quem gosta do horário de verão deverá sentir algum efeito, como se tivesse viajado para um lugar com diferente fuso horário.

Isso ocorre porque temos dois relógios. Um é o biológico, ligado ao ritmo das secreções hormonais e do funcionamento dos órgãos do nosso corpo. O outro, o social, que marca a hora de entrar no trabalho, na faculdade ou escola. Nosso relógio biológico está sincronizado com o ambiente, o dia e a noite. Obedecer o horário social depende de adaptação do organismo, que varia de pessoa para pessoa. E, quando esse horário muda, cria-se um descompasso que exige nova adaptação. [...]

A desarmonia entre o horário do corpo e o do despertador pode causar consequências graves, dizem os especialistas. Sonolência e a privação de sono são apontadas como causas de acidentes de trânsito e de trabalho. As mudanças nos horários das refeições levam a alterações gastrointestinais. E mudanças no humor elevam as chances de brigas com o chefe e de conflitos familiares. [...]

CYMBALUK, Fernando. *Tem quem goste. Mas o horário de verão pode prejudicar a saúde e o trabalho*. UOL notícias: Ciência e Saúde, 13 out. 2017. Disponível em: <https://noticias.uol.com.br/saude/ultimas-noticias/redacao/2017/10/13/horario-de-verao-causa-desconforto-para-todos-e-e-tormento-dos-vespertinos.htm>. Acesso em: 5 mar. 2018.

a) Liste e explique os argumentos favoráveis e os argumentos contrários à adoção do horário de verão no Brasil.

b) No início de 2017, o governo federal sinalizou que faria um plebiscito para que a população afetada – os habitantes das regiões Sul, Sudeste e Centro-Oeste – decidisse se o horário de verão iria continuar a ser adotado no país. Essa consulta popular nunca aconteceu. Se esse plebiscito ocorresse e você votasse, qual seria o seu posicionamento: o não (contrário ao horário de verão) ou o sim (a favor)? Justifique.

Autoavaliação

1. Quais foram as atividades mais fáceis pra você? Por quê?
2. Algum ponto deste capítulo não ficou claro? Qual?
3. Você participou das atividades em dupla e em grupo e expressou suas opiniões?
4. Como você avalia sua compreensão dos assuntos tratados neste capítulo?
    - **Excelente**: não tive dificuldade.
    - **Bom**: consegui resolver as dificuldades de forma rápida.
    - **Regular**: tive dificuldade para entender os conceitos e realizar as atividades propostas.

> **Lendo a imagem**

• Em duplas, observem a foto abaixo, o mapa da página 86 e leiam o texto a seguir. Depois resolvam as atividades.

Local que marca a Linha Internacional de Mudança de Data na ilha de Taveuni, que pertence às ilhas Fiji (Oceania), país com menos de 1 milhão de habitantes. A linha divide as ilhas Fiji em duas partes. O governo local aproveita esse fato para promover o turismo com o argumento de que "Você pode andar de um lado para outro e dizer: 'Aqui é ontem, aqui já é hoje, voltei para ontem novamente'". Foto de 2013.

Em vez de ser uma linha reta coincidindo totalmente com o meridiano 180°, a Linha Internacional de Mudança de Data (LID) faz curvas para levar em conta as conveniências de certos países e ilhas. Um dia qualquer começa sempre em Samoa, na Sibéria (Rússia) e na Nova Zelândia, onde existem os horários mais adiantados; e termina na Samoa Americana e no oeste do Alasca (Estados Unidos), que apresentam os fusos horários mais atrasados do mundo. Interessante é que existem duas ilhas praticamente vizinhas – a Samoa Americana, que pertence aos Estados Unidos, e a Samoa, país independente – que têm o mesmo horário, mas em dias diferentes: no mesmo instante em que são 10 horas da manhã do dia 1º de janeiro em Samoa, ainda são 10 horas da manhã do dia 31 de dezembro na Samoa Americana.

a) O fato de alguém caminhar alguns metros e passar de um dia para o outro é algo real ou apenas uma convenção?

b) Os habitantes das duas Samoas, oficialmente ou por convenção, estão sempre com 24 horas de diferença entre si, em dias diferentes. Mas na realidade o Sol está passando por essas ilhas praticamente no mesmo instante. Essa diferença de data pode causar algum impacto na vida dos moradores dessa região?

c) Observem novamente o mapa da página 86 e respondam às questões:
- É possível dizer que a Linha Internacional de Mudança de Data (LID) está localizada, majoritariamente, em cima do oceano ou dos continentes?
- Por que vocês acham que se convencionou que a Linha Internacional de Mudança de Data deveria ficar nessa área do nosso planeta?

d) Agora, imaginem que a posição da LID foi modificada e que essa linha passará exatamente no centro do município onde fica a escola.
- Como ficaria esse município em relação aos horários e às datas?
- Apontem algumas consequências caso isso acontecesse.

ATIVIDADES 97

CAPÍTULO

5 Superfície e estrutura da Terra

Biosfera — Nova Petrópolis (RJ), 2018.

Hidrosfera — Foz do Iguaçu (PR), 2016.

Atmosfera — Aracati (CE), 2017.

Litosfera — Vila Velha (ES), 2016.

▽ Nosso planeta é composto de diversos subsistemas interligados: esses são os quatro principais.

Neste capítulo você conhecerá as chamadas esferas ou subsistemas do planeta. Verá quais são as fontes de energia mais importantes para a manutenção do sistema terrestre e estudará a estrutura da Terra – desde o núcleo até a crosta –, as placas tectônicas, os terremotos e o vulcanismo.

▶ Para começar

1. O que aconteceria com a humanidade se algum desses subsistemas representados nas imagens não existisse?

2. Por que é possível afirmar que os quatro subsistemas estão interligados?

1 Superfície terrestre

Os seres humanos ocupam apenas uma parte da Terra: a superfície, pois o centro do planeta, as altas camadas atmosféricas e o fundo do mar não lhes oferecem condições de vida adequadas.

Pode-se dizer, então, que o espaço geográfico compreende toda a superfície terrestre, pois esse é o espaço que os seres humanos **ocupam** e **modificam** continuamente.

Exemplos de alteração feita pelos seres humanos na superfície terrestre são edifícios, estradas, pontes, túneis e campos de cultivo. Na verdade, a humanidade sempre alterou o meio ambiente, principalmente após o controle do fogo, há mais de 100 mil anos, e depois, com a Revolução Neolítica, há cerca de 12 mil anos, quando os seres humanos deixaram de ser apenas caçadores e coletores de frutos nas matas e passaram a praticar a agricultura. Mais recentemente, com a Revolução Industrial, iniciada em meados do século XVIII, o trabalho humano sobre a natureza passou a se expandir continuamente, com o advento de novas máquinas, de tratores e escavadeiras, o uso de explosivos para abrir caminhos nas montanhas, etc.

A superfície terrestre corresponde a uma camada de mais ou menos 25 quilômetros de espessura, na qual as esferas do planeta se inter-relacionam. Foi nela que a vida se desenvolveu e ainda se desenvolve. Vamos entender o que é cada uma dessas esferas ou partes do sistema terrestre.

A agricultura é um exemplo de atividade humana que transforma o espaço geográfico. A imagem mostra um relevo que provavelmente foi aplainado para o cultivo e substituiu a vegetação original. A modificação tem aspectos positivos (o aumento da produção de alimentos) e negativos (os desmatamentos e a perda de biodiversidade). Colheita de soja em Londrina (PR), em 2018.

A imagem mostra o município de Sorocaba (SP) em 2018. Nas cidades, as transformações das paisagens podem ser observadas pela criação de um espaço artificial, humanizado, com o asfaltamento das vias, a construção de edifícios, casas, avenidas, e a intensa circulação de pessoas, sobretudo devido ao uso de veículos automotores.

Litosfera

A litosfera, ou crosta terrestre, é a porção sólida da Terra. É constituída de rochas e minerais e compõe todos os continentes, as ilhas e o assoalho dos mares e oceanos.

Os continentes e as ilhas, que constituem as **terras emersas**, são as partes da litosfera ocupadas pelos seres humanos. A superfície terrestre, contudo, não abrange toda a litosfera. Ela chega, no máximo, a 12 quilômetros de profundidade. Em diferentes profundidades dessa camada, encontram-se as riquezas do subsolo, como os minérios e os recursos energéticos, e também as diversas formas de vida existentes no planeta.

Hidrosfera

A hidrosfera é o conjunto das **águas** da superfície terrestre: os mares, os oceanos, os rios, os lagos, a água subterrânea, as geleiras e a água presente na atmosfera. A porção da hidrosfera com a qual o ser humano mais interage é a que se aprofunda até cerca de um quilômetro. Dessa faixa, ele extrai água, alimentos – como peixes, algas, crustáceos – e recursos minerais e energéticos. Já no assoalho dos mares e oceanos, onde se encontram jazidas de petróleo, por exemplo, a profundidade pode chegar a 12 quilômetros.

A enorme **parte líquida** – os mares e oceanos, que ocupam cerca de 71% dos 510 milhões de km² da superfície terrestre – também é aproveitada pelos seres humanos de diversas formas, especialmente para o transporte: mais de 90% do comércio internacional é realizado por meio de navios. Além do transporte de pessoas e mercadorias feito na superfície dos mares e rios, são construídas barragens e usinas para a geração de energia elétrica, as hidrelétricas.

Infelizmente, a hidrosfera é muito afetada por resíduos líquidos e sólidos (lixo e esgotos diversos), o que contamina as águas e prejudica a vida dos seres aquáticos.

> **Assoalho:** piso ou pavimento sobre o qual os mares e oceanos se localizam. É a camada superficial da litosfera (a esfera sólida) no fundo das águas marítimas. Esse assoalho não é plano; possui formas de relevo, como cadeias de montanhas submarinas, depressões e fossas, plataformas ou planaltos, etc.

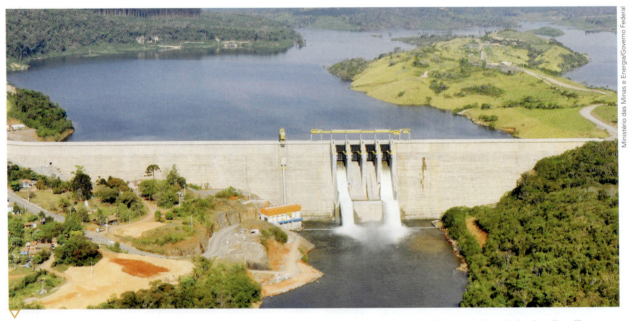

A hidrelétrica de Mauá, no Paraná, foi construída no rio Tibagi, entre os municípios paranaenses de Telêmaco Borba e Ortigueira. Ela utiliza a força das águas do rio para gerar energia elétrica e abastecer cerca de 1 milhão de pessoas. Observe na imagem a presença da hidrosfera (o rio), mas também das demais esferas que compõem o planeta: litosfera, biosfera e atmosfera (que não pode ser vista, mas que está presente). Foto de 2015.

Atmosfera

A atmosfera é a camada **gasosa** que envolve a Terra. É constituída principalmente de oxigênio e nitrogênio, além de outros gases, e de água. A atmosfera tem pouco mais de 800 quilômetros de espessura e divide-se em diversas camadas, de acordo com a predominância de gases que compõem cada uma delas. O ar que respiramos se concentra na parte que fica mais próxima da superfície terrestre, a uma altura de no máximo 12 quilômetros. É nessa parte que ocorrem os fenômenos meteorológicos, como as chuvas, as nuvens, os ventos, e é onde circula a maioria dos aviões.

Biosfera

A biosfera surge na intersecção das demais esferas: litosfera, hidrosfera e atmosfera. É a parte da superfície terrestre onde se encontram todos os **seres vivos**, como animais, vegetais e microrganismos, matéria orgânica, além de elementos inorgânicos, que permitem ou sustentam a existência da vida no planeta, como o solo, o ar, a água, a radiação solar, etc. Ao estudar mais sobre os solos no próximo capítulo, você observará um exemplo da importante inter-relação entre matéria orgânica e elementos inorgânicos para o desenvolvimento da vida no planeta Terra.

> **Matéria orgânica:** composta de matéria animal ou vegetal, como insetos mortos, fezes de animais, bactérias, folhas, frutos apodrecidos, etc.
> **Inorgânico:** que não é composto de matéria animal ou vegetal; que não tem vida, como os minerais.

Texto e ação

1. É na litosfera que encontramos as rochas e os minerais. Eles são essenciais para o dia a dia, pois estão presentes em muitos objetos de nossas casas e embalagens de produtos que consumimos. Cite dois desses objetos.
2. Com base na sua experiência do dia a dia, descreva as formas como você utiliza a hidrosfera.
3. É possível encontrar seres vivos na parte da atmosfera acima de 12 quilômetros de altura da superfície do planeta? Por quê?
4. Em qual esfera estão os seres vivos? O que possibilita a sua existência?

2 Dinâmica terrestre

Com frequência, diversos fenômenos naturais ocorrem na Terra, especialmente na crosta, onde vivemos. Por isso, afirma-se que nosso planeta é um sistema dinâmico. Alguns desses eventos podem ser observados em nosso dia a dia, como as chuvas, as mudanças do tempo atmosférico, as ondas do mar e os ventos. Outros ocorrem com menos frequência, como os furacões, as enchentes, os terremotos, os maremotos, as erupções vulcânicas e os grandes períodos de seca.

Portanto, a Terra não é um corpo uniforme nem estático. Segundo a teoria de Gaia (criada pelo cientista e ambientalista inglês James Lovelock no ano de 1969), a Terra é como um imenso organismo vivo, dinâmico, que se modifica constantemente.

Ao ver a Terra como um organismo vivo, é possível comparar sua superfície com a "pele" do corpo humano, pois ela é a primeira a sofrer os efeitos do ambiente externo, como energia solar, ventos, entre outros. Ao mesmo tempo, a superfície terrestre reflete mudanças que ocorrem no interior do próprio organismo e dão origem a movimentos que transformam essa superfície. Alguns podem ocorrer lentamente, como a formação de cordilheiras, enquanto outros ocorrem de maneira abrupta, como as erupções vulcânicas e os terremotos.

Para compreender a dinâmica terrestre, deve-se levar em conta que praticamente tudo o que nela ocorre se **inter-relaciona**. Ou seja, todo fenômeno gera consequências e afeta outros fenômenos. Por exemplo, a energia vinda do Sol produz o calor na superfície terrestre, que provoca a evaporação de grandes quantidades de água, que, por sua vez, dá origem às chuvas; a água das chuvas se infiltra no subsolo e origina as nascentes dos rios.

Energia do sistema terrestre

Todo movimento e toda mudança de estado físico dependem de um gasto de energia. As principais fontes de energia do sistema terrestre têm duas origens: o **Sol** e o **interior da Terra**.

A radiação solar é fonte de energia externa responsável por inúmeros fenômenos que ocorrem na superfície terrestre: as variações de temperatura, os ventos, o ciclo da água e a modelagem do relevo são alguns exemplos.

A energia vinda do interior do planeta é responsável pelo vulcanismo, pelos terremotos, pelos maremotos e pela formação de diversas formas de relevo observadas na superfície terrestre.

Há ainda outras fontes de energia que exercem alguma influência sobre a Terra, como a luz das estrelas, a atração exercida pela Lua, os choques provocados pelos meteoritos na atmosfera e na superfície terrestre, e os movimentos da Terra, sobretudo o de rotação, que exerce influência sobre a direção dos ventos e das correntes marítimas. Contudo, nenhuma dessas outras fontes de energia exerce impacto e influência tão grandes quanto a do Sol e a do interior da Terra.

Texto e ação

1. Observe as fotos a seguir. Qual delas retrata um fenômeno causado por uma fonte de energia externa e qual retrata aquele que é causado por uma fonte de energia interna?

Chuva na cidade de Londrina (PR), em 2015, provocou uma série de alagamentos.

Vulcão Kilauea, no Havaí, Estados Unidos, entrou em erupção em 2018.

2. Leia o texto a seguir e responda às questões.

As porções mais altas da floresta têm mais capacidade de fotossíntese mesmo quando chove pouco, de acordo com estudo liderado por pesquisadores da Universidade Columbia, nos Estados Unidos. [...]

[...] o grupo avaliou como a fotossíntese varia ao longo da bacia [Amazônica] quando ocorrem secas extremas e verificou que as florestas mais altas (com árvores maiores do que 30 metros) são três vezes menos sensíveis a essa variação quanto a disponibilidade de água. [...] Uma das hipóteses para explicar o observado é que as árvores grandes, com raízes mais profundas, têm acesso a fontes de água estáveis. [...] Cada uma dessas árvores de mais de 30 metros pode transferir, por dia, até 500 litros de água do solo à atmosfera. Uma contribuição relevante para o ciclo hídrico do continente.

Fonte: GUIMARÃES, Maria. Gigantes donos do Sol. *Pesquisa Fapesp*, São Paulo, 5 jun. 2018. Disponível em: <http://revistapesquisa.fapesp.br/2018/06/05/gigantes-donos-do-sol/>. Acesso em: 8 jun. 2018.

a) Qual é o diferencial representado pelas árvores altas, com mais de 30 metros de altura, durante o processo de fotossíntese ao longo da bacia Amazônica?

b) Como as plantas na Amazônia contribuem para um meio ambiente sadio? Explique.

3 Estrutura da Terra

De forma simplificada, costuma-se dividir a estrutura da Terra em três partes ou camadas principais: a **crosta terrestre**, o **manto** e o **núcleo**; este último pode ser dividido em **núcleos interno** e **externo**, conforme mostra a imagem abaixo.

Estrutura da Terra

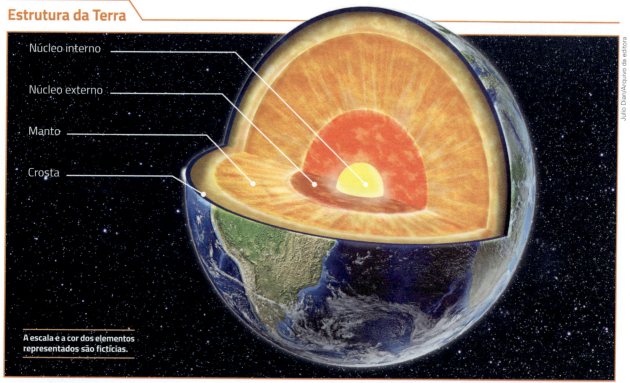

A escala e a cor dos elementos representados são fictícias.

Fonte: elaborado com base em GABLER, Robert E.; PETERSEN, James F.; SACK, Dorothy. *Fundamentos da Geografia Física*. São Paulo: Cengage Learning, 2014. p. 240.

A crosta terrestre, ou litosfera, é a camada sólida e superficial da Terra, composta de rochas e minerais. Costuma ser comparada à casca de um ovo, pois sua espessura é pequena em relação ao tamanho total do planeta. Nela é possível distinguir:

- a crosta continental, que forma os continentes e apresenta áreas com profundidade entre 30 quilômetros e 80 quilômetros de espessura;
- a crosta oceânica, com menor espessura, situada abaixo dos oceanos e mares.

O manto situa-se sob a crosta terrestre. Sua profundidade chega a até 2 900 quilômetros. Uma grande parte do manto encontra-se na forma viscosa, ou seja, na mesma forma do magma. Isso explica por que blocos da crosta terrestre – as chamadas **placas tectônicas**, que estudaremos mais à frente – se encontram em movimento, como se deslizassem lentamente sobre componentes escorregadios.

Magma proveniente de erupção vulcânica ocorrida no Havaí, Estados Unidos, em 2016.

▶ **Viscoso:** pastoso, pegajoso.
▶ **Magma:** massa mineral viscosa, em estado de fusão, ou seja, entre o estado sólido e o líquido. Está situada a grande profundidade da superfície terrestre. O magma se solidifica quando resfria, dando origem às rochas ígneas.

O núcleo da Terra, unidade central do planeta, é formado por materiais bem mais densos que os do manto ou da crosta, com predomínio de níquel e de ferro. As temperaturas nessa área são elevadíssimas: chegam a atingir cerca de 4 800 °C.

Apesar das elevadas temperaturas, acredita-se que o centro desse núcleo, chamado **núcleo interno**, seja sólido em razão da imensa pressão exercida pelas camadas superiores a ele. O núcleo interno começa em cerca de 5 150 km e vai até o centro do planeta, que está a 6 371 km de profundidade. Além disso, provavelmente, o **núcleo externo** que o envolve, em estado de fusão, é viscoso. Começa a cerca de 2 900 km e vai até 5 150 km de profundidade.

Outro fenômeno importante para se compreender melhor o interior da Terra é o chamado **grau geotérmico**, isto é, o aumento progressivo da temperatura conforme se adentra o núcleo do planeta. A cada 30 metros de profundidade na litosfera, em média, a temperatura aumenta cerca de 1 °C. Mas abaixo da litosfera esse aumento é maior, daí a temperatura chegar até os 4 800 °C no interior do planeta.

Outro elemento importante para entender as diferentes camadas internas da Terra é a ação da gravidade, que você já viu no capítulo 4. Como o planeta é, provavelmente, um dos fragmentos da nebulosa que deu origem ao Sistema Solar, durante bilhões de anos ele foi esfriando e, gradativamente, passando do estado gasoso para os estados líquido e sólido. Nesse processo, os materiais mais densos concentraram-se no núcleo da Terra e os menos densos ficaram mais próximos da superfície. É semelhante ao que ocorre quando se misturam vários materiais em um recipiente: os mais leves, como a água, ficam na superfície, e os mais pesados ou densos permanecem no fundo.

> **Denso:** material que tem bastante massa em relação ao volume; algo compacto; um objeto denso, quando comparado a outro de mesmo volume, tem mais peso.
>
> **Nebulosa:** é uma nuvem interestelar constituída de poeira cósmica, gás hélio e gás ionizado ou plasma. Antigamente, nebulosa era o nome dado para as galáxias; por exemplo, falava-se (erroneamente) em nebulosa de Andrômeda, que, na realidade, é uma galáxia, um aglomerado com milhões de estrelas, planetas, etc. A Via Láctea, onde se encontra o Sistema Solar, é uma galáxia.

> **De olho na tela**
>
> **Os últimos dias de Pompeia.** Direção: Peter Nicholson, Reino Unido: BBC, 2003. 50 min.
>
> Documentário dramatizado que narra os momentos finais de uma cidade do Império Romano chamada Pompeia, devastada pela erupção do vulcão Vesúvio no ano 79.

Minha biblioteca

A Terra. Série Atlas Visuais. São Paulo: Ática, 1995.
Essa obra explora o planeta Terra de dentro para fora. Contém textos e imagens que revelam os mecanismos da Terra e dos fenômenos que nela ocorrem.

Texto e ação

1. Complete o quadro com informações sobre a estrutura da Terra.

Camada	Como é encontrada	Profundidade	Composição
Crosta			
Manto			
Núcleo externo			
Núcleo interno			

2. Por que se acredita que o centro do núcleo interno seja sólido?

3. O que você entende por grau geotérmico?

Placas tectônicas

Depois de muitas pesquisas, cientistas chegaram à conclusão de que a litosfera não é uma superfície contínua, como uma casca de ovo intacta. Existem nela rachaduras que formam imensos blocos, chamados de **placas tectônicas**.

A **teoria da tectônica das placas** é o estudo das placas e de seus movimentos. Ela constitui a explicação fundamental para a existência dos abalos sísmicos, dos vulcões e das altas cadeias de montanha.

A litosfera, portanto, é formada por diversas placas. É sobre elas que se encontram os continentes e o assoalho dos oceanos. Todas as placas são sólidas e flutuam sobre o manto, que é viscoso. Essas placas se **movimentam**, comprimem-se ou se afastam lentamente umas das outras. Esses movimentos constituem a causa fundamental de diversos fenômenos que ocorrem na superfície terrestre. A formação das altas cadeias de montanhas (que se iniciou há cerca de 250 milhões de anos e ainda está em processo), as fossas oceânicas, as erupções vulcânicas, os terremotos e os maremotos são os principais.

Observe, a seguir, como as placas podem se movimentar:

> **De olho na tela**
>
> **Planeta Terra: o mundo como você nunca viu.**
> Reino Unido: BBC, 2010. 500 min.
>
> Série com 11 episódios que narram a transformação da Terra através dos tempos. Por meio de recursos da tecnologia, a série apresenta vulcões em erupção e até mesmo o centro da Terra.

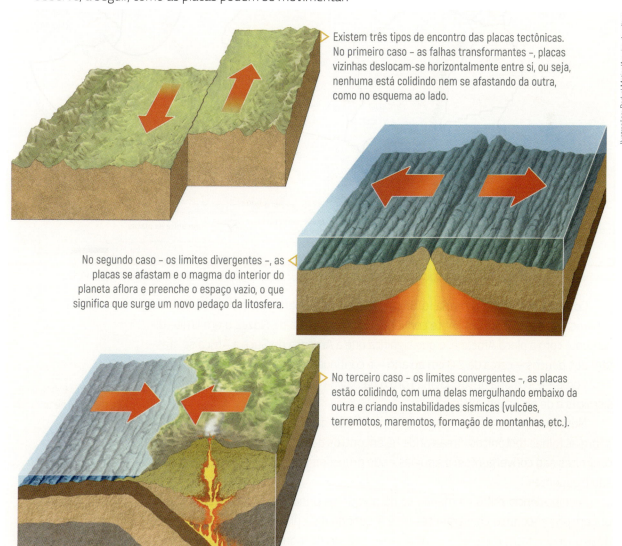

Existem três tipos de encontro das placas tectônicas. No primeiro caso – as falhas transformantes –, placas vizinhas deslocam-se horizontalmente entre si, ou seja, nenhuma está colidindo nem se afastando da outra, como no esquema ao lado.

No segundo caso – os limites divergentes –, as placas se afastam e o magma do interior do planeta aflora e preenche o espaço vazio, o que significa que surge um novo pedaço da litosfera.

No terceiro caso – os limites convergentes –, as placas estão colidindo, com uma delas mergulhando embaixo da outra e criando instabilidades sísmicas (vulcões, terremotos, maremotos, formação de montanhas, etc.).

Fonte: elaborada com base em PRESS, F. et al. *Para entender a Terra*. 4. ed. São Paulo: Bookman, 2006. p. 52.

Observe no mapa abaixo as diversas placas tectônicas existentes na superfície terrestre. As setas indicam a direção em que as placas se movimentam. No caso das setas que vão de encontro uma à outra, temos um **limite convergente**, isto é, as placas se chocam; já nas setas em direções contrárias, temos um **limite divergente**, ou seja, as placas se movimentam em direções contrárias. As setas que se deslocam paralelamente representam as **falhas transformantes**.

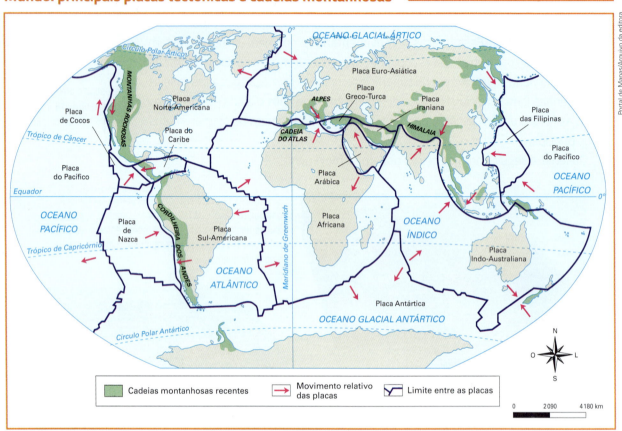

Fonte: elaborado com base em ISTITUTO GEOGRAFICO DE AGOSTINI. *Atlante geografico metodico De Agostini*. Novara, 2011. p. E10, E11.

Como se observa no mapa, o Brasil se localiza na parte central da placa sul-americana, que possui um limite convergente com a placa de Nazca e um limite divergente com a placa Africana, o que significa que a América do Sul e a África se afastam aos poucos – cerca de 2,8 cm ao ano – e continuamente.

Compare o mapa desta página com o da página seguinte, que mostra as zonas sísmicas e de erupções vulcânicas.

Note que há uma coincidência entre as áreas da superfície terrestre situadas sobre as falhas tectônicas (áreas onde há encontros das placas, em especial quando os limites são convergentes) e aquelas onde erupções vulcânicas e abalos sísmicos são frequentes.

A coincidência entre os mapas se dá porque os principais abalos sísmicos têm origem nos encontros convergentes (isto é, quando uma placa "empurra" a outra) de duas ou mais placas tectônicas. As mais altas cadeias de montanhas, como o Himalaia (na Ásia), os Alpes (na Europa) e os Andes (na América do Sul), também foram formadas, ao longo do tempo, pelo encontro entre as placas.

▶ **Zona sísmica:** área onde os tremores de terra são frequentes.

Mundo: zonas sísmicas e vulcanismo

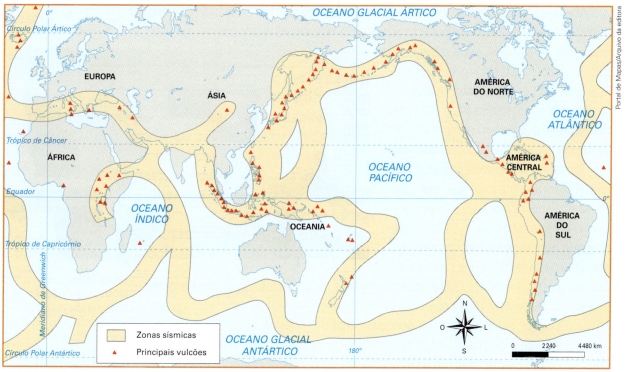

Fonte: elaborado com base em ISTITUTO GEOGRAFICO DE AGOSTINI. *Atlante geografico metodico De Agostini*. Novara, 2011. p. E10, E11.

Há consequências dos encontros convergentes que podem ser observadas na atualidade por meio dos tremores de terra e das erupções vulcânicas ocorridos em áreas como o Japão, toda a parte oeste da América, a Itália, a Turquia, o Iraque, a Arábia Saudita, o norte da Índia, as Filipinas, a Indonésia, entre outras.

No entanto, nas regiões do globo mais afastadas das áreas de encontro de placas tectônicas praticamente não há vulcões em atividade, embora tenham existido há vários milhões de anos. Nessas regiões, os tremores de terra são bem menos intensos, pois, em geral, eles têm origem na acomodação de camadas no subsolo, e não no choque entre placas. São exemplos dessas regiões: o leste da América do Sul (onde se situa o Brasil), a Austrália, o sul e o oeste do continente africano, e o leste da América do Norte.

Texto e ação

1. Observe os mapas da página 106 e desta página e responda.

   a) O Brasil se localiza sobre qual placa tectônica? Essa localização é propícia à ocorrência de fortes terremotos?

   b) Qual é o tipo de encontro de placas observado nas representações I, II e III, ao lado?

   c) Observe novamente o mapa desta página e escreva o nome de três cadeias montanhosas originadas do encontro ocorrido entre duas ou mais placas tectônicas. Anote também quais são as placas que se encontram para formar essa cadeia montanhosa.

2. No mapa desta página, o que significa a mancha de zonas sísmicas?

Abalos sísmicos

Abalos sísmicos são tremores de terra, ou seja, movimentos da crosta terrestre. Geralmente são ocasionados pela movimentação das placas tectônicas ou por acomodações de camadas subterrâneas do solo. Quando esse tremor ocorre em terra, é chamado de **terremoto**. Quando se dá no fundo dos mares, são denominados **maremotos**, que podem gerar ondas gigantescas que são chamadas de *tsunamis*.

A maioria dos abalos sísmicos, porém, é praticamente imperceptível pelas pessoas. Sabe-se que eles existem porque há um aparelho para medi-los: o **sismógrafo**, que registra tais movimentos sob a forma de gráficos, que são analisados nos centros sismológicos localizados em várias partes do mundo. Esses tremores podem ser percebidos pela população apenas quando são intensos. Nesses casos, chegam a causar grandes estragos, principalmente nas cidades.

O ponto da superfície que fica acima de onde os abalos sísmicos se iniciam é chamado de **epicentro**, mas um terremoto pode ser sentido a centenas e, às vezes, até a milhares de quilômetros do seu epicentro. Veja a ilustração abaixo.

Centro de Sismologia da Universidade de São Paulo (USP), em São Paulo (SP). Foto de 2014. O Centro procura monitorar a atividade sísmica de todo o Brasil, com a localização de epicentros (o local na superfície acima do foco do tremor de terra) e a determinação da magnitude desse tremor.

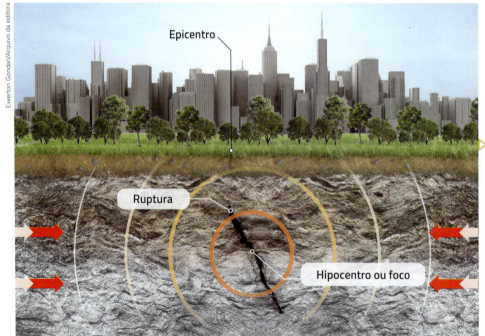

A ilustração mostra o hipocentro ou foco sísmico do terremoto, isto é, o local no interior da Terra onde ocorreu uma ruptura da camada sólida (litosfera). Também é possível observar o epicentro, que fica na superfície acima do hipocentro. Em geral, a profundidade do hipocentro é inferior a 20 km, mas existem alguns (3% do total) que ocorrem em profundidades superiores a 300 km.

Como cerca de 40% dos vulcões e dos focos de terremoto concentram-se na orla do oceano Pacífico, essa zona costuma ser chamada de **Círculo de Fogo**. Observe o mapa da página 107. Nele você pode notar que essa zona forma, de fato, uma espécie de círculo ao redor do Pacífico, desde a parte oeste das Américas até o leste da Ásia, incluindo locais que sofreram fortes terremotos nos últimos cem anos: Chile, Alasca (Estados Unidos), Indonésia, Japão, leste da Rússia, China, entre outros.

A escala Richter

A escala Richter foi desenvolvida em 1934 pelo físico e sismólogo estadunidense Charles F. Richter. É a principal escala utilizada para medir a intensidade de terremotos. Observe na tabela abaixo o que significam os graus de magnitude dessa escala.

Magnitude	Descrição	Efeitos	Frequência aproximada
Menos de 1,9°	Micro	Microtremor de terra, não se sente.	8 000 por dia
De 2 a 2,9°	Muito pequeno	Geralmente não se sente, mas é registrado pelos sismógrafos.	1 000 por dia
De 3 a 3,9°	Pequeno	Frequentemente sentido, mas raramente causa danos.	135 por dia
De 4 a 4,9°	Ligeiro	Tremor notório de objetos no interior de habitações, ruídos de choque entre objetos. Danos importantes são pouco comuns.	17 por dia
De 5 a 5,9°	Moderado	Pode causar danos maiores em edifícios concebidos sem considerar esses abalos. Provoca danos ligeiros nos edifícios construídos com tecnologia apropriada.	2 por dia
De 6 a 6,9°	Forte	Pode ser destruidor em um raio de até 180 quilômetros em áreas habitadas.	120 por ano
De 7 a 7,9°	Grande	Pode provocar danos graves em zonas mais vastas. Prédios podem sair das fundações; surgem rachaduras no solo; tubulações subterrâneas se quebram.	18 por ano
De 8 a 8,9°	Importante	Pode causar danos sérios em um raio de centenas de quilômetros do epicentro.	1 por ano
De 9 a 9,9°	Excepcional	Devasta zonas num raio de milhares de quilômetros.	1 a cada 20 anos
Mais de 10°	Extremo	Desconhecido.	Extremamente raro (desconhecido)

Fonte: elaborada com base em APOLO11.COM. Disponível em: <www.apolo11.com/perguntas_e_respostas_sobre_terremotos.php?faq=3>. Acesso em: 2 ago. 2018.

A destruição ocasionada por um terremoto depende não apenas de sua magnitude, mas também do local do seu epicentro, isto é, do tipo de terreno e principalmente do povoamento da área afetada. Um tremor numa área bastante povoada ocasiona maior destruição (de edifícios e outras construções, deixando pessoas feridas ou mortas, etc.) do que outro com maior intensidade numa área desértica.

Terremoto de magnitude 6,2° na escala Richter ocorreu na região de Amatrice, na Itália, em 2016.

Geolink

Leia o texto a seguir.

O terremoto sentido no Brasil e os outros tantos com origem no país

Dois sismos de magnitudes 6,8 e 4,5 na escala Richter atingiram o sudeste da Bolívia na manhã desta segunda-feira [2/4/2018], entre 9h 40 e 11h. De acordo com os jornais locais, não houve relatos de feridos, nem danos significativos às estruturas da região.

Apesar de os terremotos terem sido de intensidade e alcance relativamente baixos ao redor do epicentro, segundo o monitoramento do USGS (Serviço Geológico dos Estados Unidos), houve quem tivesse notado os reflexos dos tremores no Brasil.

Sismos nacionais

Embora o tremor sentido tenha sido apenas um reflexo do sismo ocorrido no país vizinho – mais sujeito a esses fenômenos dada a sua proximidade com bordas de placas tectônicas –, o Brasil também está sujeito a lidar com tremores originados dentro do seu território. A diferença é que, nesses casos, o poder de destruição desses abalos sísmicos é muito menor.

A imagem mostra pessoas que saíram de um edifício localizado em São Paulo (SP), no dia 2 de abril de 2018. A evacuação do prédio deu-se após o tremor que teve seu epicentro na cidade de Carandaytí, na Bolívia. O hipocentro desse tremor ocorreu a uma profundidade de 557 km, ou seja, distante da superfície. Quanto mais próximo da superfície o hipocentro estiver, maiores os danos para construções, plantações e para a vida das pessoas.

Por que o Brasil treme

O Brasil fica no meio de uma placa tectônica, porção de terra formada da camada superior da crosta terrestre. No planeta Terra há 55 placas tectônicas, em constante movimentação. A atividade sísmica e vulcânica é maior nas regiões próximas às bordas dessas placas. É o caso dos países [...] Chile e Peru, que ficam sobre a divisa entre a placa Sul-americana e a placa de Nazca.

Longe delas, no interior das placas, esse tipo de atividade sísmica é muito menos grave, mas ainda assim a região está sujeita aos chamados "sismos intraplacas" [dentro da mesma placa]. Eles ocorrem em regiões onde a estrutura geológica é mais frágil e cede diante do acúmulo de forças propagadas pelas tensões das placas. São as chamadas falhas geológicas. [...]

RONCOLATO, Murilo. O terremoto sentido no Brasil e os outros tantos com origem no país. São Paulo: *Nexo Jornal*, 2 abr. 2018. Disponível em: <www.nexojornal.com.br/expresso/2018/04/02/O-terremoto-sentido-no-Brasil-e-os-outros-tantos-com-origem-no-país>. Acesso em: 7 jun. 2018.

Agora, responda às questões:

1. Um terremoto de magnitude 6,8 graus na escala Richter poderia ocasionar uma destruição nas cidades. Por que o terremoto que atingiu a Bolívia não causou maiores danos?

2. O epicentro desse terremoto ocorreu na localidade boliviana de Carandaytí, a 300 km de Sucre, importante cidade a sudeste do país. Apesar disso, foi indicado que cidades como Brasília e São Paulo sentiram os impactos desse tremor. Indique a quantos quilômetros, em linha reta, de Brasília ocorreu o epicentro. Consulte um mapa político da América do Sul.

3. Converse com os colegas: Por que ocorrem abalos sísmicos no Brasil? E no Chile? Em qual dos dois locais costumam ser mais intensos?

Tsunamis

Os maremotos, quando muito fortes, formam **ondas gigantescas**. Elas podem viajar pelos oceanos com velocidade superior a 800 km/h.

Esse fenômeno, mais comum no oceano Pacífico, ficou conhecido como *tsunami*. Essa palavra, que significa "onda de porto", vem do japonês, mas o termo se popularizou em inúmeras culturas nos últimos anos.

Um dos maiores *tsunamis* registrados nos últimos cinquenta anos ocorreu em dezembro de 2004. A formação de ondas gigantescas que desabaram com violência no Sudeste Asiático, em especial na Indonésia, no Sri Lanka, na Índia e na Tailândia, provocou quase 300 mil mortes e grande destruição de casas e outras edificações. Em março de 2011, outro grande *tsunami* aconteceu no Japão.

Efeito de *tsunami* na cidade de Madras, na Índia, em 2004.

Vulcões

Vulcanismo é o conjunto de processos que provocam a subida do **magma**, localizado abaixo da litosfera, até a superfície. Como vimos, o magma é um material viscoso, com mobilidade e temperatura muito elevada. Quando é expelido pelo vulcão, esse material passa a ser chamado de **lava**.

Nos pontos de contato entre diferentes placas, onde a crosta terrestre é menos estável, ocorrem frequentes erupções vulcânicas. São regiões ou zonas que também podem estar associadas a abalos sísmicos.

As erupções vulcânicas formam o edifício vulcânico, que é uma montanha em que se distinguem a cratera e a chaminé vulcânica. Observe o esquema de um edifício vulcânico na figura ao lado.

O vulcão expele diversos materiais procedentes do interior da litosfera com elevadas temperaturas. Lava, gases, cinzas e pequenas rochas, chamadas de lapili, emergem à superfície.

As erupções vulcânicas ocorrem tanto nos continentes e nas ilhas como também no assoalho dos oceanos. Quando ocorrem nos assoalhos oceânicos são chamadas de **erupções submarinas**.

Edifício vulcânico

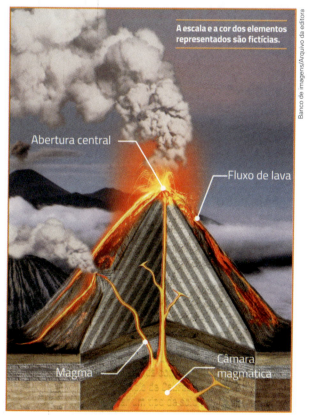

A escala e a cor dos elementos representados são fictícias.

Fonte: elaborado com base em IBGE. *Atlas geográfico escolar*. 7. ed. Rio de Janeiro, 2016. p. 13.

Quando a profundidade do fundo do mar é pequena, essas erupções são explosivas. Cinzas e fragmentos de lava atingem grande altitude e se tornam visíveis acima do nível do mar. Porém, quando ocorrem a grandes profundidades, a pressão da água do mar abafa a explosão. Nos dois casos, a água faz as lavas esfriarem rapidamente.

A maior erupção vulcânica dos últimos 200 anos foi a do monte Tambora, na Indonésia. Ocorreu em 1815 e resultou na morte de mais de 100 mil pessoas. A explosão lançou colunas de chamas com 40 quilômetros de altura. Uma enorme área, desde o local do vulcão, na ilha de Sumbaya, até 600 quilômetros de distância, ficou na escuridão, encoberta pelas cinzas. Erupções menores do que essa ocorrem periodicamente, algumas lançando cinzas na atmosfera e impedindo durante algum tempo o tráfego aéreo na região atingida.

Vulcão Mayon em erupção nos arredores da cidade de Camalig, nas Filipinas, em 2018.

Texto e ação

1. Suponha que um terremoto de 8 graus na escala Richter atingiu simultaneamente uma cidade muito populosa e um espaço rural pouco habitado. O epicentro desse terremoto situou-se no espaço rural e a cidade localiza-se a cerca de 50 quilômetros do epicentro. Com base nisso, responda:
   - Qual dos locais exigirá uma ação maior dos órgãos do Estado (Polícia, Corpo de Bombeiros, Defesa Civil) para remoção e orientação das pessoas, conduzindo-as para um local mais seguro? Justifique sua resposta.

2. Você já ouviu falar de algum lugar no mundo que já sofreu com um terremoto?

   a) Em caso afirmativo, compartilhe com os colegas em qual cidade aconteceu esse terremoto; qual foi a escala dele; e quais foram as consequências para as pessoas.

   b) Em caso negativo, pesquise, na internet, em revistas ou jornais, uma cidade onde houve um terremoto, qual a sua escala e quais foram os seus reflexos para a população. Combine uma data com o professor para compartilhar com a turma o que descobriu.

3. Observe novamente os mapas das páginas 106 e 107, sobre as placas tectônicas e as zonas de vulcanismo e abalos sísmicos. Com base neles e nos seus conhecimentos, responda:

   a) É mais provável a ocorrência de um forte terremoto na área oeste da América do Sul ou na área leste desse subcontinente? Por quê?

   b) Existem erupções vulcânicas e fortes terremotos na Antártida? Por quê?

CONEXÕES COM CIÊNCIAS

Leia o texto abaixo.

Rumo ao noroeste

Fragmentos que compõem um terço da crosta terrestre do Nordeste estão deslizando lentamente nas direções norte e oeste, a uma velocidade máxima de 5,6 milímetros ao ano, de acordo com artigo científico publicado por pesquisadores brasileiros em março [de 2015] no *Journal of South American Earth Sciences*. A movimentação de setores da Província Borborema – nome dado pelos geólogos ao bloco rochoso que abrange cerca de 540 mil quilômetros quadrados e engloba grande parte dos estados do Ceará, Rio Grande do Norte, Paraíba, Pernambuco, Alagoas e Sergipe – provoca sutis estiramentos e contrações em diferentes pontos da superfície e eleva o risco de ocorrência de tremores locais. "A província sofre pressão por todos os lados", diz o geofísico Giuliano Sant'Anna Marotta, do Observatório Sismológico da Universidade de Brasília (UnB), principal autor do estudo. "É uma situação semelhante à que ocorre quando apertamos uma borracha". Alguns pontos encolhem enquanto outros se esticam, certas partes afundam ao passo que outras se erguem.

Fonte: elaborado com base em PIVETTA, Marcos. Rumo ao noroeste. São Paulo: Pesquisa Fapesp, ed. 230, abr. 2015. Disponível em: <http://revistapesquisa.fapesp.br/2015/04/10/rumo-ao-noroeste/>. Acesso em: 20 set. 2018.

Não há, no entanto, motivo para alarme. O deslocamento de pedaços da província geológica, que concentra a maior parte das atividades tectônicas do país, é um fenômeno esperado. Seu ritmo de locomoção é relativamente modesto, cerca de 12 vezes menor do que o verificado na famosa falha geológica de San Andreas, perto do litoral da Califórnia, a região com maior risco de grandes terremotos nos Estados Unidos, e nove vezes menor do que a verificada em setores dos Andes, outra zona de fortes tremores de terra. [...]

▶ **Estiramento:** distensão, dilatamento.

A medida foi obtida a partir de dados fornecidos por um conjunto de estações receptoras de sinais de Sistema de Posicionamento Global, o popular GPS, instaladas em 12 pontos distintos da província [...]

Não há grandes terremotos no Brasil porque o território nacional, inclusive o Nordeste, se situa na parte interna da placa tectônica sul-americana, um dos enormes blocos de rocha que formam a superfície terrestre.

PIVETTA, Marcos. Rumo ao noroeste. *Pesquisa Fapesp*, ed. 230, abr. 2015. Disponível em: <http://revistapesquisa.fapesp.br/2015/04/10/rumo-ao-noroeste>. Acesso em: 14 jul. 2017.

Agora responda:

1. O que faz um geofísico? Pesquise.
2. Por que o autor da matéria diz que a Província Borborema está se movimentando rumo ao noroeste?
3. Com base na leitura do texto, você diria que o deslocamento feito pela Província Borborema é rápido ou devagar? Justifique sua resposta.

ATIVIDADES

+ Ação

1. Durante muito tempo acreditou-se que não ocorriam terremotos no Brasil pelo fato de nosso território estar situado no centro da placa Sul-americana, ou seja, distante da colisão de duas ou mais placas tectônicas. Entretanto, os tremores de terra também ocorrem por outros fatores: os desabamentos, a acomodação de terras subterrâneas e principalmente as **falhas geológicas**, que são rupturas entre placas ou mesmo entre blocos que constituem as placas tectônicas. Essas placas não são totalmente unidas ou coesas; na realidade, elas são recortadas por inúmeros pequenos blocos de dimensões variadas. Esses recortes, ou falhas, funcionam como uma ferida que não cicatriza: apesar de serem antigas, podem abrir e liberar a energia acumulada no interior da Terra.

O Brasil possui pelo menos 48 falhas geológicas, situadas principalmente nas regiões Nordeste, Sudeste e Centro-Oeste. Mas recentemente pesquisadores descobriram ainda outro fator que produz abalos sísmicos. Leia o texto a seguir. Depois, faça o que se pede.

Por que a terra treme no Brasil

[...] Muitas vezes a localização dos tremores [abalos sísmicos] não coincide com a desse conjunto de falhas e, em certos trechos dele, nunca se detectaram tremores. [...]

Em um trabalho publicado em fevereiro deste ano [2013] na *Geophysical Research Letters*, o sismólogo Marcelo Assumpção e o geofísico Victor Sacek apresentam uma explicação mais completa – e, para muitos, mais convincente – para a concentração de tremores em Goiás e Tocantins. Em algumas áreas dessa zona sísmica, a crosta terrestre é mais fina do que em boa parte do país e encontra-se tensionada pelo peso do manto, a camada geológica inferior à crosta e mais densa do que ela. Medições da intensidade do campo gravitacional nessas áreas de crosta fina indicam que, ali, há um espessamento do manto. Essa combinação faz essas duas camadas de rocha [...] vergarem como um galho prestes a se romper. Nessa situação, a litosfera pode trincar como uma régua de plástico que é curvada quando se tenta unir suas extremidades. [...]

"A litosfera tende a afundar onde ela é mais densa e a subir onde a densidade é menor", explica Assumpção. "Essas tendências causam tensões que produzem falhas e, eventualmente, provocam sismos", completa o sismólogo do IAG e coordenador da Rede Sismográfica do Brasil [...].

De modo geral, a crosta no Brasil tem espessura semelhante à dos outros continentes – em média de 40 quilômetros, medidos a partir do nível do mar. Há algumas regiões no país, porém, em que a crosta chega a ser mais fina do que 35 quilômetros. [...]

Fonte: ZOLNERKEVIC, Igor; ZORZETTO, Ricardo. *Pesquisa Fapesp*, ed. 207, maio 2013. Disponível em: <http://revistapesquisa.fapesp.br/2013/05/14/por-que-aterra-treme-no-brasil>. Acesso em: 6 ago. 2018.

a) No Brasil ocorrem terremotos?

b) Além do encontro entre placas tectônicas, que outro fator pode produzir terremotos ou maremotos?

2. Pesquise em livros, jornais, revistas ou na internet ao menos três notícias sobre *tsunamis*. Anote:
- data e local;
- danos causados à população citada em cada notícia;
- fonte em que você pesquisou essa informação.

Escolha uma das notícias e, com base nela, elabore um pequeno texto no qual você tentará explicar:
- O que ocasionou o *tsunami*?
- A que altura essas ondas chegaram até a área atingida?
- Qual a relação entre *tsunamis* e abalos sísmicos?
- O que é possível fazer para atenuar as consequências desse fenômeno?

Autoavaliação

1. Quais foram as atividades mais fáceis pra você? Por quê?
2. Algum ponto deste capítulo não ficou claro? Qual?
3. Você participou das atividades em dupla e em grupo e expressou suas opiniões?
4. Como você avalia sua compreensão dos assuntos tratados neste capítulo?
   - **Excelente**: não tive dificuldade.
   - **Bom**: consegui resolver as dificuldades de forma rápida.
   - **Regular**: tive dificuldade para entender os conceitos e realizar as atividades propostas.

> **Lendo a imagem**

1 ▶ 👥 Em duplas, observem as fotos a seguir, que mostram as cadeias montanhosas mais elevadas do mundo. Depois, respondam às questões.

Mont Blanc nos Alpes (França). Foto de 2016.

Monte Everest (Nepal). Foto de 2016.

Monte Jirishanca nos Andes (Peru). Foto de 2015.

Monte Robson nas Montanhas Rochosas (Canadá). Foto de 2017.

a) Que esferas terrestres são representadas em todas as imagens?

b) Quais são as características comuns que você consegue observar nas imagens?

2 ▶ Observe novamente o mapa da página 106 e responda às seguintes questões:

a) As imagens acima mostram locais em que houve colisão entre placas tectônicas ou locais em que houve afastamento entre elas? Justifique sua resposta.

b) Quais são as placas que contribuem para formar cada uma das cadeias montanhosas acima?

c) Você diria que, no Brasil, há cadeias montanhosas elevadas, semelhantes às observadas nas imagens? Por quê?

CAPÍTULO 6

Rochas, minerais e solos

Casa erguida sobre uma rocha nas proximidades do mar em Angra dos Reis, Rio de Janeiro. Foto de 2015.

Neste capítulo você aprenderá que diversos tipos de rocha e de mineral, muito utilizados pelos seres humanos, são encontrados na litosfera. Entenderá como ocorrem os processos que resultam na formação dos diferentes tipos de solo e quais os elementos e seres vivos que interferem nessa formação. Compreenderá, ainda, quais são as consequências do uso inadequado do solo e como a aplicação de algumas tecnologias pode ajudar na correção desses problemas.

▶ Para começar

1. O que mais chama a sua atenção na imagem?
2. Você considera que essa casa está adaptada ao meio ambiente que está ao seu redor? Por quê?
3. Você identifica alguma rocha ou mineral utilizado na construção da sua escola? Qual?

1 Rochas e minerais

Como vimos no capítulo anterior, a litosfera é a camada sólida que constitui a parte externa do planeta Terra. Ela é formada por **rochas**, que, por sua vez, são constituídas de **minerais**.

As rochas são corpos sólidos formados por um mineral ou mais frequentemente por aglomerados de minerais. Granito, mármore, xisto, gnaisse, arenito e pomito ou pedra-pomes são alguns exemplos de rochas.

Os minerais são elementos ou compostos naturais. A grande maioria dos minerais é sólida, tem origem inorgânica e possui composição química definida. Essas características permitem a determinação precisa dos elementos que compõem um mineral. É possível saber, por exemplo, que o quartzo é formado por uma combinação dos elementos químicos silício e oxigênio. O mercúrio (metal líquido), a calcita, a fluorita, o salitre e o quartzo são exemplos de minerais.

As rochas e os minerais que podem ser explorados do ponto de vista comercial, por causa de sua disponibilidade na natureza ou pela sua utilização como matéria-prima para a produção de diversos objetos, são chamados **minérios**. Alguns desses minérios, como ouro, diamante, prata, mármore e minério de ferro, são negociados a preços elevados.

Geralmente, os diferentes minerais ou rochas concentram-se em algum ponto da crosta terrestre, na superfície ou no subsolo: são as denominadas **jazidas minerais**. Uma pedreira de granito ou de mármore, uma mina de ouro e um garimpo de diamantes são exemplos de jazidas minerais. Existem, ainda, as jazidas subterrâneas formadas por substâncias líquidas, originadas de compostos orgânicos (decomposição de fósseis), a exemplo do petróleo. Também o carvão mineral e o calcário são outros exemplos de jazidas minerais de origem orgânica.

Granito: constituído pelos minerais quartzo, feldspato e mica, é uma rocha muito resistente. É muito usado em cozinhas e banheiros: nas pias, pisos, bancadas, etc. Na foto, granito proveniente de Itu (SP).

O arenito, rocha que pode apresentar diversas cores, é constituído de uma associação de grãos do mineral quartzo ou outro mineral que tenha dimensões de um grão de areia. Na foto, arenito proveniente de São Carlos (SP).

Garimpeiro trabalhando com cuia na Comunidade de Garimpo Artesanal de Vila da Ressaca, às margens do rio Xingu, no município Senador José Porfírio (PA), 2017.

2 Tipos de rocha

As rochas são recursos naturais muito utilizados em construções (na forma de pisos, paredes, forros, pias, etc.), podem armazenar ou filtrar água, servir de abrigo para animais ou plantas, entre outros usos. As rochas são classificadas em três grupos, de acordo com sua origem: **ígneas** (ou **magmáticas**) **sedimentares** e **metamórficas**.

Rochas ígneas ou magmáticas

Como o próprio nome indica, essas rochas têm origem na solidificação do **magma**, material em estado de fusão encontrado abaixo da litosfera. A solidificação do magma pode acontecer de duas formas:

- por meio do resfriamento lento no interior da crosta: as rochas magmáticas formadas dessa maneira recebem o nome de **intrusivas** ou **plutônicas**; um exemplo desse tipo de rocha é o granito, muito utilizado na construção de residências, em artefatos de decoração, no calçamento de ruas, etc.;

- por meio do resfriamento rápido na superfície da crosta: isso acontece quando o magma, lançado pelos vulcões – a lava vulcânica –, entra em contato com a atmosfera e se solidifica rapidamente. Esse processo dá origem às rochas magmáticas **extrusivas** ou **vulcânicas**. O basalto é o tipo mais comum de rocha magmática extrusiva, muito utilizado para pavimentar calçadas e estradas, no revestimento exterior de residências, etc.

> **Minha biblioteca**
>
> **Geologia em pequenos passos**, de Michel François. São Paulo: Companhia Nacional, 2006.
>
> O livro explica de forma acessível o que são rochas, como elas se formam e seus diferentes tipos, o que são fósseis e sua relação com a história geológica da Terra.

Paisagem do centro da cidade de Jardim do Seridó (RN). Ao fundo, Igreja Nossa Senhora da Conceição, 2015. Os paralelepípedos que calçam ruas são feitos de granito, rocha ígnea plutônica.

Rochas sedimentares

Essas rochas são formadas dos sedimentos e detritos compactados ao longo de milhares de anos. O processo de acumulação de sedimentos de rochas e de detritos orgânicos é chamado de **sedimentação**.

As rochas sedimentares apresentam **camadas horizontais**. Cada nova camada de sedimentos é depositada sobre a anterior, dessa forma, as camadas inferiores são mais antigas do que as superiores. As camadas superiores pressionam as inferiores e, passado algum tempo, os sedimentos tornam-se compactos ou cimentados, transformando-se em rochas sedimentares. As mais comuns são arenito (resultado da cimentação da areia), calcário, varvito e argilito.

> **Sedimento:** fragmento que se separa das rochas por causa de desgastes provocados pela ação da água, do vento, do calor, entre outros fenômenos. Os sedimentos se desprendem das áreas mais altas e são depositados nas áreas mais baixas pelos chamados agentes de erosão: água, vento, geleiras, etc.
>
> **Brita:** pequenos pedaços de rocha usados para fazer concreto e pavimentar ruas, muito utilizada na construção civil.

Turista em Parque Geológico do Varvito, criado em 1995 numa antiga pedreira do município de Itu (SP). Foto de 2017.

Rochas metamórficas

Essas rochas são resultantes das **transformações** que outras rochas (sedimentares ou ígneas) sofrem em razão do **calor** e da **pressão** no interior da litosfera. Entre os exemplos desse tipo de rocha, temos o mármore, muito usado na decoração de residências e escritórios, nas bancadas de banheiros e cozinhas. Ele é o resultado da transformação do calcário (rocha sedimentar). Outro exemplo é o gnaisse, que resulta das alterações do granito (rocha ígnea), utilizado como ornamentação ou como brita, entre outros usos.

O morro do Corcovado, no município do Rio de Janeiro (RJ), é constituído de gnaisse, uma rocha metamórfica. Foto de 2017.

Rochas, minerais e solos • **CAPÍTULO 6** 119

INFOGRÁFICO

Ciclo das rochas

① O limite convergente entre uma placa oceânica e uma placa continental eleva esta última e forma uma cadeia de montanhas vulcânicas.

Rocha ígnea vulcânica

② No ponto em que a placa oceânica mergulha em direção ao manto e a placa continental se eleva, surgem algumas fendas, ou seja, aberturas em que penetra o magma que fica localizado no manto. Esse magma ocupa espaços na crosta terrestre e extravasa na superfície da Terra como lava.

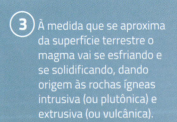

Rocha ígnea plutônica

③ À medida que se aproxima da superfície terrestre o magma vai se esfriando e se solidificando, dando origem às rochas ígneas intrusiva (ou plutônica) e extrusiva (ou vulcânica).

④ Com a ação das águas das chuvas, da neve e dos ventos, as rochas se desgastam e se fragmentam. Esse processo, conhecido como **intemperismo**, retira das rochas pedaços pequenos, denominados **sedimentos**.

Rocha metamórfica

Fontes: elaborado com base em PRESS, F. et al. *Para entender a Terra*. 4. ed. São Paulo: Bookman, 2006. p. 112; EARTH: definitive visual guide. London: Dorling Kindersley, 2013. p. 62-63.

Assim como os seres vivos e a água, as **rochas** também apresentam um ciclo natural, contínuo e infinito, que envolve processos de transformação ao longo do tempo (milhares ou até milhões de anos).
Esse ciclo é responsável pela renovação da litosfera terrestre. Por se tratar de um ciclo, não há começo ou fim do processo. No entanto, a fim de compreendermos melhor como esse ciclo funciona, vamos começar pela formação das **rochas ígneas**.

5 Os sedimentos são transportados pelas águas das chuvas ou dos rios, pela neve, ou, ainda, pelo vento.
À medida que se desloca para locais mais baixos, uma parte dos sedimentos se concentra nesses pontos, enquanto outra parte se desloca para áreas ainda mais baixas.

6 As áreas mais baixas para onde se deslocam os sedimentos são os mares.

7 Camadas de sedimentos são depositadas nos rios, processo que, ao longo de milhares de anos, cria outras rochas sedimentares. Além disso, parte desses sedimentos penetra na crosta terrestre. Nesse caso, dizemos que houve o **soterramento** dos sedimentos. Além do soterramento, parte da crosta terrestre vai afundando e é absorvida pelo magma do manto: esse processo é conhecido como **subsidência**.

8 À medida que uma rocha sedimentar é soterrada em maiores profundidades na crosta terrestre, entra em um ambiente mais quente e com maior pressão em relação à superfície do planeta (onde essa rocha foi formada). Assim a rocha sedimentar passa por algumas transformações em suas características físicas e químicas, tornando-se uma **rocha metamórfica**. A diferença de temperatura e pressão também pode transformar rochas ígneas em rochas metamórficas.

9 Simultaneamente à parte da crosta que é absorvida pelo manto, outra parte da crosta é produzida nos limites convergentes, resultando na renovação do ciclo.

Rocha sedimentar

Marcos Amend/Pulsar Imagens

Ewerton Gondari e André Araújo/Arquivo da editora

A escala e a cor dos elementos representados são fictícias.

As rochas **ígneas** são aquelas que se originam na crosta quente e profunda e no manto.

As rochas **metamórficas** são originadas a partir de outras rochas (sedimentares ou ígneas) que sofreram ação de altas temperaturas e pressões da crosta terrestre.

As rochas **sedimentares** são aquelas que resultam do acúmulo de sedimentos ou de matéria orgânica.

Impactos socioambientais da mineração

As sociedades humanas sempre utilizaram as rochas e os minerais para fazer utensílios, mas, com a sociedade moderna e industrial, esse uso se expandiu enormemente e provocou mudanças nas paisagens, com fortes impactos ambientais. O Brasil é um dos principais produtores e exportadores de alguns dos minérios mais utilizados no mundo, com destaque para os minérios de ferro, manganês e alumínio (bauxita). Entretanto, apesar de gerar empregos e contribuir para as exportações do país, a atividade mineradora provoca grandes impactos ambientais e sociais negativos.

O maior desastre ambiental ligado à mineração que ocorreu no Brasil foi o de Mariana (MG). No dia 5 de novembro de 2015, a barragem de Fundão, localizada no distrito de Bento Rodrigues, município de Mariana, região central do estado de Minas Gerais, se rompeu, causando uma enxurrada de lama e rejeitos de mineração que provocou a destruição do distrito. Esse acidente foi considerado um dos maiores desastres ambientais do Brasil e suas consequências ainda serão sentidas ao longo dos próximos anos.

> **Barragem:** barreira que impede o fluxo de água ou de materiais sólidos; qualquer coisa que impeça a passagem ou o movimento.

O desastre provocou a morte de 19 pessoas e outras 600 perderam suas residências; além disso, houve o comprometimento do abastecimento de água para milhares de pessoas e graves danos econômicos para a população da região.

Outro desdobramento desse acidente foi o dano ambiental causado à bacia do rio Doce. A barragem possuía 55 milhões de metros cúbicos de rejeitos de minério, retirados de extensas minas da região, conforme estimou o Instituto Brasileiro de Meio Ambiente e dos Recursos Naturais Renováveis (Ibama). Os rejeitos se espalharam pelo leito do rio Doce, por 600 quilômetros, até chegar à sua foz, no litoral do Espírito Santo, onde também suscitaram alterações em ecossistemas costeiros e houve grande mortandade de peixes.

O rompimento da barragem causou grande destruição em áreas próximas do rio Doce. A imagem, de 2015, mostra como os rejeitos da barragem de minério de ferro destruíram o distrito de Bento Rodrigues, no município de Mariana, no estado de Minas Gerais.

A lama provocou a morte de mais de 11 toneladas de peixes e impactou a flora e a fauna, fazendo algumas espécies de animais e plantas próprias da região quase serem extintas. Além dos impactos ambientais, houve enorme degradação das áreas marítimas e de conservação, o que causou prejuízos incalculáveis ao patrimônio público, às atividades pesqueiras, à agropecuária, ao turismo e ao lazer da região. Contribuiu para piorar o cenário o fato de que a empresa e as autoridades dos locais vizinhos à barragem não possuíam um plano de contingência, isto é, um plano de prevenção e de recuperação no caso de possíveis desastres ambientais, o que poderia minimizar os danos, como a morte de membros da comunidade e os impactos ao meio ambiente.

Em resposta ao desastre, o governo de Minas Gerais publicou, no dia 20 de novembro de 2015, o Decreto nº 46.892, que instalou uma força-tarefa para avaliação dos efeitos e desdobramentos do rompimento da barragem. Os trabalhos reuniram representantes de órgãos e entidades do estado e de municípios atingidos. A tragédia prejudicou 36 cidades de Minas Gerais e três do Espírito Santo. Até o momento (2018), poucas medidas concretas foram efetivamente colocadas em prática para a recuperação da região, ainda fortemente afetada pelos impactos dessa catástrofe socioambiental.

Áreas afetadas pelo acidente em Mariana (2015)

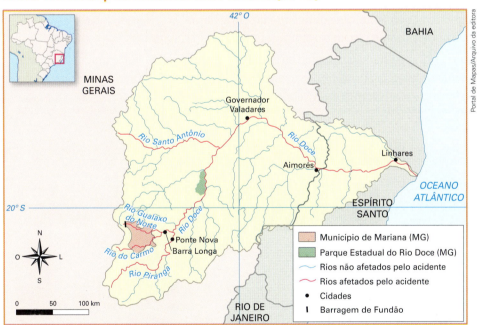

Fonte: elaborado com base em VIEIRA, Fábio. In: AZEVEDO, Ana Lucia. *Os rios que carregam esperança para o Doce*. Rio de Janeiro: O Globo, 12 dez. 2016. Disponível em: <https://oglobo.globo.com/brasil/os-rios-que-carregam-esperanca-para-doce-18279789>. Acesso em: 20 jun. 2018.

Texto e ação

1. Em duplas, discutam se o fato de a empresa e as autoridades dos locais vizinhos à barragem não possuírem um plano de contingência pode ser apontado como um crime ambiental. Justifiquem.

2. Dentre os impactos socioambientais provocados pelo desastre ambiental que ocorreu em Mariana, em 2015, qual deles chamou mais a sua atenção? Por quê?

Geolink 1

Leia o texto a seguir.

Usos das rochas

Quando alguém pensa em rocha (popularmente chamada de pedra), logo imagina seu uso em edifícios, mas poucas pessoas percebem que as rochas, de alguma forma, estão presentes em nosso cotidiano de diversas formas. [...] Podemos identificar estes grupos principais de usos:

1. Rochas para construção ou rochas decorativas – usadas em residências devido à sua resistência ao clima ou ao seu apelo estético – uso nas paredes, uso com finalidade decorativa, em edifícios, pavimentos.

2. Agregados – rochas usadas por suas fortes propriedades físicas; são esmagadas e classificadas em vários tamanhos para uso em concreto (britas), revestidas com betume (um derivado do petróleo) para fazer asfalto ou usadas como preenchimento na massa das construções. Usadas principalmente nas estradas, como concreto e outros produtos de construção. [...]

3. Propósitos industriais – o calcário pode ser usado por suas propriedades químicas (principalmente alcalinas); é o caso do carbonato de cálcio na indústria agrícola e industrial.

4. Queima de cal (calcinação) – o calcário, quando aquecido a altas temperaturas, decompõe-se em cal (óxido de cálcio) e gás de dióxido de carbono. Essa cal pode ser utilizada como um alcalino ainda mais poderoso do que o calcário [...], ou pode ser utilizada como cimento, quando misturada com areia, argamassa, ou ainda como um fertilizante para o solo utilizado na agricultura.

5. Cimento – se o calcário [...] for misturado com argila ou arenito antes da queima, pode produzir cimento *portland*, que, quando misturado com agregado, faz concreto.

Fonte: BRITISH Geological Survey. *Quarrying – Stone as a resource*. (Tradução dos autores). Disponível em: <www.bgs.ac.uk/mendips/aggregates/stone_resource/stoneuses.html>. Acesso em: 6 ago. 2018.

> **Alcalino:** é o contrário de ácido. Essa propriedade do calcário é importante por seu uso na correção dos solos ácidos (o calcário é aplicado ao solo para diminuir sua acidez, algo comum nos solos de climas tropicais, e há melhora de sua fertilidade). O calcário também é usado na fabricação de vidros, na produção de cal e em diversas outras finalidades.

Agora, faça o que se pede.

1. O texto afirma que "as rochas estão presentes em nosso cotidiano". Cite alguns exemplos do uso de rochas.

2. O texto fala em rochas de construção (devido à sua resistência) e em rochas decorativas (pela sua beleza). Mencione exemplos de cada um desses tipos de rocha.

3. As rochas e os minerais são utilizados pela humanidade, desde tempos remotos, na fabricação de ferramentas (facas de pedra), potes e recipientes, na construção (casas, pontes, estradas, etc.), para cercar terrenos e também na decoração e para fins artísticos. Fotografe em seu bairro ou município alguma peça que tenha valor artístico (estátuas em praças, monumentos, etc.) e pesquise informações a respeito da rocha que deu origem àquela peça.

O cimento utilizado na construção civil geralmente é combinado com areia e brita, formando uma massa tão consistente que é difícil de quebrar. Esse material é empregado na maioria das casas e dos edifícios atualmente. Na foto, trabalhador mistura massa de concreto para a construção de um curral em Marmelópolis (MG). Foto de 2017.

3 Solo

A formação dos solos está totalmente ligada às características das **rochas**, das formas do **relevo** e das condições **climáticas** do local onde ele é formado.

Os solos são formados na superfície da litosfera, ou seja, sobre e a partir das rochas. É onde as plantas se fixam e de onde extraem água e nutrientes necessários para sua sobrevivência. O solo é produzido pela desagregação das rochas originais em conjunto com restos de plantas e animais associados aos sedimentos.

O processo de desagregação que produz o solo leva milhares ou milhões de anos e forma uma camada sobre a rocha intacta. Essa camada possui pedaços de rochas e minerais que foram alterados pela ação das águas, dos seres vivos, da variação de temperatura, entre outros fenômenos, e, com o passar do tempo, é enriquecida de matéria orgânica.

O solo sempre possui microrganismos, água e minerais nutrientes. Uma rocha bruta, intacta, não pode ser considerada solo, já que nas rochas não é possível o crescimento das plantas. Da mesma forma, não podemos considerar solo a superfície da Lua ou a do planeta Mercúrio, pois nenhuma delas oferece condições de sustentar qualquer forma de vida, seja microbiana, vegetal, seja animal.

A vegetação dos continentes e das ilhas cresce sobre o solo. Nas áreas do planeta em que as rochas ainda não foram decompostas, não existe solo e, portanto, nelas também não existe vegetação natural. Para que os vegetais se desenvolvam, suas raízes precisam penetrar no solo, de onde extraem os nutrientes das rochas decompostas: nitrogênio, fósforo, potássio, cálcio, magnésio e enxofre precisam ser absorvidos em grande quantidade pelos vegetais. Além desses, as plantas precisam de ferro, manganês, zinco, boro, cobre, cloro e molibdênio, em menores quantidades.

> **Minha biblioteca**
>
> **O solo e a vida**, de Rosicler M. Rodrigues. São Paulo: Moderna, 2013.
>
> O livro explica o que é o solo e sua importância para a vida. Por meio de linguagem simples, mas com rigor científico, a autora apresenta a importância do solo e das rochas e a necessidade de preservação desses recursos na superfície terrestre.

Os solos podem ser rasos ou profundos. Isso depende de como são a rocha original, o relevo e as condições climáticas da região onde eles foram formados. Ambientes muito frios e secos tendem a apresentar solos mais rasos do que os ambientes mais quentes e úmidos. Na foto, corte mostrando solo da região amazônica, em Paragominas (PA). Foto de 2017.

Perfil de solo

Um perfil de solo representa uma visão, por meio de um corte vertical, desde a superfície até a rocha que dá origem ao solo. Essa técnica serve para evidenciar as camadas ou horizontes do solo e, com isso, poder estudá-lo. Geralmente, os cortes são feitos em barrancos ou em buracos em uma área do solo.

Um perfil de solo vai mostrar qual é a profundidade dele, isto é, qual é a distância da superfície até a **rocha matriz**, e quais são os seus diversos horizontes ou estratos. Em geral, os horizontes se agrupam da seguinte maneira:

Horizontes de um solo

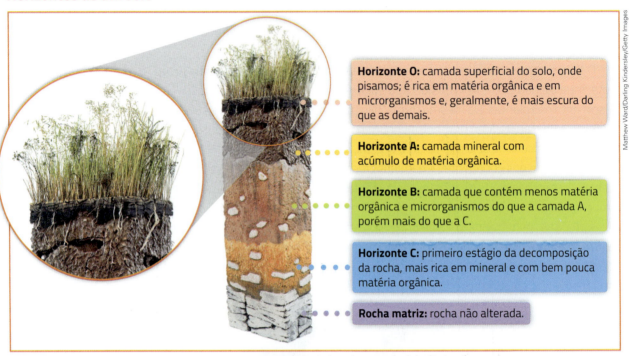

Horizonte O: camada superficial do solo, onde pisamos; é rica em matéria orgânica e em microrganismos e, geralmente, é mais escura do que as demais.

Horizonte A: camada mineral com acúmulo de matéria orgânica.

Horizonte B: camada que contém menos matéria orgânica e microrganismos do que a camada A, porém mais do que a C.

Horizonte C: primeiro estágio da decomposição da rocha, mais rica em mineral e com bem pouca matéria orgânica.

Rocha matriz: rocha não alterada.

Fonte: elaborado com base em LEPSCH, Igo F. *Formação e conservação dos solos.* São Paulo: Oficina de Textos, 2002. p. 20.

Texto e ação

- Observe a foto abaixo e responda às questões.

Na foto, solo exposto em região de Muitos Capões (RS). Foto de 2017.

a) Quantos horizontes você consegue perceber no solo da imagem ao lado?

b) Na imagem ao lado é possível observar a rocha matriz? Por quê?

c) Dos horizontes existentes no perfil do solo, qual é o que tem mais influência no nosso cotidiano? Explique.

Solos agricultáveis

Como você já sabe, as características do solo dependem sempre:
- do tipo de rocha que o originou, principalmente dos minerais nela contidos;
- da deposição de restos animais e vegetais e seus nutrientes na camada orgânica;
- das formas do relevo;
- do clima local, já que seus elementos são os principais agentes na desagregação das rochas;
- da quantidade de microrganismos que o habitam, pois esse é um indicador de fertilidade, isto é, se o solo é propício para o sustento de plantas. As minhocas, por exemplo, tornam os solos mais porosos e, desse modo, melhoram a circulação e a absorção de água.

É muito comum o uso das expressões **solos férteis** ou **solos pobres** para indicar a capacidade de um solo de sustentar a vegetação.

Um solo rico ou naturalmente fértil é aquele que contém os elementos minerais de que as plantas necessitam para viver, além de água e da vida microbiana. No leste da Europa, principalmente na Ucrânia, há o solo ***tchernozion*** ou solo negro, onde existem, há milênios, plantações com alta produtividade, isto é, boa produção por hectare. Esse tipo de solo é usado principalmente para o cultivo do trigo. O Brasil também dispõe de solos naturalmente férteis, como a famosa **terra roxa**, nas regiões Sudeste e Sul do país, normalmente utilizada para o plantio de soja, milho e trigo, além de cana-de-açúcar e café. Outro exemplo de solo fértil é o **massapé**, no litoral do Nordeste, usado principalmente para o cultivo da cana-de-açúcar.

Mundo virtual

Fauna do solo
Disponível em: <www.embrapa.br/prosinha-rural-3>. Acesso em: 5 ago. 2018.

Áudio produzido pela Embrapa sobre a "Fauna do solo", uma história ambientada na zona rural e que aborda a importância dos seres vivos que habitam a terra.

▶ **Poroso:** que possui muitos poros, buracos, o que facilita a absorção da água.
▶ **Hectare:** unidade de medida para superfícies agrárias que corresponde a 10 mil metros quadrados.

Trator fazendo plantio mecanizado em um solo avermelhado originário da lenta decomposição de rochas basálticas que se formaram por um derrame vulcânico que ocorreu no Brasil há milhões de anos. Esse tipo de solo é conhecido também como terra roxa. Foto de Mirassol (SP), 2016.

Trabalhadores rurais plantando roça de cebola irrigada com água do rio São Francisco no município de Cabrobó (PE). É possível observar um tipo de solo argiloso e de cor escura, conhecido como massapé, que ocorre na região Nordeste do Brasil. Foto de 2018.

Um solo considerado pobre ou naturalmente pouco fértil é aquele com carência de água ou dos nutrientes necessários para as plantas. Alguns exemplos de solos considerados pouco férteis são os dos **desertos**, onde falta água e há pouca vida microbiana; os dos **pântanos**, onde, ao contrário, há excesso de água; e os de áreas que apresentam carência de cálcio, nitrogênio ou outro nutriente importante para as plantas.

No entanto, essa noção de solos férteis ou pobres é relativa, pois atualmente é possível corrigir um solo pobre com a utilização de técnicas agrícolas, como adubação e irrigação. Solos de áreas áridas ou semiáridas podem se tornar produtivos com o emprego da irrigação, como se faz em Israel e mesmo no Brasil, no vale do rio São Francisco. Solos ácidos e pobres em cálcio podem ser corrigidos com adubação adequada, especialmente com a adição de calcário, como as praticadas nos solos dos cerrados, na região central do Brasil.

Nas áreas de relevo acidentado, como as serras, é importante fazer os cultivos respeitando a inclinação do terreno; é o plantio em curvas de nível, que evita a degradação do solo. O processo de degradação também é conhecido como **erosão** do solo, que consiste no desgaste ou na decomposição de rochas e solos pela ação de agentes naturais, como água, ventos, gelo, neve, ou pela ação humana.

Da mesma maneira, é preciso evitar o uso excessivo de máquinas agrícolas, pois elas tendem a compactar o solo, o que o torna mais denso e com menos porosidade. A **lixiviação** é outra forma de erosão do solo e ocorre quando as chuvas carregam os nutrientes do solo. Esse processo é resultado do desmatamento e da ação de queimadas, bem como do pisoteio de um rebanho desproporcional à área ocupada pelo pastoreio, que, além disso, é responsável pela compactação do solo.

Na foto, trabalhadores rurais em Guaxupé (MG) aplicam calcário sobre terra arada. Solos pobres em cálcio são corrigidos com a aplicação de calcário. Foto de 2016.

Plantação de café em propriedade rural no entorno de Serra Negra (SP), em 2013.

Leia o texto abaixo.

O que causa a degradação do solo?

A degradação do solo pode ser causada de diversas maneiras por vários fenômenos diferentes [...]. São eles:

Erosão

Trata-se de um [processo] natural, mas que é intensificado devido à ação humana. Ele se caracteriza pela transformação e desgaste do solo devido a ações de agentes externos (chuva, vento, gelo, ondas, sol) [...]. Com a destruição da vegetação natural [que cobre os solos], muitas vezes para uso agrícola, perdemos essa proteção e o solo fica exposto, resultando em um desgaste da superfície terrestre e, consequentemente, na perda da fertilidade do solo. [...]

Esse fenômeno traz consigo uma série de [...] impactos ambientais, geralmente se iniciando com a intensificação da lixiviação, processo de lavagem superficial dos sais minerais do solo, podendo causar a formação de voçorocas, grandes e extensos sulcos (fendas), provocados pelas chuvas intensas. O assoreamento também é uma consequência da erosão, processo que se caracteriza pelo acúmulo de terra transportada pela água que se deposita no fundo dos rios, obstruindo seu fluxo, prejudicando a fauna local e contribuindo para seu transbordamento, que causa o alagamento das áreas vizinhas. Há [...] risco de ocorrer o deslizamento [de terra e rochas] das encostas dos morros [...], além da desertificação, processo no qual o solo começa a ficar cada vez mais estéril [...].

Salinização

Trata-se também de um fenômeno que ocorre naturalmente em diferentes áreas da superfície terrestre, mas que é intensificado devido às ações humanas [...]. É caracterizado pelo acúmulo de sais minerais no solo, geralmente provenientes das águas das chuvas, oceânicas ou aquelas utilizadas para irrigação na agricultura. [...]

A salinização é causada [por] métodos de irrigação incorretos nas práticas agrícolas, [pela] elevação acentuada do nível freático, causando maior concentração de água na superfície do solo e [pela] evaporação de águas salgadas ou salobras acumuladas de mares, lagos e oceanos, como no Mar Morto e no Mar de Aral, onde o clima é seco e a evaporação das águas salgadas é muito intensa, acarretando o acúmulo de sais na superfície [...].

Compactação

[...] É caracterizado pelo aumento da densidade do solo, pela redução da sua porosidade e, consequentemente, de sua permeabilidade, que se dá quando ele é submetido a um grande atrito ou a uma pressão contínua. Isso acontece, por exemplo, em função do tráfego de tratores e máquinas agrícolas pesadas, do pisoteio do gado sobre o campo ou do manejo do solo em condições inadequadas de umidade. [...]

Contaminação química

A contaminação do solo por agentes químicos [...] é também causada pela interferência do ser humano na natureza e resulta na improdutividade e infertilidade do solo, além da provável perda da fauna local.

Além da contaminação através do uso indiscriminado de agrotóxicos, fertilizantes e pesticidas pela agricultura, podemos citar também como formas de contaminação o descarte incorreto de resíduos industriais e de lixo eletrônico, a presença de lixões, as queimadas, usadas como forma de desmatamento para a agricultura e, embora pouco casos tenham ocorrido, acidentes envolvendo elementos radioativos. [...]

Fonte: ECYCLE. Degradação do solo: entenda causas e alternativas.
Disponível em: <www.ecycle.com.br/4152-degradacao-do-solo>. Acesso em: 19 ago. 2018.

Agora responda às questões:

1. Qual fator de degradação de solo pode diminuir caso seja preservada a vegetação que fica próxima aos rios (também conhecida como mata ciliar)? Explique por que esse fator diminui nessa situação.

2. Com base na leitura do texto e em seus conhecimentos, quais são as esferas ou os subsistemas que a poluição química afeta? Explique como ela afeta cada uma dessas esferas.

3. Algum dos problemas mencionados no texto ocorre no município ou no estado em que você mora? Para descobrir, pesquise em jornais, revistas ou na internet e responda:

   a) Quais são os problemas observados?

   b) Existe algum plano ou projeto por parte das autoridades governamentais para combater esses problemas?

Desertificação

O uso inadequado do solo pode empobrecê-lo ou mesmo transformá-lo em uma área desértica.

A desertificação pode ser uma consequência natural provocada por variações do clima, com a ocorrência de longos e repetidos períodos de seca, mas também pode ser o resultado das atividades humanas, principalmente devido aos desmatamentos, às queimadas ou a práticas como a da monocultura. Estas diminuem a biodiversidade do lugar atingido, bem como aumentam a erosão do solo, entre outros fenômenos.

> **Biodiversidade:** diversidade biológica (de seres vivos) de um lugar da superfície terrestre.

Ao comprometer a produção agrícola, a desertificação afeta a vida de muitas pessoas em diversas partes do planeta, como no Seridó, na região Nordeste do Brasil, no norte e no sul do continente africano, etc.

Em 1994, foi fundada a Convenção das Nações Unidas para o Combate à Desertificação (United Nations Convention to Combat Desertification – UNCCD), que é uma parceria com mais de 190 países (incluindo o Brasil), cujos objetivos são reverter e prevenir a desertificação e também encontrar alternativas que promovam a sustentabilidade dos lugares que sofrem com esse processo de degradação do solo.

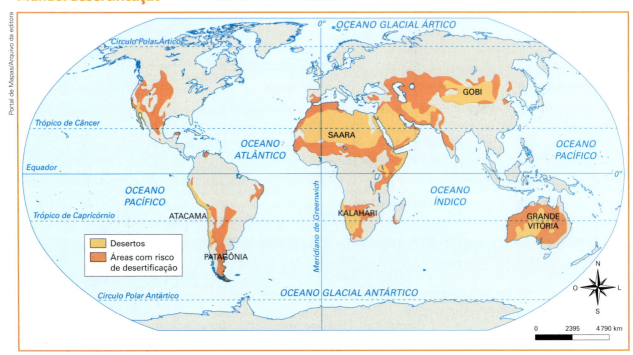

Mundo: desertificação

Fonte: elaborado com base em GIRARDI, Gisele; ROSA, Jussara Vaz. *Atlas geográfico do estudante*. São Paulo: FTD, 2015. p. 166.

Texto e ação

- O fato de haver água em abundância em determinado local é uma garantia de que este possui um solo naturalmente fértil? Converse com os colegas.

CONEXÕES COM HISTÓRIA

Leia o texto a seguir. Depois, resolva as atividades.

O homem nas Américas

Embora a teoria mais difundida e aceita diga que o primeiro ser humano chegou à América há 14 mil anos pelo estreito de Bering, outros estudos afirmam que o *Homo sapiens* já habitava cerca de 36 mil anos antes o território que hoje é o Brasil. [...]

O que pôde ter sido o primeiro assentamento de seres humanos na América fica no Parque Serra da Capivara, no estado do Piauí e no meio do sertão, região na qual a falta de chuvas e água ainda hoje torna muito difícil a vida.

Na foto, Baixão da Pedra Furada, no Parque Nacional da Serra da Capivara, no município de São Raimundo Nonato (PI). Foto de 2018.

O parque ocupa 100 mil hectares, foi declarado Patrimônio [Cultural] da Humanidade pela Unesco em 1991 e é apadrinhado agora pela UE [União Europeia], que iniciou uma campanha para divulgar seus atrativos turísticos.

Além de estranhas formações rochosas que sofreram erosão pelos fortes ventos que caracterizam essa área, essa reserva natural também esconde o que para muitos pode ser uma das chaves da história da humanidade na América. [...]

As primeiras descobertas na Serra da Capivara foram de pinturas rupestres que representam animais, corpos celestes e cenas de caça, guerra e sexo, além de cerâmicas e artefatos de pedra.

Mas as pesquisas chegaram além e identificaram restos ósseos de seres humanos com 12 mil anos de idade, comprovada em laboratórios dos Estados Unidos, da Suíça e da França.

Após essas primeiras descobertas, outras escavações revolucionaram as teorias sobre a chegada do ser humano à América.

Os arqueólogos acharam restos de fogueiras de cerca de 50 mil anos, o que contraria a chamada "teoria Clovis", a qual sustenta que os primeiros seres humanos chegaram a América vindos da Sibéria através do estreito de Bering, aproveitando a baixa do nível do mar na Era Glacial, há 14 mil anos. [...]

Fonte: DAVIS, Eduardo. *UOL Notícias*: Ciência e Saúde, 28 set. 2013. Disponível em: <http://noticias.uol.com.br/ciencia/ultimas-noticias/efe/2013/09/28/brasil-mantem-viva-polemica-sobre-primeiros-humanos-da-america.htm#fotoNav=5>. Acesso em: 23 mar. 2018.

1. Com base na imagem, você consegue indicar qual tipo de rocha predomina na área? Como você chegou a essa conclusão?

2. Explique qual é a importância desse parque para a humanidade.

3. Pesquise o significado da sigla Unesco e escreva com suas palavras qual é seu principal objetivo e em quais áreas essa instituição atua.

4. Quais são as duas teorias sobre a origem dos seres humanos no continente americano?

5. Você conhece o Parque Nacional Serra da Capivara? Em caso afirmativo, conte sua experiência aos colegas e ao professor. Em caso negativo, gostaria de visitá-lo? Por quê?

ATIVIDADES

+ Ação

1. Leia o texto abaixo e depois responda às questões.

   Produtores investem na conservação e preservação do solo em Mato Grosso

   Existem diversas formas de cultivo na prática da agricultura que têm como objetivo conservar e preservar o solo. Alguns utilizam o plantio direto, outros a rotação de culturas e há aqueles que investem em outras técnicas, como o terraceamento. É preciso conhecer as diferentes formas de conservação do solo propiciadas por cada uma dessas técnicas de cultivo.

   O sistema de plantio direto, como o próprio nome sugere, baseia-se em realizar o cultivo diretamente sobre o solo, aproveitando os restos orgânicos da colheita anterior. Já no sistema de rotação de culturas, ocorre uma alternância entre os tipos de produtos a serem cultivados. Tal alternância não pode ser realizada aleatoriamente, os produtos a serem cultivados devem possuir certa demanda no mercado e proporcionar recuperações dos nutrientes do solo. É a técnica mais adequada para a manutenção da qualidade das terras ou, pelo menos, para conter as agressões ambientais realizadas pela agricultura.

   Outra boa técnica de cultivo do solo é a do terraceamento. Ela consiste em realizar a produção ordenando a plantação em linhas que seguem as diferenças de altitude do solo. Essa técnica é mais adequada para terrenos com declividades (morros, por exemplo) e ajuda a conter o processo de erosão dos solos. Além disso, contribui para a contenção de água, pois, dessa forma, ela escorre mais devagar e tem maior chance de infiltrar na terra. [...]

   Fonte: SENAR. Produtores investem na conservação e preservação do solo em Mato Grosso. Disponível em: <www.senar.org.br/abcsenar/tag/preservacao-do-solo-sistema-plantio-direto/>. Acesso em: 19 jun. 2018.

   a) Qual das técnicas de plantio mencionadas no texto é a mais utilizada no Brasil? Pesquise para descobrir.

   b) Como a técnica do plantio direto pode ser utilizada para evitar a erosão do solo?

   c) É indicado adotar os sistemas de plantio direto ou de alternância de culturas em lugares como morros? Por quê?

2. Imagine que, em um município, a prefeitura e a população estejam discutindo a melhor maneira de aproveitar um terreno desocupado. O terreno é rico em minério de ferro e toda sua área está situada em um trecho de vegetação nativa. A população, que conta com alto índice de desemprego, é muito pobre e não dispõe de serviços médico e escolar apropriados. Estão sendo analisadas para a região as seguintes propostas:

   - Construção de um hospital que daria conta de atender as demandas de saúde da população do município;
   - Construção de uma escola que atenderia a todas as crianças do município;
   - Transformação do terreno em um parque de proteção ambiental;
   - Cessão do terreno para alguma mineradora, transformando-o em uma jazida de ferro, o que resultaria em recursos para a cidade.

   a) Se você estivesse em um cargo de decisão política, como resolveria esse problema?

   b) Você acha que seria possível optar por duas soluções ao mesmo tempo? Quais você escolheria? Por quê?

3. Pesquise, em jornais, revistas e na internet, quais são as plantas que podem ser cultivadas em áreas que apresentam sinais de desertificação. Além disso, descubra por que essas culturas conseguem sobreviver nesses locais.

4. Você saberia dizer de onde vêm as frutas, as verduras e os legumes que você consome?

   a) Faça uma pesquisa com ao menos três feirantes sobre três produtos diferentes. Questione-os:
      - Você mesmo produz as frutas, as verduras e os legumes?
      - De onde vêm os produtos que estão na barraca?

   b) Compartilhe com os colegas o que descobriu.

Autoavaliação

1. Quais foram as atividades mais fáceis pra você? Por quê?
2. Algum ponto deste capítulo não ficou claro? Qual?
3. Você participou das atividades em dupla e em grupo e expressou suas opiniões?
4. Como você avalia sua compreensão dos assuntos tratados neste capítulo?
   » **Excelente**: não tive dificuldade.
   » **Bom**: consegui resolver as dificuldades de forma rápida.
   » **Regular**: tive dificuldade para entender os conceitos e realizar as atividades propostas.

Lendo a imagem

1. Pedreiras são áreas onde há a extração de rochas com valor comercial. Em dupla, vejam a foto de uma pedreira e respondam às questões.

Extração de granito em pedreira localizada em Porangatu (GO) em 2017.

a) O tipo de rocha explorado na pedreira é ígnea, sedimentar ou metamórfica? Expliquem como ela é formada.

b) Quais são os usos desse tipo de rocha? Mencionem dois exemplos.

2. Observe a imagem e leia o texto abaixo. Depois, faça o que se pede.

Sala de aula em escola pública destruída pela enxurrada de lama proveniente do rompimento da barragem de rejeitos de mineração de Fundão, em Mariana (MG). Foto de 2016.

Dois anos depois do rompimento da barragem de Fundão, na região de Mariana (MG), biólogos, geólogos e oceanógrafos que pesquisam a bacia do rio Doce afirmam que o impacto ambiental do desastre, considerado o maior do país, ainda não é totalmente conhecido. [...]

Ainda não é possível mensurar completamente a dimensão do impacto na natureza porque boa parte da lama continua nas margens e na calha do rio, dizem especialistas [...]. E, ainda, parte dos rejeitos que chegou ao oceano continua sendo carregado pelas correntes marinhas. [...]

Os pesquisadores concordam que é inviável retirar todo o rejeito que se espalhou ao longo da bacia, mas ponderam que, quanto mais tempo as ações de recuperação demorarem, maior o risco de que o rio volte a ser contaminado pela lama que ainda está nas margens, especialmente nos períodos de chuva. [...]

Após dois anos, impacto ambiental do desastre de Mariana não é totalmente conhecido. *G1*, 2017. Disponível em: <https://g1.globo.com/minas-gerais/desastre-ambiental-em-mariana/noticia/apos-dois-anos-impacto-ambiental-do-desastre-em-mariana-ainda-nao-e-totalmente-conhecido.ghtml>. Acesso em: 18 ago. 2018.

a) Por que em 2017 ainda não era possível mensurar a dimensão do impacto ambiental que o desastre causou?

b) Ao observar a imagem desta página e a da página 122, quais consequências você consegue citar? Você acha que houve grande evolução na recuperação da cidade?

c) Em dupla, pesquisem em jornais e na internet notícias recentes da cidade de Mariana (MG) para saber que medidas já foram tomadas para reconstruir a região. Compartilhem com a turma o que descobrirem.

PROJETO Ciências

A litosfera em um tabuleiro

Como você viu ao longo desta unidade, nossa morada, ou seja, a Terra, possui muitas características que a tornam única. Observamos que nosso planeta tem quatro subsistemas (ou esferas) que se interligam frequentemente, e somente por causa dessas relações entre eles que é possível a existência dos seres vivos. Neste projeto, o destaque será a litosfera. Essa camada da Terra compreende todas as rochas e todos os minerais que resultam nos continentes, nas ilhas e no assoalho dos mares e oceanos. Também é nessa camada que ocorrem fenômenos que demoram milhares, ou até milhões, de anos para serem percebidos (elevação de montanhas, formação de um solo); e aqueles que podem acontecer a qualquer momento, como os abalos sísmicos e os *tsunamis*.

Você vai conhecer mais sobre a litosfera por meio de um jogo.

Retome o que foi estudado sobre a litosfera e anote todas as suas dúvidas: esse já é o início do projeto.

Para continuar, junte-se a dois ou três colegas. Vocês vão precisar dos objetos indicados a seguir.

Material

- 2 cartolinas brancas;
- 1 folha de papel avulsa (almaço ou sulfite);
- 1 lápis preto;
- 1 régua;
- tesoura com pontas arredondadas;
- 5 tampinhas de garrafa PET ou de caneta de cores diferentes;
- 1 caixa de lápis de cores variadas ou 1 jogo de canetinhas;
- 1 dado.

Etapa 1 – O que fazer

Compartilhe entre os membros do seu grupo as suas dúvidas – aquelas que você anotou anteriormente. Juntos, selecionem até 20 dúvidas e a partir delas elaborem 15 perguntas. Copiem essas perguntas na folha avulsa.

Então, tentem descobrir as respostas para as perguntas que foram elaboradas. Para respondê-las, consultem o livro e as anotações. Se ainda restarem dúvidas após a conversa em grupo e a consulta ao livro e às anotações, pesquisem mais profundamente em livros, jornais e na internet. O professor também deve ser consultado.

Entreguem ao professor a folha avulsa com todas as perguntas e as respostas do grupo para que ele faça a correção.

Etapa 2 – Como fazer

Iniciem a confecção do tabuleiro do jogo; para isso, em uma das cartolinas, desenhem um caminho com 40 quadradinhos medindo 5 cm de lado. Vocês podem fazer a maior parte dos quadradinhos em linha reta ou com curvas, como mostra a imagem da página seguinte.

Definam 15 quadradinhos nos quais vocês vão inserir os números de 1 a 15. Cada um dos números deve ser inserido no tabuleiro somente uma vez.

Contornem ou pintem os quadradinhos com os números para destacá-los.

Após a finalização do tabuleiro, confeccionem as cartas com as questões. Para isso, recortem a cartolina restante em 15 retângulos com dois lados de 10 cm e dois lados de 8 cm: esses retângulos serão as cartas.

Retirem com o professor a folha avulsa com as perguntas e as respostas corrigidas. Leiam as observações do professor e conversem sobre elas.

Caso as perguntas e as respostas estejam corretas, escolham uma das questões da folha e copiem-na na frente de um dos retângulos que vocês recortaram. No verso desse retângulo, vocês escreverão um número entre 1 e 15. Pronto! Vocês terão elaborado a primeira carta do jogo. Repitam o mesmo procedimento para as outras 14 questões.

Observação: as cartas não podem ter números repetidos e não pode haver questões sem número no verso. Além disso, não escrevam as respostas das questões nas cartas.

Ao terminar de elaborar as cartas, devolvam ao seu professor a folha avulsa com as questões e suas respostas.

Por fim, preparem os pinos para que os jogadores possam se movimentar pelo tabuleiro. Para isso, pintem as tampinhas de caneta ou de garrafa PET com cinco cores diferentes.

Etapa 3 – Diversão

Neste momento, o seu grupo deve estar muito feliz, pois vocês elaboraram cada uma das cartas-questões, além do tabuleiro e das peças para cada jogador, não é verdade? No entanto, vocês não jogarão no tabuleiro que prepararam, e sim no tabuleiro de outro grupo, que será entregue pelo professor.

Para jogar, observem as regras a seguir:
- A ordem dos jogadores será definida com base nos dados: aquele que tirar o maior número no dado será o primeiro a jogar; o segundo jogador será aquele que tirar o segundo maior número no dado. Esse procedimento será repetido até que a ordem de todos os jogadores seja definida.
- O jogador, na sua vez, joga os dados e avança no tabuleiro o número de casas que tirar. Caso sua peça caia em um quadradinho com um número, vire a carta com o mesmo número, leia a questão em voz alta e responda aos membros do seu grupo. Caso você acerte a resposta, **avance 3 casas**. Caso erre, você deverá **recuar duas casas**.
- Não é permitido jogar os dados duas vezes seguidas.
- Vence o participante que chegar ao final da trilha primeiro.

O sistema Terra é formado por diferentes elementos que interagem entre si e formam um conjunto complexo. Na foto de 2016, vista aérea de paisagem nas Ilhas Maurício; ao fundo a montanha Le Morne Brabant, patrimônio mundial da Unesco.

Myroslava Bozhko/Shutterstock

UNIDADE 3

O sistema Terra e seus subsistemas

Na unidade anterior você estudou algumas características gerais do planeta Terra. Agora, vamos compreender melhor como os diferentes elementos da natureza interagem entre si, formando os chamados subsistemas, que são as principais partes integrantes do grande sistema que é a Terra.

Observe a imagem, converse com o professor e os colegas e responda:

1. Quais os elementos pertencentes à litosfera, hidrosfera, atmosfera e biosfera?

2. Os elementos que você identificou na imagem se relacionam? Pense nas relações estabelecidas entre hidrosfera, litosfera, atmosfera e biosfera.

CAPÍTULO 7

Litosfera: o relevo terrestre

Ruínas da cidade de Machu Picchu, no Peru, construída pela civilização inca, um dos povos pré-colombianos do continente americano, cujo território englobava regiões que hoje fazem parte do Peru, Equador, Bolívia e Chile. Foto de 2017.

> **Para começar**
>
> Observe a imagem e responda:
> 1. Como você imagina que essa cidade foi construída?
> 2. Em que tipo de relevo ela foi construída?
> 3. Qual era a função dos degraus observados na imagem?
> 4. Como você imagina que era viver em uma cidade como essa?

Neste capítulo, você estudará as unidades do relevo e como se dão as relações humanas em cada uma delas. Conhecerá quais são os agentes internos e externos que modelam a superfície terrestre e causam o intemperismo e a erosão. Compreenderá também a importância do relevo para a ocupação humana.

1 Unidades do relevo

Ao observar as paisagens da cidade ou do campo, é possível perceber que existem algumas áreas mais elevadas do que outras, com trechos inclinados e planos. Essas unidades do terreno e suas diferentes **formas** e **altitudes** constituem o **relevo**.

Altitude × altura

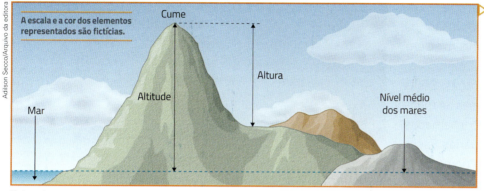

Elaborado pelos autores.

> A altitude é a distância vertical medida a partir do nível médio do mar, considerado o nível zero. Já a altura de determinada forma de relevo corresponde à distância entre sua base e a extremidade superior.

O relevo, portanto, pode ser definido como o conjunto das variadas formas da litosfera, como os vales, as baías, as planícies e as depressões, que apresentam áreas mais ou menos elevadas, planas ou onduladas.

Na superfície terrestre existem quatro principais unidades de relevo. São elas: as montanhas, as depressões, os planaltos e as planícies. Observe o mapa abaixo, que mostra a localização dessas unidades de relevo no mundo. A seguir estudaremos as principais características delas.

> **Vale:** área de baixa altitude cercada por ao menos duas áreas mais altas. Pode ter metros ou quilômetros de extensão.

Mundo: principais unidades de relevo

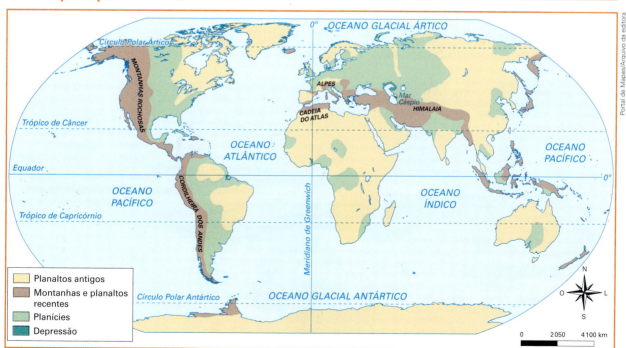

Fonte: elaborado com base em ISTITUTO GEOGRAFICO DE AGOSTINI. *Atlante geografico metodico De Agostini*. Novara, 2011. p. 12-13.

Litosfera: o relevo terrestre • **CAPÍTULO 7** **139**

Montanhas

São elevações de terreno que se destacam por apresentar altitudes superiores às das regiões vizinhas. As mais elevadas **cadeias montanhosas** – como a cordilheira do Himalaia, na Ásia, os Andes, na América do Sul (observe a foto ao lado), os Alpes, na Europa, ou as montanhas Rochosas, na América do Norte – têm origem no encontro de placas tectônicas, que provoca enormes dobras nas rochas. Essas são as mais elevadas cadeias de montanhas do planeta e são chamadas **montanhas típicas** ou **terciárias**. Essas montanhas recebem esse nome por terem se formado entre 65 e 23 milhões de anos atrás, na primeira fase do chamado Período Terciário da história do nosso planeta, a história geológica.

Outro tipo de montanha é aquela resultante da formação de um vulcão, denominada **montanha vulcânica**. Existem, ainda, montanhas que se formaram por outros processos: a erosão pode provocar grandes desníveis no terreno, criando áreas bem elevadas ou montanhas; e falhas geológicas podem transformar um terreno plano em área com grandes desníveis, originando montanhas.

A cordilheira dos Andes (acima) se formou durante o Período Terciário a partir de grandes dobramentos de rocha ocorridos há cerca de 25 milhões de anos. Essa cadeia de montanhas fica na América do Sul e ocupa toda a parte oeste do subcontinente. Foto de 2015.

▶ **Subcontinente:** parte de um continente.

Depressões

São áreas rebaixadas em relação às vizinhas. Quando uma depressão se situa abaixo do nível do mar, é chamada de **depressão absoluta**. Um exemplo é o mar Morto, localizado em Israel e na Jordânia (Ásia), que está a 395 metros abaixo do nível médio do mar. Já quando uma depressão se situa acima do nível do mar, mas abaixo das áreas vizinhas, é denominada **depressão relativa**. Observe a foto a seguir.

A depressão de Afar se localiza no leste da África e foi originada pelo afastamento de placas tectônicas. Na foto, formações de enxofre e de sal mineral na depressão de Afar em Dallol (Etiópia). Foto de 2017.

Planaltos

Também chamados de **platôs**, são áreas em geral mais altas do que as vizinhas, com topos relativamente planos ou arredondados. Nos planaltos o desgaste das rochas é maior do que o acúmulo de sedimentos. Observe esses desgates na foto ao lado, de trecho da serra do Mar.

A serra do Mar é uma região montanhosa que vai do Rio de Janeiro até o norte de Santa Catarina, passando por São Paulo e Paraná. Na imagem, a serra dos Órgãos, no município de Teresópolis (RJ), um dos trechos mais altos da serra do Mar. Foto de 2016.

Planícies

São áreas geralmente baixas e planas. Nelas ocorre sedimentação, ou seja, essa unidade do relevo se caracteriza pelo acúmulo de sedimentos. As planícies costumam se situar próximo a planaltos e montanhas, áreas onde predomina a erosão. Podem ter várias origens, como vales de rios, sedimentos trazidos pelos ventos, pelas geleiras, pelo entulhamento de lagos, entre outras.

Vista aérea de planície litorânea no município de Maraú (BA), em 2018.

Texto e ação

1. Observe as fotos desta página e as da anterior. Em sua opinião, que unidade do relevo favorece a ocupação humana? Por quê?

2. Pense no bairro onde fica a escola. Há subidas e descidas no caminho que você percorre da sua casa para a escola? Que formas de relevo são essas?

2 Dinâmica do relevo

O relevo é dinâmico, ou seja, sofre transformações com o tempo. Às vezes o processo de transformação é rápido e severo, como num terremoto, ou pode levar dezenas ou até milhares de anos, como nos processos erosivos.

Podemos citar dois tipos de agentes que criam e modificam o relevo: os **agentes internos** e os **externos**.

Os agentes internos estão relacionados aos movimentos das placas tectônicas. Eles dão origem às montanhas, aos abalos sísmicos, aos vulcões, entre outros.

Já os agentes externos correspondem a uma combinação da dinâmica climática, com chuvas, ventos, variações de temperatura, maior ou menor insolação; ação das águas dos rios, mares e lagos. Além disso, também são agentes externos os animais, incluindo os seres humanos, os vegetais, fungos e seres microscópicos.

Em geral, os agentes internos desnivelam o terreno, e os externos, pelo contrário, diminuem lentamente as diferenças entre as altitudes do relevo, desgastando as áreas elevadas e acumulando detritos nas partes mais baixas.

Os agentes externos costumam ocasionar o **intemperismo** e a **erosão**, seguidos pela **sedimentação** da superfície terrestre.

3 Intemperismo

Intemperismo (ou meteorização) é um conjunto de fenômenos que leva à decomposição das rochas. Pode ser **biológico**, **físico** ou **químico**.

Biológico

O intemperismo biológico decompõe as rochas por meio da atividade de seres vivos. O crescimento de fungos, a penetração de raízes de árvores nas fendas das rochas, a ação das minhocas e dos cupins, o pisoteio de animais e a atividade bacteriana são alguns exemplos de intemperismo biológico.

Físico

O intemperismo físico é provocado principalmente pela variação da temperatura, que ocorre em um mesmo dia ou ao longo do ano.

Durante o dia a temperatura do ar costuma ser mais alta do que à noite, e no verão a temperatura do ar é mais elevada do que no inverno. As altas temperaturas provocam a dilatação, ou seja, a expansão dos minerais que formam as rochas, e as baixas provocam a contração deles. Com o passar do tempo, as expansões e contrações ocasionam rachaduras nas rochas.

As raízes das árvores atuam no intemperismo das rochas ao crescerem entre elas, como no caso dessa gameleira da imagem, cujas raízes cresceram entre as rochas no município de São Raimundo Nonato (PI). Foto de 2015.

Esse fenômeno é mais intenso em áreas de climas árido e semiárido, nos quais chove pouco e há grande variação da temperatura no transcorrer do dia. Isso quer dizer que nesses locais os dias são bem quentes e, as noites, bem frias. Muitas vezes, essa mudança brusca de temperatura provoca estalos nas rochas, principalmente naquelas expostas ao tempo atmosférico.

Outra forma de intemperismo físico é o congelamento da água nas fendas das rochas. Em locais de clima temperado e polar, a água que penetra nas rochas se congela, lá dentro, durante o inverno. Como o gelo ocupa mais espaço do que a água líquida, as fendas das rochas são alargadas nesse processo. Ao longo do tempo, essas fraturas aumentam e desagregam as rochas.

Em climas áridos, as rochas sofrem os efeitos das mudanças bruscas de temperatura entre o dia e a noite no decorrer dos anos. Na foto, paisagem da região de clima semiárido do Parque Nacional do Grand Canyon, Estados Unidos. Foto de 2016.

Químico

O intemperismo químico decompõe as rochas, principalmente, por meio da ação da água. Ao percorrer a superfície das rochas, a água dissolve os minerais solúveis que a compõem e carrega essa solução para os locais mais baixos do terreno.

Essa decomposição é mais frequente nas regiões de clima tropical úmido, em que a temperatura é elevada e as chuvas são abundantes.

Gruta do Maquiné, em Cordisburgo (MG), muito visitada por turistas. Durante milênios, a água dissolveu os minerais de suas rochas, esculpindo colunas e galerias. Foto de 2018.

4 Erosão

Erosão é um processo natural que se inicia com o **desgaste** do terreno. Os sedimentos provenientes desse desgaste são transportados por algum agente de erosão, como o vento, a água ou a geleira para os locais mais baixos do terreno. Nessa área ocorre a **sedimentação**, ou seja, a deposição ou o acúmulo dos detritos ou sedimentos. Trata-se da remoção de materiais de uma área elevada para outra, mais baixa. A seguir, vamos conhecer melhor os principais agentes da erosão.

Processo de erosão

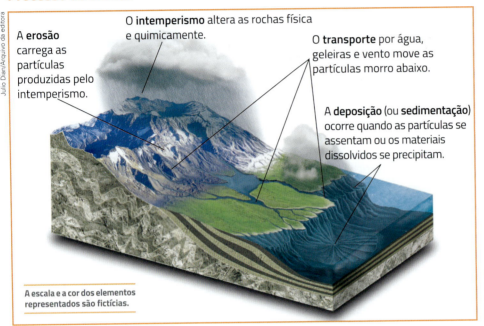

A **erosão** carrega as partículas produzidas pelo intemperismo.

O **intemperismo** altera as rochas física e quimicamente.

O **transporte** por água, geleiras e vento move as partículas morro abaixo.

A **deposição** (ou **sedimentação**) ocorre quando as partículas se assentam ou os materiais dissolvidos se precipitam.

A escala e a cor dos elementos representados são fictícias.

Fonte: elaborado com base em GROTZINGER, John; JORDAN, Tom. *Para entender a Terra*. 6. ed. Porto Alegre: Bookman, 2013. p. 121.

> **De olho na tela**
>
> **Inter-relação Clima e Relevo.**
> Ministério da Ciência e Tecnologia. Instituto Nacional de Pesquisas Espaciais (INPE). 3 min 47 s. Disponível em: <www.sbmet.org.br/ecomac/pages/vsrc/clima_relevo.html>. Acesso em: 20 jun. 2018.
>
> Animação que explica como os agentes internos e externos modificam o relevo terrestre.

Água

A água é um agente erosivo que modifica o relevo. Ela se manifesta de diversas maneiras no terreno: rios, lagos, mares, geleiras e precipitações de chuva ou neve.

Chuvas

As chuvas e as enxurradas são as principais causas de erosão nas áreas de clima úmido no Brasil. Grande parte da água resultante das precipitações desliza pela superfície terrestre em direção a rios, lagos e mares, em um processo chamado **escoamento**.

Nas áreas de onde a vegetação foi retirada e o solo está desprotegido, as chuvas e enxurradas podem abrir canais profundos, chamados **voçorocas**. Sem a proteção da vegetação e o com o mau uso do solo, como o pisoteio do gado e uso excessivo de máquinas agrícolas pesadas, o solo se torna compactado. Com isso, em vez de a água se infiltrar, ela escoa pela superfície do solo, provocando a remoção de detritos e a destruição de plantações e até de edificações.

Voçoroca em Quatá (SP). Foto de 2018.

Texto e ação

1. Observe o bloco-diagrama sobre o processo de erosão (página anterior) e responda:
   a) Como esse processo é iniciado? E como ele termina?
   b) Quais agentes podem transportar os detritos ou sedimentos oriundos da erosão?
2. Como a ação do ser humano pode acelerar o processo de erosão? Cite exemplos.

Rios

As águas correntes criam sulcos nas rochas e nos solos, que tendem a se aprofundar e se alargar com o passar do tempo. É por isso que se diz que cada rio constrói o seu próprio **vale**.

Os rios nascem nas áreas mais elevadas de um terreno e correm para as mais baixas. Logo após a **nascente**, o primeiro trecho do rio recebe o nome de **curso superior**. Nesse trecho, a erosão costuma ser intensa.

O trecho seguinte é chamado **curso médio**. Ali, a erosão diminui, mas o transporte de sedimentos, denominados aluviões, continua.

Próximo à **foz** há o **curso inferior**, onde se acumulam os materiais transportados pelas águas. Nesse trecho, o nível das águas do rio é próximo ao nível do mar ou de outro rio, onde ele desemboca. Em seu curso inferior, os rios constroem **planícies fluviais**, também conhecidas como **planícies aluviais**.

Além dos aluviões, os rios também transportam material orgânico, como restos de vegetais, que explica a elevada fertilidade natural dos solos aluviais, situados nas planícies construídas pelos rios.

Nas planícies fluviais, à medida que a força erosiva das águas diminui, o rio pode apresentar curvas. Conhecidas como **meandros**, essas curvas se formam em virtude da erosão e acumulação de sedimentos em partes do curso do rio.

> **Sulco:** fenda, prega.
> **Aluvião:** conjunto de detritos procedentes da erosão (geralmente mesclado de argila, cascalho e areia) que são transportados por correntes de água, como rios.

Partes do rio

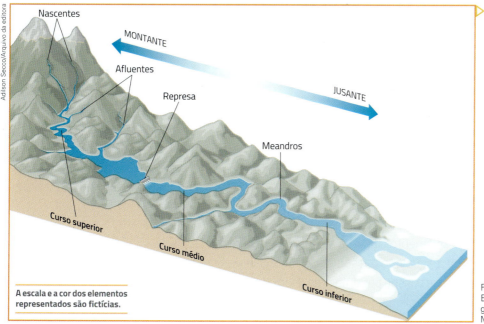

A escala e a cor dos elementos representados são fictícias.

Costumamos usar a expressão **a montante** do rio quando nos referimos às áreas que estão localizadas em direção à nascente dele. Já o termo **a jusante** é usado quando nos referimos às áreas situadas em direção à foz do rio.

Fonte: elaborado com base em ENCICLOPÉDIA do estudante: geografia geral. São Paulo: Moderna, 2008. p. 32.

Mares

As águas oceânicas também agem sobre o relevo, especialmente na costa litorânea, ou seja, na faixa de contato entre os continentes e os mares. A erosão marinha, conhecida como **abrasão**, dá origem a diversas formas de relevo. Veja a seguir as principais características de algumas dessas formas.

- As **falésias** são elevados paredões que se formam à medida que as águas oceânicas erodem as rochas e os solos.

- As **praias** resultam do acúmulo de areia transportada pelo mar ou pelos rios. É uma ação de sedimentação das águas, ou seja, é formada pela deposição de sedimentos.

- As **restingas** podem ser faixas estreitas de areia ou um tipo de formação vegetal próxima à praia. No caso da faixa de areia, elas têm origem em uma curvatura no litoral e se formam onde as ondas diminuem de velocidade, favorecendo o depósito de areia. Ocorrem, com frequência, próximo da foz dos rios.

- As **lagoas costeiras** são baías e enseadas fechadas pelo crescimento das restingas, ao longo do tempo. São comuns no litoral brasileiro, como as lagoas de Saquarema, Maricá, Rodrigo de Freitas e Jacarepaguá, no Rio de Janeiro, e a lagoa Mirim, no Rio Grande do Sul.

No Brasil, as falésias são encontradas principalmente no litoral das regiões Nordeste e Sul. Na foto, falésia na baía dos Golfinhos, no município de Tibau do Sul (RN), em 2017.

Vista aérea da lagoa de Saquarema, no município de Saquarema (RJ), em 2015.

Texto e ação

1. Observe o esquema das partes de um rio, na página 145. Responda:

    a) Onde o processo de erosão fluvial é maior, a montante ou a jusante? Por quê?

    b) Onde o processo de sedimentação é maior, a montante ou a jusante? Por quê?

2. A água da chuva carrega sedimentos de uma área mais alta para uma mais baixa. Um rio que recebe a água que passou por uma região de floresta e um rio que recebe a água que passou por uma área desmatada apresentam as mesmas características? Explique.

Geleiras

As geleiras também são importantes agentes da erosão. São grandes massas de gelo que ocorrem nas áreas onde a queda e o acúmulo de neve superam o degelo, ou seja, o derretimento do gelo. As geleiras, assim como os demais agentes de erosão, também se movimentam dos lugares mais altos para os mais baixos, desgastando e transportando solo e rocha que encontram pelo caminho.

Minha biblioteca

Cem dias entre céu e mar, de Amyr Klink. São Paulo: Companhia de Bolso, 2005.
O livro é um relato do escritor e navegante marítimo Amyr Klink, que atravessou mais de 6 500 quilômetros de oceano entre o Porto de Lüderitz (na África) até praia da Espera, no litoral da Bahia.

Como se formam as geleiras?

Formação

As geleiras são moldadas em regiões nas quais a neve se acumula mais rapidamente do que derrete. Alimentadas por ventos frios e úmidos (seta), uma geleira junta camadas de neve que se compactam e formam gelo.

Expansão

Com o passar do tempo o gelo glacial começa a descer. Se a geleira avança mais rápido do que derrete, ela cobre o vale abaixo dela.

Repouso

A geleira se move continuamente, contudo, após alguns anos, seu avanço diminui e ela parece ficar estática.

Recuo

Dezenas ou centenas de milhares de anos após a formação de uma geleira, ela passa a derreter mais rapidamente do que pode se mover e começa a recuar para o vale.

A escala e a cor dos elementos representados são fictícias.

Fonte: GEOGRAFIA. Rio de Janeiro: Abril Coleções, 1996. p. 42-43. (Ciência & Natureza).

Atualmente, as geleiras se localizam nas regiões polares e nas altas montanhas, cobrindo cerca de 10% da superfície terrestre. Porém, nosso planeta já presenciou vários períodos, há milhares de anos, em que elas cobriam grande parte dos atuais continentes e ilhas. Esses períodos são conhecidos como Era Glacial ou Era das Glaciações ou, ainda, Era do Gelo. Nas fases de glaciação, as geleiras cobriam mais de 30% da superfície terrestre. A última Era Glacial ocorreu entre 110 mil e 11 mil anos atrás e alguns estudos estimam que foi durante esse período que os primeiros seres humanos vieram para o continente americano pelo estreito de Bering. Esse estreito é um canal marítimo que separa a América do Norte da Ásia, mas durante a Era Glacial era totalmente coberto por gelo, permitindo a passagem a pé.

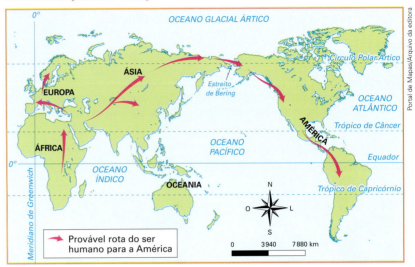

América: chegada dos primeiros seres humanos (12000 a.C.)

Fonte: elaborado com base em EARTH: Definitive Visual Guide. London: Dorling Kindersley, 2013. p. 31.

As geleiras são pesadas e grandes. A ação erosiva delas é semelhante à de uma lixa passada sobre as rochas. Seu poder de abrasão é superior à ação dos rios. O acúmulo de sedimentos transportados pelas geleiras é chamado **morena**.

Ação erosiva das geleiras no Glaciar Serrano, na Patagônia (Chile). Foto de 2016.

148 UNIDADE 3 • O sistema Terra e seus subsistemas

Vento

Outro agente da erosão é o vento, isto é, o ar em movimento.

O vento produz erosão ao transportar materiais que desgastam ou agridem as rochas, atuando principalmente nas regiões mais secas, como as semiáridas e as desérticas. A ação dos ventos sobre o relevo é conhecida como **erosão eólica**.

A erosão eólica modela o relevo quando partículas de areia carregadas pelo vento desgastam, ao longo do tempo, as áreas que atingem. Essas partículas podem esculpir arcos naturais ou formar desertos pedregosos, os chamados *regs*, como os do Saara, na África.

Pedra da Igrejinha, no Parque Nacional do Catimbau, em Buíque (PE), em 2018. Essa forma de relevo foi modelada pela ação erosiva dos ventos.

Esse tipo de erosão também contribui para a ação das águas das chuvas, mesmo onde elas são muito escassas. Nesses casos, a água dissolve os minerais e consegue atingir o lençol de água subterrâneo sobre uma camada de rochas impermeáveis, dando origem a uma vegetação que impede a continuidade do processo de erosão. Nesses locais formam-se os **oásis**, áreas onde há água e vegetação em pleno deserto. Muitas vezes, por oferecer condições adequadas à sobrevivência, aglomerações humanas se estabelecem ao seu redor.

As **dunas** e os **loesses** são resultantes de um processo de sedimentação provocado pela ação do vento.

- As dunas são formadas em regiões desérticas ou ao longo de grandes lagos e litorais de climas temperado e tropical. São resultado do acúmulo de areia depositada pelo vento. As dunas tendem a se deslocar na direção do movimento do vento. É comum encontrar dunas no litoral brasileiro, desde o Nordeste até o Sul.

- O loesse é um depósito de sedimentos muito finos, de cor amarelada, constituído por partículas de areia oriundas de geleiras e transportadas pelo vento. É possível encontrar loesse na China ocidental, na França, na Hungria e em algumas áreas dos Estados Unidos. Os solos formados a partir do loesse são muito férteis, o que motivou diversos grupos humanos a ocupar densamente suas regiões de ocorrência.

Loesse em Hangzhou, na China. Foto de 2016.

Seres vivos

As formigas, as minhocas, os seres microscópicos e outros são exemplos de agentes erosivos.

Os seres vivos, porém, podem ser também agentes que conservam ou mesmo formam o relevo. Por exemplo, a **vegetação** exerce um papel fundamental na contenção da erosão. Ela protege o solo da erosão nas margens de rios ou barrancos, ajuda a conter o acúmulo de sedimentos nos rios e a evitar os deslizamentos de terra nas encostas de planaltos, serras e montanhas. Por isso, em áreas de risco de desabamento, é comum que o ser humano plante certos arbustos ou plantas com raízes longas, que se agarram mais firmemente ao solo.

O ser humano ainda modifica o relevo de diversas outras maneiras: aplainando terrenos ondulados, aterrando áreas pantanosas, cavando túneis em montanhas, entre outras. Ele é um agente externo modificador do relevo.

Os **corais** podem ser considerados agentes formadores de relevo. Esses pequenos seres são encontrados em rochas de oceanos, cujas águas apresentam temperaturas superiores a 20 °C. Os corais depositam seus esqueletos nessas rochas e, ao longo do tempo, o acúmulo de milhões desses esqueletos forma as rochas coralíneas. Estas, por sua vez, dão origem aos recifes de corais, formações rochosas localizadas próximo à costa litorânea. Os corais chegam a produzir ilhas de forma circular, conhecidas como **atóis**. Veja, a seguir, como os atóis se formam.

Atol das Maldivas, localizado no oceano Índico, em foto de 2016. A formação de atóis é associada à existência de uma ilha vulcânica antiga, fato que justifica seu formato circular.

Mohamed Abdulla Shafeeg/Getty Images

Como se formam os atóis?

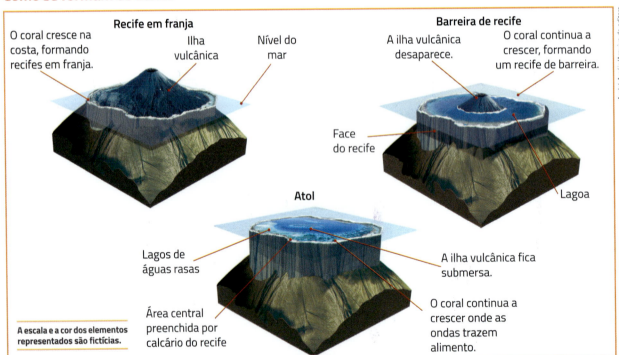

Fonte: elaborado com base em EARTH: Definitive Visual Guide. London: Dorling Kindersley, 2013. p. 397.

As margens de um extinto vulcão oceânico são colonizadas por corais, formando um recife ao redor. Com o passar do tempo, o vulcão afunda, mas o crescimento de corais continua e forma uma barreira de recife, separada da ilha por uma lagoa. Por fim, o vulcão desaparece completamente, formando um atol.

Geolink

Leia o texto a seguir.

Um Brasil mais vulnerável no século XXI

Fora da rota dos grandes furacões, sem vulcões ativos e desprovido de zonas habitadas sujeitas a fortes terremotos, o Brasil não figura entre os países mais suscetíveis a desastres naturais. [...] Mas a aparência de lugar seguro, protegido dos humores do clima e dos solavancos da geologia, deve ser relativizada. Aqui, cerca de 85% dos desastres são causados por três tipos de ocorrências: inundações bruscas, deslizamentos de terra e secas prolongadas. [...].

Dois estudos [...] feitos por pesquisadores brasileiros indicam que o risco de ocorrência desses três tipos de desastre, ligados ao excesso ou à falta de água, deverá aumentar, até o final do século, na maioria das áreas hoje já afetadas por esses fenômenos. Eles também sinalizam que novos pontos do território nacional, em geral adjacentes às zonas atualmente atingidas por essas ocorrências, deverão se transformar em áreas de risco significativo para esses mesmos problemas. [...]

Além da suscetibilidade natural a secas, enchentes, deslizamentos e outros desastres, a ação do homem tem um peso considerável em transformar o que poderia ser um problema de menor monta em uma catástrofe. Os pesquisadores estimam que um terço do impacto dos deslizamentos de terra e metade dos estragos de inundações poderiam ser evitados com alterações de práticas humanas ligadas à ocupação do solo e a melhorias nas condições socioeconômicas da população em áreas de risco.

Moradias precárias em lugares inadequados, perto de encostas ou em pontos de alagamento; infraestrutura ruim, como estradas ou vias que não permitem acesso fácil a zonas de grande vulnerabilidade; falta de uma defesa civil atuante; cidades superpopulosas e impermeabilizadas, que não escoam a água da chuva – todos esses fatores não naturais, da cultura humana, podem influenciar o desfecho final de uma situação de risco. [...]

Fonte: PIVETTA, Marcos. Um Brasil mais vulnerável no século XXI. Revista *Pesquisa Fapesp*, 249. ed. 17 nov. 2016. Disponível em: <http://revistapesquisa.fapesp.br/2016/11/17/um-brasil-mais-vulneravel-no-seculo-xxi>. Acesso em: 21 ago. 2018.

Deslizamento de terra em Salvador (BA), em 2015.

▶ **Suscetibilidade:** tendência, propensão.
▶ **Área de risco:** área imprópria para construções humanas, pois está sujeita a inundações bruscas, deslizamentos de terras ou secas prolongadas. Não deveria ser habitada.

Agora, responda às questões.

1▶ Identifique três fenômenos responsáveis pela ocorrência de desastres naturais no Brasil. Algum deles já ocorreu no lugar onde você mora? Qual?

2▶ Que práticas humanas, segundo os pesquisadores, podem agravar as consequências dos desastres naturais?

3▶ Na sua opinião, o Brasil está preparado para enfrentar a ocorrência de desastres naturais? Justifique a sua resposta.

5 Relevo e atividades humanas

O estudo do relevo é muito importante para as atividades humanas. Na agricultura, por exemplo, é fundamental conhecer o relevo da área a ser cultivada. No caso de um terreno inclinado, de encosta, é necessário planejar o cultivo em patamares ou faixas planas, chamadas **curvas de nível**. Dessa forma, elas ficam protegidas da erosão do solo provocada pelas chuvas.

O conhecimento sobre o relevo também é fundamental para a construção de estradas, de casas ou outros edifícios. O planejamento que leva em conta o relevo pode prevenir o desabamento de trechos de estradas ou de casas construídas em áreas inclinadas. Pode também prevenir a construção de habitações em áreas de várzea sujeitas a inundações periódicas.

Você já sabe que os seres humanos também são agentes que atuam sobre o relevo e sua erosão. Porém, muitas vezes, as alterações promovidas pela ação humana levam a sérios desequilíbrios ambientais. Observe no esquema abaixo como o ser humano atua sobre o relevo ao desmatar a vegetação de uma área.

Erosão acelerada

A. A cobertura vegetal protege o solo da erosão.

B. O desmatamento facilita o processo erosivo do vento e das chuvas.

C. Raios solares atingem o solo desprotegido, ressecando-o. Com isso, os processos de intemperismo e erosão são acelerados.

D. Com o passar do tempo, o solo se torna improdutivo.

A escala e a cor dos elementos representados são fictícias.

Elaborado pelos autores.

Texto e ação

1. Cite uma forma de impedir os deslizamentos de terra em áreas de risco de desabamento.
2. O que são curvas de nível e por que elas são úteis na agricultura?
3. Explique como o conhecimento do relevo pode auxiliar na construção de habitações, estradas e outras edificações.

CONEXÕES COM CIÊNCIAS

O número e a intensidade de desastres naturais, como abalos sísmicos, *tsunamis*, ciclones, enchentes, deslizamentos, incêndios florestais e secas, estão aumentando em todo o mundo desde 1980. Por essa razão, os governos de vários países incluíram em suas agendas a chamada Gestão de Riscos e de Desastres (GRD). No Brasil, entre 1995 e 2014, foi registrado um total de perdas equivalente a R$ 182,7 bilhões. Leia mais informações sobre o assunto no texto abaixo e, depois, responda às questões.

Vista aérea da cidade de Franco da Rocha (SP), gravemente atingida por enchente em decorrência de fortes chuvas, em 2016.

[...] Os danos materiais de maior relevância que foram reportados [entre 1995 e 2014] são os relacionados à infraestrutura, representando 59% do total. Os relacionados a habitações representam aproximadamente 36% do total, enquanto 5% se referem aos danos verificados em instalações de saúde, de ensino, comunitárias, entre outras.

Os prejuízos públicos representam aproximadamente 14% do total reportado, enquanto os privados alcançam praticamente 86%. Entre os privados, os prejuízos na agricultura são os de maior representatividade, com 70%, seguidos pelos reportados na pecuária, setor de serviços e indústria, com aproximadamente 20%, 6% e 4%, respectivamente. [...]

Os desastres climatológicos são os de maior representatividade quanto aos danos e prejuízos no país, responsáveis por 54% dos valores e 48% dos registros informados. Esses números têm relação direta com os prejuízos vinculados às estiagens e secas que constantemente afetam a Região Nordeste, eles representam 75% do total, assim como esses dados têm relação com números significativos observados nas Regiões Sul e Centro-Oeste. [...]

[...] a ideia de que o Brasil não sofre com desastres naturais, por muito tempo aceita, não condiz com a realidade. [...] Anualmente são reportadas perdas superiores a R$ 9 bilhões, o que significa que o país perde algo próximo a R$ 800 milhões mensalmente com desastres naturais. [...]

Fonte: UNIVERSIDADE FEDERAL DE SANTA CATARINA. *Relatório de danos materiais e prejuízos decorrentes de desastres naturais no Brasil: 1995-2014*/Centro Universitário de Estudos e Pesquisas sobre Desastres; Banco Mundial Florianópolis: CEPED UFSC, 2016. Disponível em: <www.ceped.ufsc.br/wp-content/uploads/2017/01/111703-WP-CEPEDRelatoriosdeDanoslayout-PUBLIC-PORTUGUESE-ABSTRACT-SENT.pdf>. Acesso em: 11 mar. 2018.

a) A ideia de que o Brasil não é atingido por desastres naturais corresponde à realidade? Justifique.

b) Na sua opinião, a Gestão de Riscos e Desastres (GRD) deve fazer parte da agenda dos governos federal, estadual e municipal? Por quê?

c) Observe a imagem desta página: é importante exercer a cidadania em momentos de desastres naturais como esse? Você já teve essa experiência? Conte ao professor e aos colegas.

ATIVIDADES

+ Ação

1. As paisagens brasileiras atraem muitos turistas, tanto brasileiros quanto estrangeiros. Porém, muitos deles, ao visitar locais turísticos, não respeitam o ambiente. Leia o texto a seguir, que aborda esse assunto.

> Durante os últimos dias tenho caminhado na praia e prestado mais atenção na quantidade de lixo na areia. Antigamente eu andava pela praia, via o lixo, mas o ignorava. Mas, nos últimos dias, depois de alguns *insights* de tomada de consciência, passei a ter um outro olhar e mudei de atitude. A minha atitude agora é catar e jogar na lixeira todo o lixo que eu encontrar na praia. Decidi que todo final de tarde em Guaecá vou sair para caminhar na praia carregando um saco de lixo, onde vou colocar todo o lixo que eu encontrar. Ao terminar a caminhada vou jogar esse saco com o lixo encontrado dentro de uma lixeira.
>
> Nessa caminhada a quantidade de lixo encontrada encheu um saco! Encontrei muita embalagem de sorvete, canudos, copos plásticos, latas [...], etc.
>
> Fiquei pensando qual é a razão das pessoas jogarem lixo na areia. Não existem lixeiras suficientes? Preguiça de levar o lixo até a lixeira? [...]

Fonte: Depoimento de Tatiana Araújo. In: CONSCIÊNCIA colaborativa. Lixo na praia... De quem é a responsabilidade? 7 jan. 2018. Disponível em: <https://conscienciacolaborativa.com.br/lixo-na-praia-de-quem-e-za-responsabilidade-parte-1/>. Acesso em: 18 jul. 2018.

Converse com os colegas para responder às questões:

> *Insight*: do inglês: *in* – interior, *sight* – visão. Entendimento instantâneo de algo. Compreensão súbita da solução para um problema.

   a) Quais as consequências que o lixo descartado em praias pode ocasionar para o meio ambiente?

   b) Na sua opinião, o que pode ser feito para preservar as praias do litoral brasileiro?

   c) Você acha que as ruas de seu bairro têm lixeiras suficientes para a quantidade de pessoas que circulam diariamente por ele?

   d) Como você e sua família poderiam ajudar a diminuir a quantidade de lixo nas ruas do bairro em que moram?

   e) Que medidas a prefeitura de seu município poderia tomar para reduzir a quantidade de lixo no município onde você mora?

2. Quais os tipos de intemperismo? Exemplifique.

3. Como o vento produz erosão nas rochas? Em duplas, pesquisem locais no Brasil em que a paisagem tenha sofrido erosão eólica. Compartilhem com os colegas.

4. As fotos das páginas 140 e 141 se referem a unidades do relevo. Observe cada uma delas e responda às questões.

   a) Você já viu formas de relevo parecidas com as das fotos? Quais? Onde?

   b) Quais são as semelhanças e as diferenças entre as paisagens das fotos e as do lugar onde você mora?

5. Em grupos de 4 ou 5 alunos, façam uma pesquisa sobre as formas de relevo do município onde vocês vivem.

   a) Conversem com seus familiares, consultem mapas e livros e observem as paisagens do lugar.

   b) Registrem as informações obtidas.

   c) Se possível, fotografem as áreas observadas.

   d) Leiam as informações pesquisadas e analisem as fotos.

   e) Organizem o material, de acordo com a orientação do professor, em forma de cartazes, álbuns ou murais.

   f) Respondam:
   - Quais são as formas de relevo que predominam no município?
   - Por que é importante conhecer o relevo do lugar onde moramos?
   - Qual é a relação existente entre o relevo do município e a ocupação humana?

   g) Apresentem o material produzido e as respostas das questões para os demais grupos da classe.

Autoavaliação

1. Quais foram as atividades mais fáceis pra você? Por quê?
2. Algum ponto deste capítulo não ficou claro? Qual?
3. Você participou das atividades em dupla e em grupo e expressou suas opiniões?
4. Como você avalia sua compreensão dos assuntos tratados neste capítulo?
   - **Excelente**: não tive dificuldade.
   - **Bom**: consegui resolver as dificuldades de forma rápida.
   - **Regular**: tive dificuldade para entender os conceitos e realizar as atividades propostas.

Lendo a imagem

A atividade mineradora na cidade de Itabira (Minas Gerais) resultou, praticamente, na destruição de uma montanha inteira. Em duplas, observem as fotos e leiam o poema para resolver as atividades.

Pico do Cauê nos primeiros anos de extração de minério de ferro, entre 1942 e 1945, em Itabira (MG).

Pregão

Quem dá mais
quem dá mais
por Minas Gerais
[...]
De todo lado vem a corja:
uns levam o ouro;
outros, o aço.
Outros, o ferro.
[...]
Ô, Minas Gerais,
Ô, Minas Gerais,
Quem te viu não te vê jamais.

Fonte: PEREIRA, Wilson.
A pedra de Minas: Poemas Gerais.
Brasília: LGE, 2003.

Local onde existia o pico do Cauê, atualmente um buraco deixado pela atividade mineradora.

a) Qual unidade de relevo você identifica na primeira foto?
b) Qual é a relação entre as fotos e o poema?
c) Pensando nas imagens, o que você entende ao ler os versos "Ô, Minas Gerais,/Quem te viu não te vê jamais."?
d) Que agente modificador do relevo é responsável pela destruição da montanha?

ATIVIDADES

CAPÍTULO 8

Hidrosfera

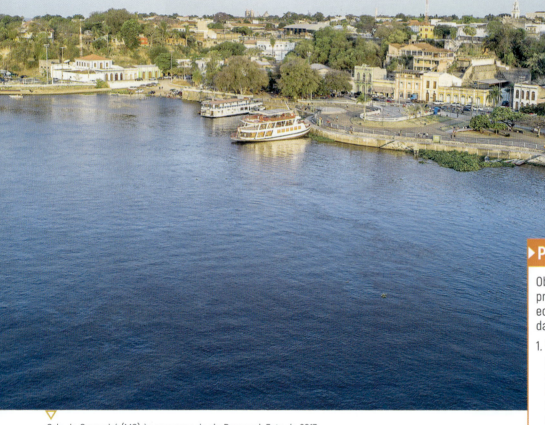

Orla de Corumbá (MS) às margens do rio Paraguai. Foto de 2017.

Neste capítulo você verá o constante movimento da água: é o ciclo hidrológico. Aprenderá como se distribuem as águas na superfície da Terra, conhecerá os oceanos e os tipos de mares. Saberá como as marés, a Lua e o Sol estão relacionados, e como as correntes marítimas interferem no clima e no ciclo de vida dos seres vivos. Estudará as partes de um rio, os lençóis de águas subterrâneas e as geleiras.

Para começar

Observe na imagem a presença de casas e edifícios nos arredores da orla e responda:

1. Você já reparou que geralmente há cidades e vilas instaladas próximo a reservatórios de água potável, como rios ou lagos? Por que você acha que isso acontece?

2. Você acha que o rio Paraguai é importante para Corumbá? Por quê?

1 Água

A água ocupa mais de dois terços, ou seja, 73% da superfície terrestre, e localiza-se principalmente nos mares e oceanos. É por isso que, vista do espaço astronômico, a parte iluminada da Terra (onde é dia) apresenta como cor predominante o **azul**.

Origem da vida

A vida teve origem nos oceanos, e todos os animais, vegetais e outros seres vivos necessitam de água para sobreviver. É por isso que o primeiro elemento que os cientistas procuram, quando pesquisam a possibilidade de existência de vida em outros planetas, é água na forma líquida.

A água, especialmente na forma líquida, é essencial à vida. Saciar a sede, cozinhar, tomar banho, fazer a higiene pessoal, lavar roupas e objetos, navegar, nadar, gerar energia elétrica, extrair dela alimentos e recursos, entre outros, são exemplos de usos da água. Os rios e os lagos também são bastante utilizados para o transporte de pessoas e cargas em muitos países. Nos mares e oceanos, essa atividade é bastante intensa.

Ciclo hidrológico

A água está em constante movimento na superfície terrestre. Esse movimento é chamado de ciclo hidrológico ou ciclo da água.

Ao longo desse ciclo, a água circula pela natureza e seu **estado físico** muda. É **líquida** em rios, oceanos e lagos; **evapora-se** e mantém-se no ar durante algum tempo na forma **gasosa**; **congela-se** em zonas polares e altas montanhas, onde permanece por até milhares de anos na forma **sólida**. Com os **descongelamentos** e a **condensação**, ela volta à forma líquida, e todo o ciclo se inicia novamente. Observe o esquema abaixo.

A imagem de satélite mostra o planeta Terra e a imensidão do oceano Pacífico. Em razão da quantidade de água em sua superfície, o planeta é predominantemente azul quando visto do espaço.

Minha biblioteca

A água em pequenos passos, de François Michel. São Paulo, Companhia Ed. Nacional, 2011.

O livro traz informações sobre oceanos, mares, rios, lagos, chuvas e águas subterrâneas. Você poderá conhecer também variadas questões relacionadas à água para melhor preservá-la.

Ciclo da água

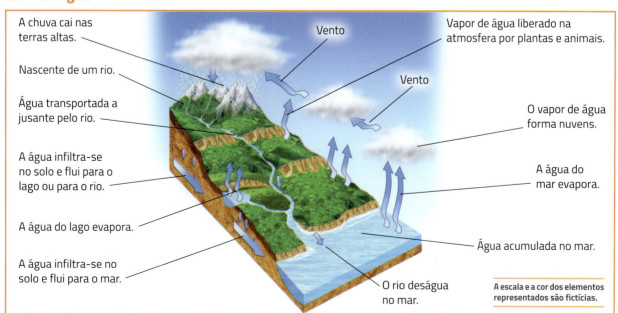

- A chuva cai nas terras altas.
- Nascente de um rio.
- Água transportada a jusante pelo rio.
- A água infiltra-se no solo e flui para o lago ou para o rio.
- A água do lago evapora.
- A água infiltra-se no solo e flui para o mar.
- Vento
- Vento
- O rio deságua no mar.
- Vapor de água liberado na atmosfera por plantas e animais.
- O vapor de água forma nuvens.
- A água do mar evapora.
- Água acumulada no mar.

A escala e a cor dos elementos representados são fictícias.

Fonte: elaborado com base em ISTITUTO GEOGRAFICO DE AGOSTINI. *Atlante geografico metodico De Agostini*. Novara, 2011. p. E8.

O calor, produzido pela radiação solar, provoca a evaporação das águas, que sobem em direção à atmosfera. Além dos rios, lagos e oceanos, a água presente nas plantas também contribui para esse processo. É a chamada **evapotranspiração**, que combina a transpiração da vegetação com a evaporação da água.

O vapor de água presente na atmosfera, quando atinge altitudes elevadas, com temperaturas menores, se condensa e volta ao estado líquido na forma de gotículas de água. Essas gotículas se agrupam e, quando pesam o suficiente, se precipitam em forma de chuva (como mostra a imagem ao lado), neve ou granizo.

A água das precipitações, ao atingir a superfície terrestre, corre de áreas mais altas para mais baixas, para os rios e mares ou se infiltra no subsolo, alimentando os lençóis de águas subterrâneas. Estas, por sua vez, geralmente afloram naturalmente na superfície e podem dar origem a nascentes de rios. Os rios podem desaguar em outros rios, lagos ou no mar. Finalmente, essas gotículas evaporam outra vez, e o ciclo recomeça.

As geleiras derretem, pelo menos parcialmente, durante o verão, e voltam, na forma líquida, para os rios, os lagos e os mares.

Na imagem acima é possível observar área alagada pela chuva no município de São Paulo (SP), em 2017.

O ciclo da água nas cidades

Na sociedade moderna, a água – bem natural e vital para a existência humana e dos demais seres vivos – é importante como recurso hídrico. Seu uso se ampliou para abastecer os centros urbanos e permitir o desenvolvimento da agropecuária, a atividade humana que mais consome água, e das indústrias. Observe no gráfico ao lado como os recursos hídricos são utilizados no Brasil e no mundo.

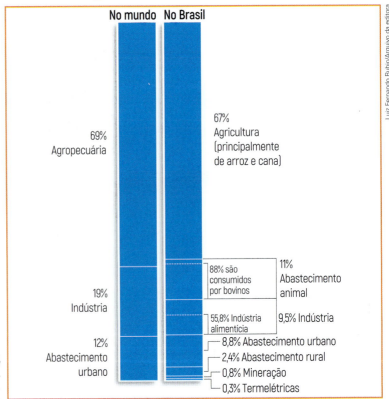

Destinos da água consumida – Brasil e mundo (2014)

No mundo:
- 69% Agropecuária
- 19% Indústria
- 12% Abastecimento urbano

No Brasil:
- 67% Agricultura (principalmente de arroz e cana) — 88% são consumidos por bovinos
- 11% Abastecimento animal
- 55,8% Indústria alimentícia
- 9,5% Indústria
- 8,8% Abastecimento urbano
- 2,4% Abastecimento rural
- 0,8% Mineração
- 0,3% Termelétricas

Fonte: *Folha de S.Paulo*, 18 mar. 2018. Disponível em: <https://www1.folha.uol.com.br/cotidiano/2018/03/brasilia-recebe-8a-edicao-de-forum-mundial-da-agua.shtml>. Acesso em: 7 jun. 2018.

Com sua atuação, os seres humanos impactam o ciclo hidrológico, especialmente nas médias e grandes cidades. Em muitas delas, a vegetação foi substituída por superfícies impermeabilizadas – asfalto, calçamento de vias, telhados, etc. – que impedem a infiltração da água no subsolo. Como consequência dessa expansão de superfícies impermeabilizadas, ocorre um grande aumento no volume da drenagem (escoamento) da água das chuvas, o que acarreta inundações, danos a ruas, estradas, pontes, etc.

Além disso, nas cidades, o grande número de edifícios limita a ação dos ventos, provocando um aumento da temperatura do clima urbano. Esse fenômeno climático é conhecido como "ilhas de calor".

As ilhas de calor também contribuem para a mudança no ciclo hidrológico, pois com o aumento da temperatura nas cidades, os índices de pluviosidade aumentam. As chuvas, que caem em maior volume, encontram boa parte das superfícies impermeáveis. O enorme volume de água das chuvas produz a inundação de várzeas, ou mesmo de áreas mais baixas nas cidades, que anteriormente não eram inundadas e que passam a sofrer esse problema.

Observe o esquema a seguir para entender melhor algumas diferenças no ciclo da água no campo e na cidade.

> **De olho na tela**
>
> **Ciclo hidrológico**
> Vídeo disponível em: <www2.ana.gov.br/Paginas/imprensa/Video.aspx?id_video=83>. Acesso em: 11 jun. 2018.
>
> Elaborado pela Agência Nacional de Águas (ANA), explica de forma simples e divertida o que é o ciclo da água.

Diferenças de absorção da água no campo e na cidade

A água penetra mais facilmente – e com maior profundidade – no solo do campo (zona rural) do que no da cidade, em razão de a superfície da cidade ser mais impermeabilizada e o solo mais compactado. Por esse motivo, o escoamento de água pela superfície também é maior na cidade. Além disso, como na cidade há mais superfície asfaltada do que no campo, a temperatura média também é maior, já que o solo asfaltado absorve e retém mais o calor.

Fonte: elaborado com base em PIVETTA, Marcos. Ilha de calor na Amazônia. Revista *Pesquisa Fapesp*, ed. 200, out. 2012. Disponível em: <http://revistapesquisa.fapesp.br/2012/10/11/ilha-de-calor-na-amazonia>. Acesso em: 8 jun. 2018.

Texto e ação

1. Explique o que é o ciclo hidrológico.
2. Observe o esquema **Ciclo da água**, na página 157. Qual é a importância das chuvas que ocorrem nas áreas mais altas do relevo?
3. Por que o ciclo da água é alterado com a urbanização?
4. Você já enfrentou, ou já percebeu na cidade ou no bairro em que mora, as consequências da impermeabilização do solo com a ocorrência de fortes enxurradas e inundações? Converse com os colegas e com o professor.

2 Oceanos e mares

Aproximadamente 97,5% do total da água do planeta se encontra em oceanos e mares. É a chamada **água salgada**. Os 2,5% restantes são o que chamamos **água doce**. Observe nos gráficos a proporção entre água salgada e doce no planeta e também como a água doce está distribuída:

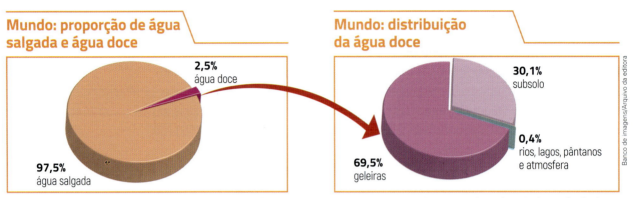

Mundo: proporção de água salgada e água doce
- 2,5% água doce
- 97,5% água salgada

Mundo: distribuição da água doce
- 30,1% subsolo
- 0,4% rios, lagos, pântanos e atmosfera
- 69,5% geleiras

Fontes: elaborados com base em CLARKE, Robin; KING, Jannet. *O atlas da água*: o mapeamento completo do recurso mais precioso do planeta. São Paulo: Publifolha, 2005. p. 20-21; AGÊNCIA NACIONAL DE ÁGUAS (ANA). Disponível em: <www3.ana.gov.br/portal/ANA/panorama-das-aguas/agua-no-mundo>. Acesso em: 8 jun. 2018.

Considera-se que existem três oceanos principais: o **Pacífico**, o **Atlântico** e o **Índico**. Há, ainda, o oceano **Glacial Ártico**, ao redor do polo norte, e o oceano **Glacial Antártico**, ao redor do continente Antártida. Ao observar um mapa-múndi ou o globo terrestre, é possível perceber que todos os oceanos se comunicam, assim como boa parte dos mares.

Minha biblioteca

Atlas dos oceanos, de Ana Ganeri. São Paulo: Martins Fontes, 1994.

O atlas apresenta informações ricamente ilustradas sobre os oceanos da Terra.

Mundo: extensão dos oceanos em km²

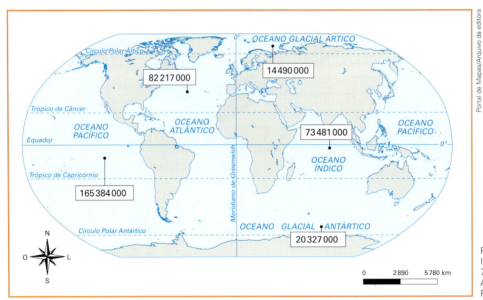

- OCEANO GLACIAL ÁRTICO: 14 490 000
- OCEANO PACÍFICO (oeste): 82 217 000
- OCEANO PACÍFICO (leste): 165 384 000
- OCEANO ATLÂNTICO: (incluído)
- OCEANO ÍNDICO: 73 481 000
- OCEANO GLACIAL ANTÁRTICO: 20 327 000

Fontes: elaborado com base em IBGE. *Atlas geográfico escolar*. 7. ed. Rio de Janeiro, 2016. p. 32; ALMANAQUE ABRIL 2011. São Paulo: Abril, 2010. p. 334.

Também considera-se que os mares, salvo aqueles que se encontram dentro dos continentes, são partes ou prolongamentos dos oceanos. Trata-se das massas líquidas salgadas que se situam próximo dos continentes. Existem três tipos de mar: os **abertos**, os **interiores** e os **fechados**.

- **Mares abertos:** localizam-se nos litorais e são prolongamentos dos oceanos. São exemplos o mar das Antilhas ou do Caribe, na América Central; o mar da China, entre o sudeste da Ásia e o arquipélago das Filipinas; e o mar do Norte, entre as ilhas Britânicas e o norte da Europa.
- **Mares interiores:** também conhecidos como **mediterrâneos**, situam-se entre os continentes e se comunicam com o oceano por meio de estreitos. São exemplos o mar Mediterrâneo, localizado entre a Europa, a África e a Ásia, e o mar Vermelho, entre a África e a Ásia.
- **Mares fechados:** localizam-se no interior dos continentes, como se fossem grandes lagos e não se comunicam com os oceanos. Os mares fechados geralmente são porções dos oceanos que permaneceram nos continentes após um recuo das águas marinhas há milhares de anos. São exemplos o mar Cáspio, entre a Rússia e o Irã; o mar de Aral, entre o Cazaquistão e o Uzbequistão; e o mar Morto, em Israel.

Salinidade

As águas marinhas são salgadas. Isso significa que elas contêm maior quantidade de **sais** e outros **minerais** do que as águas doces de rios e lagos. Por causa da maior presença de sais, a água do mar é mais densa do que a água doce. Em média, cada litro de água marítima contém 36 gramas de sal, em especial o **cloreto de sódio**, popularmente conhecido como sal de cozinha.

O grau de salinidade de cada porção de oceano ou mar varia em função da quantidade de chuvas. Por exemplo: se chove muito, a salinidade diminui; se há intensa evaporação de água, a salinidade aumenta.

A zona tropical dos oceanos e dos mares, por ser mais quente, apresenta elevados índices de evaporação, o que provoca elevada concentração de sais minerais nas águas. Assim, os oceanos e os mares localizados nessa faixa apresentam as maiores taxas de salinidade. Nas áreas onde as águas dos rios e do mar se misturam, como na foz do rio Amazonas, a salinidade é menor.

Texto e ação

- Observe os mapas a seguir e indique que tipo de mar representam.

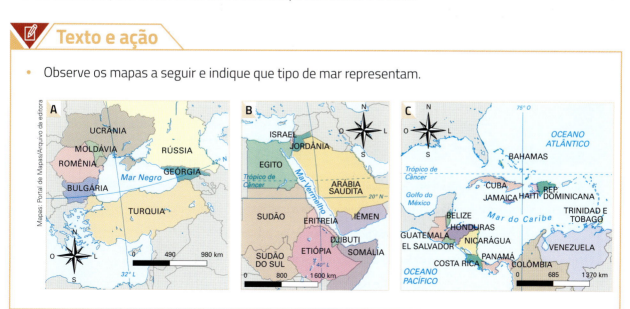

Fonte: elaborado com base em IBGE. *Atlas geográfico escolar*. 7. ed. Rio de Janeiro, 2016. p. 32.

Geolink 1

Leia o texto a seguir.

Poluição nos mares

Segundo a Agenda 21, o meio ambiente marinho, caracterizado pelos oceanos, mares e os complexos das zonas costeiras, forma um todo integrado que é componente essencial do sistema que possibilita a existência da vida sobre a Terra, além de ser uma riqueza que oferece possibilidade para um desenvolvimento sustentável [...]. Mas, apesar da imensidão, as águas marinhas existentes no globo vêm sofrendo muito com a poluição produzida pelo homem, que já atinge inclusive o Ártico e a Antártida, onde já se apresentam sinais de degradação. [...]

Um estudo feito pela Academia Nacional de Ciências dos EUA estima que 14 bilhões de quilos de lixo são jogados (sem querer ou intencionalmente) nos oceanos todos os anos. Não é à toa que as descargas de detritos urbanos produzam efeitos tão nocivos.

Plástico – [...] O material tem uma vida útil curtíssima, mas demora centenas de anos para se desfazer, seja no mar, seja na terra. E, dentro do estômago de um bicho marinho, pode fazer um grande estrago, levando-o até à morte. Para uma tartaruga, por exemplo, um saco plástico boiando na água pode parecer uma água-viva – ou seja, comida.

Ocupação desordenada – [...] A ocupação desordenada do litoral está criando outro tipo de poluição: a ambiental, caracterizada pela destruição das restingas e manguezais na costa e pela poluição crescente das praias. [...]

Esgoto – [...] leva para o mar grande quantidade de matéria orgânica, o que acaba contribuindo para uma explosão do fitoplâncton [...]. A vida microscópica cresce de forma desordenada, prejudicando os outros microrganismos marinhos, que ficam sem espaço, sem oxigênio e sem nutrientes. [...]

O esgoto também carrega para o oceano diversos organismos nocivos como bactérias, vírus e larvas de parasitas. Delas, um grupo em particular costuma ser apontado como o grande vilão: os coliformes fecais. Tanto que são empregados como indicadores do nível de poluição das praias. Pelo menos 30% das praias brasileiras têm mais coliformes fecais do que deveriam – um sinal de que tem esgoto demais por ali.

Observe a grande quantidade de lixo espalhado na baía de Guanabara, na cidade do Rio de Janeiro. Com o depósito de esgoto nas imediações da baía, rotineiramente costuma-se encontrar muito lixo na água dessa área. Foto de 2018.

Petróleo – a poluição dos mares e das zonas costeiras originada por acidentes com o transporte marítimo de mercadorias, em particular o petróleo bruto, contribui, anualmente, em 10% para a poluição global dos oceanos. Todos os anos, 600 000 toneladas de petróleo bruto são derramadas em acidentes ou descargas ilegais, com graves consequências econômicas e ambientais. [...]

Fonte: AMBIENTE BRASIL. *Poluição nos mares*. Disponível em: <http://ambientes.ambientebrasil.com.br/agua/artigos_agua_salgada/poluicao_nos_mares.html>. Acesso em: 8 jun. 2018.

Agora, responda:

1. Quais são os principais poluentes das águas marinhas? Em sua opinião, qual é o pior de todos? Por quê?
2. Observe a imagem desta página. Como a poluição afeta a paisagem do local retratado?
3. Quais são as principais consequências da poluição das águas oceânicas?
4. Você acha possível combater a poluição das águas marinhas? De que forma?
5. Você sabe o que é a Agenda 21? Se não souber, faça uma pesquisa e compartilhe com os colegas o que descobrir.

Ondas e marés

As ondas dos mares e oceanos normalmente são provocadas pelos **ventos**. Em geral, elas não passam de 10 metros de altura. Porém, como você já sabe, se houver algum fenômeno vulcânico ou abalo sísmico no assoalho oceânico, elas podem chegar a 40 metros de altura e até 800 quilômetros por hora – são os *tsunamis*.

As marés são movimentos de elevação das águas marinhas (fluxo da maré) e rebaixamento (refluxo da maré). Nesses processos, as marés são originadas pela força de atração que a **Lua**, principalmente, e o **Sol** exercem sobre a massa de água líquida do planeta. Observe o esquema.

O Sol, a Lua e as marés

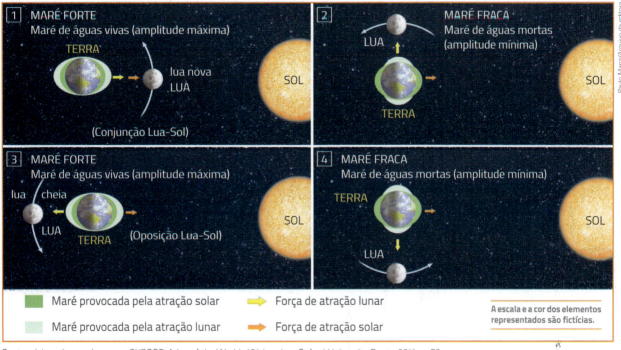

Fonte: elaborado com base em OXFORD Atlas of the World. 19th London: Oxford University Press, 2011. p. 73.

Maré baixa (foto à esquerda) e maré alta (à direita), em praia no município de Jijoca de Jericoacoara, em 2016. Quando a atração da Lua se soma à do Sol, há as maiores marés. Quando esses dois astros estão em posições que formam ângulos de 90° em relação à Terra, ocorrem as menores marés.

Hidrosfera • **CAPÍTULO 8** 163

Correntes marítimas

Correntes marítimas são deslocamentos contínuos de massas de águas marinhas que seguem em certa direção e com igual velocidade. São fluxos horizontais de água dentro dos mares e oceanos, e resultam do movimento de rotação da Terra e da ação constante de **ventos**. Distinguem-se das águas ao seu redor por apresentarem temperatura e salinidade diferentes.

Nas proximidades da linha do equador formam-se correntes marítimas quentes, que se dirigem das baixas para as médias latitudes. Nas proximidades da Antártida, formam-se correntes marítimas frias, que seguem em direção à área equatorial. Veja o mapa.

Mundo: correntes marítimas

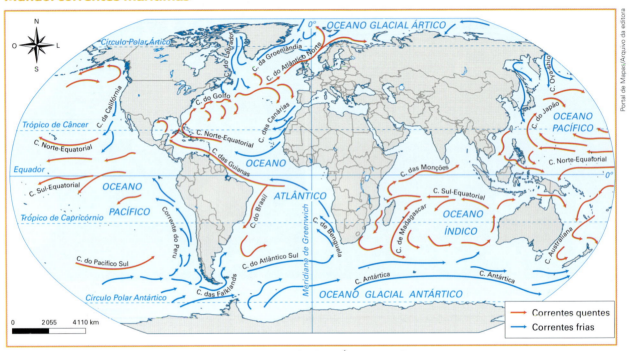

Fonte: elaborado com base em SIMIELLI, Maria Elena. *Geoatlas*. 34. ed. São Paulo: Ática, 2013. p. 24.

As correntes marítimas ajudam a caracterizar o clima nas áreas para as quais se dirigem, porque regulam a **temperatura** e a **umidade** do ar. As correntes quentes que seguem para áreas temperadas elevam a temperatura do ar e provocam chuvas. Já as correntes frias, que rumam para as baixas latitudes, diminuem a temperatura do ar e provocam a falta de chuvas.

A corrente fria do Peru é considerada a principal reguladora da falta de umidade da região oeste da América do Sul. Na foto, paisagem árida do Valle de la Luna, no deserto do Atacama (Chile), em 2016.

Além disso, as correntes marítimas contribuem para tornar alguns lugares do mundo extremamente **piscosos**, ou seja, ricos em peixes. Isso acontece porque as correntes transportam o plâncton, minúsculos animais ou vegetais que vivem nas águas. Como o plâncton é o principal alimento de peixes e mariscos, as porções da superfície oceânica em que duas diferentes correntes marítimas se encontram são áreas de grande atividade dessas espécies.

Pescadores em barco de pesca no oceano Pacífico, próximo à cidade de Paracas, no Peru, em 2017. A região costeira do Peru é uma das mais ricas em peixes, moluscos e crustáceos, devido à presença de correntes marítimas quentes e frias e às não tão altas profundidades. Isso permite a penetração dos raios solares e o desenvolvimento de uma rica vida microscópica – os fitoplânctons, base da alimentação dos peixes –, que necessita desses raios para a sua sobrevivência. A indústria pesqueira do Peru é uma das maiores do mundo e responsável por cerca de 5% de suas exportações. O país exporta peixes, crustáceos e derivados, como óleo e farinha de peixe.

Texto e ação

1. Observe a ilustração da página 163 sobre a influência da Lua e do Sol nas marés oceânicas do planeta. O que ocorre quando há amplitude máxima e mínima?

2. O que são correntes marítimas?

3. Observe as fotografias da página 163. Depois, elabore uma nova legenda para cada uma das fotos. As legendas devem considerar o que você aprendeu sobre ondas e marés.

4. Consulte o mapa da página 164 e anote o nome da corrente marítima que:

    a) sai do golfo do México, atravessa o oceano Atlântico e ajuda a elevar a temperatura do norte da Europa;

    b) sai da região Ártica, na baía de Baffin, e provoca resfriamento na porção leste da América do Norte;

    c) se desloca da Antártida, atingindo a costa do Pacífico, e tem influência na pesca do Chile e do Peru por suas águas transportarem plâncton.

3 Rios

Rio é uma corrente de água doce. Um rio é formado pelas precipitações, como chuva ou neve, pela água de degelo ou por fontes chamadas olhos-d'água. Podem ainda ter origem em outro rio ou em um lago.

As **enxurradas** são correntes de água provisórias formadas durante as chuvas. Já os **rios** podem ser **perenes**, isto é, podem existir independentemente da frequência de chuvas, ou **temporários**, ou seja, podem secar em determinadas épocas do ano.

Quando os rios são menores, com menos volume de água, recebem outras denominações, que variam de acordo com a região. Riacho, arroio, ribeirão e córrego são alguns exemplos.

Partes do rio

As principais partes de um rio são:
- a **nascente** ou **cabeceira**, local onde o rio nasce, situado sempre em um ponto mais elevado do terreno;
- a **foz** ou **desembocadura**, local onde o rio termina, que pode ser no mar, em um lago ou em outro rio;
- o **curso**, caminho que o rio percorre da nascente até a foz, que aumenta de volume, pois recebe águas de chuvas e de afluentes;
- o **leito** ou **canal**, assoalho por onde o rio corre, que é escavado pelos cursos d'água ao longo de milhares de anos;
- as **margens**, faixas de terra situadas de cada um dos lados do leito de um rio.

Ao conjunto formado por um rio principal e seus afluentes e subafluentes, isto é, afluentes dos afluentes, chamamos **bacia hidrográfica**. A bacia Amazônica, maior do mundo, por exemplo, é a área banhada pelo rio Amazonas e por um grande número de afluentes e subafluentes, como os rios Madeira, Tapajós, Negro, Solimões, entre outros.

Minha biblioteca

Os barqueiros do rio São Francisco, de Aristides Fraga Lima. São Paulo: Scipione, 2008.

A obra aborda a importância do rio São Francisco, o funcionamento das usinas hidrelétricas e as questões socioambientais causadas pela construção delas.

Afluente: rio que deságua em outro rio.

Junção dos rios Negro e Solimões na bacia hidrográfica Amazônica em Manaus (AM). Foto de 2016. Observe na imagem a nítida divisão entre os dois rios. Em razão de diferentes características de suas águas (como densidade, temperatura e composição das águas), eles correm lado a lado, praticamente sem se misturar, em um fenômeno conhecido como "encontro das águas", bastante apreciado por moradores e turistas que visitam a região de Manaus.

Geolink 2

Leia o texto a seguir.

O que é uma bacia hidrográfica

A **bacia hidrográfica** ou **bacia de drenagem** de um curso de água é a área onde, devido ao relevo [...], a água da chuva escorre para um rio principal e seus afluentes. A forma das terras [desnível do terreno] na região da bacia faz com que a água corra por riachos e rios menores para um mesmo rio principal, localizado num ponto mais baixo da paisagem.

Desníveis dos terrenos orientam os cursos de água e determinam a bacia hidrográfica, que se forma das áreas mais altas para as mais baixas. Ao longo do tempo, a passagem da água da chuva vinda das áreas altas desgasta e esculpe o relevo no seu caminho, formando vales e planícies.

Mundo: principais bacias hidrográficas

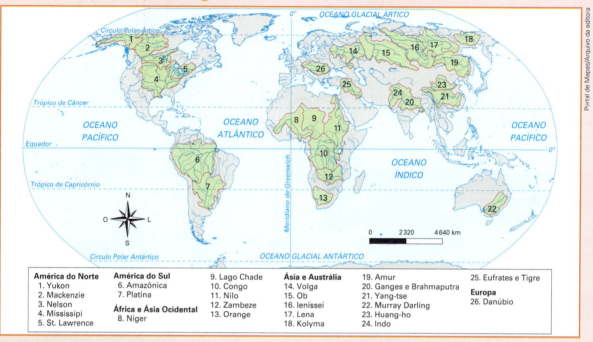

Fonte: elaborado com base em DORLING KINDERSLEY, What's where in the world. London DK, 2013. p. 20-21 ; FOOD NAD AGRICULTURE ORGANIZATIOS OF THE UNITED NATIONS. WORLD RESOURCES INSTITUTE. Disponível em: <www.fao.org/geonetwork/srv/en/metadata.show?id=30914&currTab=simple>. Acesso em: 20 abr. 2018.

A área de uma bacia é separada das demais [bacias] por um divisor de águas, uma formação do relevo – em geral a crista das elevações do terreno – que separa a rede de drenagem (captação da água da chuva) de uma e outra bacia. Pense na crista de um morro que divide a água da chuva para um lado e para o outro.

Classificação

[...] Existe uma classificação para a forma como as águas fluem dentro de uma bacia. As águas **exorreicas** correm para o mar; **endorreicas**, quando as águas caem em um lago ou mar fechado; **criptorreicas**, quando as águas deságuam no interior de rochas calcárias (porosas) e geram lagos subterrâneos (grutas), além de formar lençóis freáticos; **arreicas**, quando o curso d'água seca ao longo do seu percurso.

Fonte: O ECO. O que é uma bacia hidrográfica. 29 abr. 2015. Disponível em: <www.oeco.org.br/dicionario-ambiental/29097-o-que-e-uma-bacia-hidrografica/>. Acesso em: 29 jun. 2018.

- Agora que você já sabe o que é uma bacia hidrográfica, pesquise em jornais, na internet ou no mapa do município onde você vive:

  a) O principal rio que passa pelo seu município ou pelas proximidades dele;

  b) Em qual região hidrográfica ele está localizado;

  c) Como a população do seu município utiliza as águas desse rio.

Usos dos recursos hídricos

Muitas sociedades humanas fazem dos rios um depósito de **esgotos** domésticos e industriais. Essa poluição tem aumentado muito nas últimas décadas, principalmente nos países que não possuem políticas internas de regulação e tratamento de resíduos.

Os países desenvolvidos têm se esforçado, desde a década de 1960, para controlar ou diminuir a poluição das águas fluviais. Um exemplo foi o que aconteceu com o Reno. Esse rio percorre vários países da Europa e teve suas águas sujas e malcheirosas recuperadas graças a um tratamento de **despoluição**. Com isso, diversas espécies de peixes voltaram a viver em suas águas.

Outro exemplo é o rio Tâmisa, que corta Londres (Reino Unido). Ele era extremamente poluído e malcheiroso, mas após décadas de despoluição, tornou-se um rio com peixes e as pessoas voltaram a usufruir de suas águas. Para recuperar o rio, os esgotos e o lixo deixaram de ser despejados nele e passaram a ser coletados e reciclados. No Brasil, as medidas de combate à poluição dos rios ainda precisam ser intensificadas pelas autoridades municipais, estaduais e federais. Além disso, a população deve ter consciência de que a poluição do rio, pelo despejo de lixo e esgotos em seu leito, não só degrada o meio ambiente, mas também pode trazer inúmeras doenças para as pessoas.

Mundo virtual

Cetesb. Disponível em: <www.cetesb.sp.gov.br/>. Acesso em: 27 jun. 2018.

O *site* da Companhia de Tecnologia de Saneamento Ambiental, ligado à Secretaria do Meio Ambiente, traz informações sobre a gestão da água e do ar, glossário ambiental e outras informações ligadas à relação da sociedade com a natureza.

Lixo acumulado nas águas do rio Pinheiros, em São Paulo (SP), em 2017.

Barcos no rio Tâmisa, após a despoluição, em Londres (Reino Unido). Foto de 2018.

Texto e ação

1. Por que você acha que as sociedades humanas despejam o lixo e o esgoto nas águas dos rios?

2. O rio que corta ou está nas proximidades do município em que você mora é um rio limpo ou poluído? Por quê?

3. Converse com os colegas: Como poderíamos despoluir rios urbanos (rios que cortam grandes cidades) extremamente poluídos? Quanto tempo você acha que esse processo demoraria? Por quê?

4 Lagos

Os lagos são grandes volumes de água cercados de terra e as **lagoas** são lagos menores. Existem dois tipos de lago:

- os de **água doce**, que possuem um rio emissário, ou seja, um rio que nasce nesses lagos, e que, ao escoar parte de suas águas, as mantém doces;

- os de **água salgada**, que, por não terem por onde escoar suas águas, sofrem o efeito da evaporação, o que eleva a concentração de sais na água, mantendo-as salgadas.

Os lagos geralmente são alimentados pelo degelo de geleiras, por rios e lençóis freáticos, embora recebam também água das precipitações. O excesso de água em relação ao seu terreno faz um lago transbordar e ceder uma parte de seu volume. Portanto, os lagos podem dar origem a rios, que são chamados de rios emissários. O rio Nilo, por exemplo, o único a atravessar o maior deserto do mundo, o Saara, nasce no lago Vitória, que fica na parte centro-leste do continente africano.

África: lagos Vitória e Assal

Fonte: elaborado com base em *Atlas geográfico escolar*. 7. ed. Rio de Janeiro. IBGE, 2016.

Pescadores no lago Vitória, em Uganda (África), o segundo maior lago de água doce do mundo. Foto de 2016.

O lago de Assal, em Djibuti, se formou na cratera de um vulcão extinto na região de Tadjourah. Este lago de água salgada está localizado no ponto mais baixo do continente africano (160 metros abaixo do nível do mar). Foto de 2014.

Hidrosfera • **CAPÍTULO 8** 169

5 Águas subterrâneas

As águas subterrâneas alimentam rios e lagos e servem de fonte de água doce para os seres vivos. Em muitas áreas desérticas e semiáridas, as águas subterrâneas são captadas por meio de poços artesianos e usadas para irrigar campos agrícolas. Até mesmo no Brasil, país que apresenta abundância de água doce, inúmeras cidades são abastecidas pelos lençóis de água subterrânea.

Os depósitos de água subterrânea são formados pelo acúmulo da água das chuvas que se infiltra no subsolo. Esse acúmulo pode levar milhares de anos para acontecer.

É possível encontrar dois tipos de lençóis de água subterrânea:

- **freático**, cuja água pode ser extraída por meio de poços simples, cavados com pás. Localizado próximo da superfície, é bastante atingido pela poluição que se infiltra no solo. São menos estáveis, pois podem secar ou encher mais rapidamente, a depender da estação seca ou úmida;

- **artesiano**, que se localiza a maiores profundidades, também chamado **lençol preso**, **cativo** ou **confinado** em razão de suas águas se localizarem entre camadas de rochas impermeáveis. São mais estáveis, pois geralmente resultam de um longo processo de acumulação de águas, e, por serem confinados, praticamente não sofrem variações nas épocas secas ou úmidas. A construção de poços artesianos exige maior tecnologia, com máquinas que conseguem perfurar rochas mais resistentes.

A água subterrânea é utilizada pelos seres humanos há milênios. Muitas cidades dependem basicamente dos poços artesianos para o abastecimento de água. Segundo dados do Censo Demográfico de 2010, 11% da população brasileira ainda é abastecida por poços artesianos ou por nascentes.

> **Mundo virtual**
>
> **Associação Brasileira de Águas Subterrâneas (Abas)**
> Disponível em: www.abas.org/educacao.php>. Acesso em: 4 out. 2018.
>
> O *site* traz informações e esquemas que explicam a ocorrência e a qualidade das águas subterrâneas no Brasil, além da legislação que rege seu uso.

▶ **Impermeável:** que não permite a passagem da água.

Águas subterrâneas

A escala e a cor dos elementos representados são fictícias.

Fonte: elaborado com base em GABLER, Robert E.; PETERSEN, James F.; SACK, Dorothy. *Fundamentos da Geografia Física*. São Paulo: Cengage Learning, 2014. p. 226.

Apesar de serem alimentados por águas pluviais, os depósitos subterrâneos não são eternos, isto é, se os seres humanos retiram as águas mais rapidamente do que a natureza consegue repor, ela tende a acabar. O que a natureza levou milhares de anos para acumular pode se extinguir em muito menos tempo. Logo, a extração indiscriminada dessas águas, que ocorre em inúmeros locais da superfície terrestre, pode provocar o esgotamento desse recurso. Pesquisas da Universidade da Califórnia de 2015, que usaram dados de satélites da Administração Nacional da Aeronáutica e do Espaço (Nasa), concluíram que um terço dos principais aquíferos do mundo estão **estressados**, ou seja, a água retirada deles a cada ano tem volume superior ao da água que os abastece. O Sistema Aquífero Árabe, fonte de água para 60 milhões de pessoas na Arábia Saudita, Iraque, Catar, Síria e outros países, é o mais afetado de todos, seguido pelo Aquífero Indu, no noroeste da Índia e no Paquistão, e pelo Aquífero Murzuk-Djado, no norte da África.

No Brasil, as bacias Amazônica e do Marajó, que incluem o Sistema Aquífero Grande Amazônia (Saga), parecem ter ganhado destaque entre 2003 e 2013, bem como o Aquífero Guarani, apontado como um dos maiores aquíferos do mundo, cuja redução de volume teria sido mínima no período.

Segundo os especialistas, atualmente e nos próximos anos, os aquíferos brasileiros não correm o risco de sofrer com o estresse hídrico, pois o Brasil possui muita disponibilidade de água superficial (rios, nascentes, etc.) e, por isso, a população não recorre intensamente à água dessas grandes reservas. No entanto, caso se confirmem as grandes alterações climáticas observadas com o crescente aumento da temperatura do planeta, é possível que o país, ou ao menos parte dele, seja submetido a mudanças drásticas no seu regime de chuvas. Dessa forma, regiões populosas do nosso país, especialmente a Sudeste, poderiam começar a utilizar mais intensamente águas dos aquíferos.

Brasil: Sistema Aquífero Grande Amazônia (Saga) e Aquífero Guarani

Sistema Aquífero Grande Amazônia (Saga)
Extensão: 1,3 milhão de km²
Volume de água: 162 000 km³

Sistema Aquífero Guarani
Extensão: 1,2 milhão de km² (840 000 km² no Brasil)
Volume de água: 39 000 km³

Fonte: elaborado com base em BRASIL. Ministério do Meio Ambiente; Agência Nacional de Águas (ANA). In: SILVEIRA, Evanildo da. Governo poderia privatizar Aquífero Guarani como sugerem mensagens nas redes? *BBC Brasil*, 11 mar. 2018. Disponível em: <www.bbc.com/portuguese/brasil-43164069>. Acesso em: 28 jun. 2018.

Texto e ação

1 ▸ O que aconteceria se um lago deixasse de ser alimentado pela água de um lençol freático ou por um rio?

2 ▸ Consumir água retirada de lençóis freáticos pode ser ruim para a saúde? Por quê?

6 Geleiras

No capítulo 7, você viu que as geleiras são grandes massas de gelo que ocorrem nas áreas onde a queda e o acúmulo de neve superam o degelo. As geleiras podem ser continentais ou de montanha.

As **geleiras continentais** localizam-se nas zonas polares, principalmente na Antártida. Na zona polar norte, a ilha da Groenlândia tem 99% da sua superfície constituída por geleiras, que chegam a atingir até 2 quilômetros de espessura. Na Antártida, as geleiras cobrem uma área de cerca de 12 milhões de quilômetros quadrados e têm até 4 quilômetros de espessura.

Com frequência grandes fragmentos de geleiras continentais se desprendem e flutuam no mar. Essas massas gigantes de gelo flutuante recebem o nome de *icebergs*. Ao deslizarem na superfície da água, apenas cerca de 10% de seu volume pode ser observado. Isso é muito perigoso para os navios, que podem se chocar contra eles.

As **geleiras de montanha**, como o próprio nome indica, localizam-se nas altas cadeias montanhosas e são formadas pelo acúmulo de neve. Quando o volume de neve aumenta, forma-se uma "língua" de gelo, que se movimenta ladeira abaixo. Ao chegar ao sopé das montanhas, as temperaturas são mais altas e as geleiras podem descongelar, dando origem a um rio ou a um **lago glacial**. Os Grandes Lagos, situados entre os Estados Unidos e o Canadá, são exemplos de lagos de origem glacial.

▶ **Sopé:** parte inferior, base.

É possível observar na imagem o fenômeno "língua de gelo": camadas de gelo se movimentaram em direção a um lago nos arredores de El Chaltén, na Argentina, em 2015.

Iceberg flutuando no oceano Atlântico, nos arredores da pensínsula Antártica, em 2015.

Texto e ação

1 ▶ Como se formam as geleiras? Onde elas costumam se localizar?

2 ▶ Tem-se constatado um derretimento das geleiras acima do considerado normal. Pesquise em jornais ou na internet a razão pela qual isso ocorre e explique com suas palavras.

7 Água potável

A água do nosso planeta não escapa do sistema terrestre, ou seja, é aqui que todo o ciclo da água acontece. Por isso, diz-se que há escassez apenas de água potável, ou seja, aquela água que pode ser consumida pelos seres humanos sem o risco de contrair doenças por contaminação. Afinal, água nunca vai faltar no planeta, já que sua quantidade é praticamente a mesma há milhões de anos. Mas a água potável sim, pois ela pode ser poluída e se tornar imprópria para o uso.

Ou seja, é grande o volume de água existente na Terra, mas a maior parte dela é salgada, portanto imprópria para o consumo humano. No entanto, já existe tecnologia para **dessalinizar** a água do mar, isto é, retirar dela os sais, tornando-a potável. Esse procedimento ainda é muito caro e só é praticado com maior intensidade em países com mais recursos financeiros e com grande carência de água potável, como a Arábia Saudita, Israel, Kuwait, Emirados Árabes, Austrália e outros.

O crescimento populacional, aliado à expansão das cidades, das indústrias e da agricultura, torna cada vez mais intenso o uso de água doce. Além do crescimento da demanda por água, a poluição de rios, lagos e lençóis subterrâneos e o desmatamento de áreas florestais provocam a escassez de água potável em diversos lugares do mundo.

O mapa abaixo mostra o estresse de água potável, isto é, o risco de um colapso no abastecimento desse recurso indispensável. Países com baixo estresse, menos de 10%, são aqueles onde há grande abundância de água; já no lado oposto, mais de 80% são países com enorme carência desse recurso. Vale salientar que se trata de dados médios de cada país, ou seja, o mapa não mostra as diferenças regionais. No Brasil, por exemplo, que se enquadra no grupo de países com abundância desse recurso, há regiões e cidades que sofrem de estresse hídrico e passam pelo racionamento de água.

Mundo: estresse de água potável (2014)

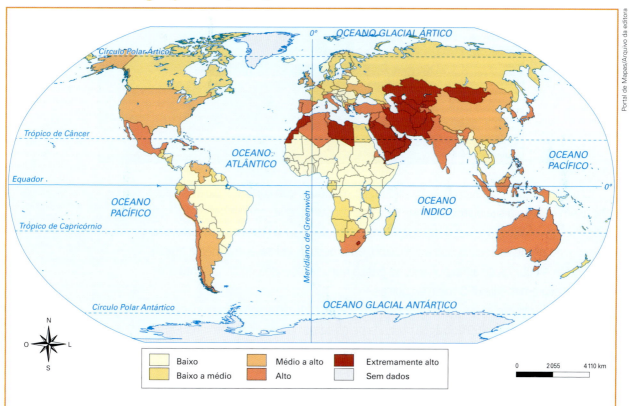

Fonte: elaborado com base em WORLD RESOURCES INSTITUTE. Disponível em: <www.wri.org/applications/maps/aqueduct-atlas>. Acesso em: 11 jun. 2018.

Consumo

Conforme o tempo passa, o consumo de água pela humanidade aumenta. Isso ocorre em função não só do crescimento da população, mas também do consumo individual. Nos anos 1950, por exemplo, cada habitante do planeta consumia, em média, 400 metros cúbicos de água por ano. Hoje, cada pessoa consome, em média, cerca de 800 metros cúbicos de água por ano, ou seja, o dobro do que se consumia em meados do século passado. Mas esses cálculos não incluem apenas a água usada para beber, tomar banho, lavar a roupa, a casa ou o carro, irrigar as plantas dos vasos ou do jardim, etc., mas também a chamada **água virtual**. Esta é a quantidade de água que usamos sem ver. Por exemplo: quando comemos um bife há uma grande quantidade de água que foi usada para criar o boi, que em média precisa de 15,5 mil litros de água para cada quilo que pesa no abate. É claro que o boi não bebe toda essa água, mas esse montante leva em conta a água necessária para o crescimento dos grãos ou do capim que o boi consumiu durante sua vida.

▶ **Metro cúbico:** ou m³. Um metro cúbico equivale a 1000 litros.

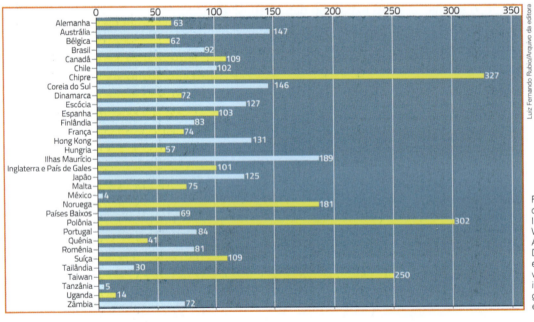

Países selecionados: consumo anual de água por pessoa (2014)

País	Consumo
Alemanha	63
Austrália	147
Bélgica	62
Brasil	92
Canadá	109
Chile	102
Chipre	327
Coreia do Sul	146
Dinamarca	72
Escócia	127
Espanha	103
Finlândia	83
França	74
Hong Kong	131
Hungria	57
Ilhas Maurício	189
Inglaterra e País de Gales	101
Japão	125
Malta	75
México	4
Noruega	181
Países Baixos	69
Polônia	302
Portugal	84
Quênia	41
Romênia	81
Suíça	109
Tailândia	30
Taiwan	250
Tanzânia	5
Uganda	14
Zâmbia	72

Fonte: elaborado com base em INTERNATIONAL WATER ASSOCIATON. Disponível em: <http://waterstatistics.iwa-network.org/graph/3>. Acesso em: 27 jun. 2018.

O acesso à água potável não é igualitário no mundo, o que contribui para as diferenças em relação à sua disponibilidade e ao seu consumo, que tende a ser maior nos países desenvolvidos e menor nos países subdesenvolvidos. Na América do Norte, por exemplo, na primeira década dos anos 2000, uma pessoa utilizava em média quase 1 400 metros cúbicos de água por ano, ao passo que uma pessoa do continente africano utilizava em média 600 metros cúbicos.

O setor da economia que mais utiliza água doce em todo o mundo é a agropecuária. Esta consome em média 69% da água utilizada pelos seres humanos. O setor industrial vem em seguida, consumindo em torno de 19% do total, enquanto aproximadamente 12% vai para o abastecimento residencial, do comércio, setor público, etc.

No que se refere à agricultura, os agrotóxicos utilizados nas plantações podem atingir os lençóis freáticos, contaminando-os. O uso desenfreado das águas de lençóis freáticos para irrigação artificial dessas plantações pode causar o esgotamento desse recurso.

Nas áreas rurais, o desmatamento e o pastoreio provocam a diminuição da capacidade de absorção da água pelos solos. Na ausência de coberturas vegetais e com solos utilizados de forma intensiva, a tendência é que a água das chuvas escorra pela superfície e escoe rapidamente pelos rios. As consequências disso são as inundações, a aceleração da erosão, conforme vimos no capítulo 6, e o assoreamento dos rios.

Rio assoreado no município de Malacacheta (MG), em 2018.

Em muitos países populosos ou com carência de recursos hídricos, já se atingiu o limite de utilização de água doce. Atualmente, a maior parte dos países que sofrem de escassez de água se situa no Oriente Médio (Ásia) e no norte da África, embora também ocorra carência de água em inúmeras outras partes do globo, como no México (América Central) ou na Austrália (Oceania).

Segundo a Organização Mundial da Saúde (OMS), de cada dez pessoas no mundo, três ainda não têm acesso fácil à água potável. A água não tratada pode trazer doenças como diarreia, esquistossomose, leptospirose, entre outras. Isso provoca um aumento das taxas de mortalidade. Em algumas regiões do mundo, especialmente em partes da África e do sul da Ásia, as pessoas têm de andar vários quilômetros para buscar água em alguma fonte. Ainda segundo a OMS, 61% dos brasileiros, tanto no campo como na cidade, não contam com saneamento básico seguro.

> **Taxa de mortalidade:** taxa que indica o número médio de mortes, geralmente a cada mil habitantes.

Morador do município de Monteiro (PB) coletando água de açude. Foto de 2016.

Após a seca atingir a região de Baidoa, na Somália, mulheres aguardam para receber água de uma ONG do Catar, em 2017.

Hidrosfera • CAPÍTULO 8

Água: conflitos e problemas

Em algumas regiões do planeta ocorrem disputas por água potável, que incluem discussões para decidir o uso compartilhado de determinados lençóis subterrâneos ou para definir como e em que quantidade cada um deve utilizar a água de rios que cortam diversos países. O Egito, por exemplo, depende basicamente do rio Nilo, que fornece 90% da água que o país consome. O Nilo, antes de chegar ao Egito, passa pelo Sudão e por Uganda. Por esse motivo, se um desses dois países construísse uma barragem no rio, provavelmente se iniciaria um grave conflito político ou até militar.

No Oriente Médio, o acesso ao rio Jordão, cujas águas são controladas majoritariamente pelos israelenses, é fundamental nas negociações entre Israel e Palestina. O controle sobre os rios que banham a península da Mesopotâmia, principalmente o Tigre e o Eufrates, é uma questão que tem de ser administrada com cuidado pela Síria, Turquia e Iraque, pois, caso contrário, pode dar origem a guerras por água. Essa região carece de recursos hídricos e esses dois rios são fundamentais para o abastecimento de água nos três países.

O Brasil é um país rico em água superficial potável. Calcula-se que, no território brasileiro, esteja cerca de 12% dessa água. Mesmo assim, há escassez desse recurso em diversas cidades, em especial na região Nordeste, que, afetadas pelas secas, recorrem à utilização de poços artesianos ou cisternas. Há ainda o problema do desperdício da água, algo muito comum no Brasil: em média 35% da água armazenada em reservatórios e distribuída à população é desperdiçada, diferente dos países desenvolvidos, em que essa média não chega a 10%.

O rio Nilo, às margens do qual está a cidade do Cairo, capital do Egito. Foto de 2017.

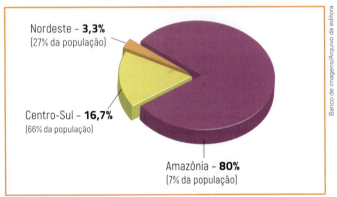

Brasil: distribuição da água doce

- Nordeste – **3,3%** (27% da população)
- Centro-Sul – **16,7%** (66% da população)
- Amazônia – **80%** (7% da população)

Fonte: elaborado com base em REVISTA BRASILEIRA DE ENGENHARIA AGRÍCOLA E AMBIENTAL. Set./dez. 2000. Disponível em: <www.scielo.br/scielo.php?script=sci_arttext&pid=S1415-43662000000300025&lng=pt&nrm=iso&userID=-2>. Acesso em: 11 jun. 2018.

▶ **Cisterna:** depósito, abaixo do nível da terra, para receber e conservar as águas pluviais.

Texto e ação

1 ▶ Observe o mapa da página 173 e responda às questões.

   a) O que o mapa informa?

   b) Quais regiões do planeta são mais afetadas pelo estresse de água potável?

   c) Como o Brasil está classificado no mapa? Você acha que essa realidade é válida para todo o país? Por quê?

2 ▶ Observe o gráfico desta página e elabore um comentário sobre a população de cada região e a sua disponibilidade de água potável. Qual é a situação da região onde você vive?

CONEXÕES COM LÍNGUA PORTUGUESA E ARTE

1. Leia a letra de uma canção que retrata um importante rio brasileiro. Depois, faça o que se pede.

Velho Chico

Lá vai o barco
Descendo o rio!
Este meu rio
Nasceu mineiro:
De leito inteiro,
Só brasileiro.
Com jeito manso,
Leva energia
A Três Marias,
A Sobradinho
E Paulo Afonso.

Em longo traço,
Levando abraços,
Vai deslizando,
Levando as águas
Ao nordestino,
Que é nosso irmão.
O Velho Chico
Afoga as mágoas
Daquela gente
Lá do sertão.
Ó canoeiro

Do São Francisco,
Não corra o risco
De ver um dia
O rio secar
E se acabar.
Você não deixe
Ninguém cortar
A mata virgem
Que faz a origem
Até o mar.
O Velho Chico

Em pesca é rico.
Por natureza,
É só beleza.
Nasceu mineiro,
Só brasileiro.
Com jeito manso,
Leva energia
A Três Marias,
A Sobradinho
E Paulo Afonso.

Fonte: CORRÊA NETO; AZEVEDO, Téo. Velho Chico. Intérprete: Jackson Antunes.
In: JACKSON ANTUNES. *Jackson Antunes canta Téo Azevedo.* [S.l.]: Pequizeiro, 1997. 1 CD. Faixa 2.

a) Que rio brasileiro é citado na letra da canção?

b) O rio é chamado carinhosamente de Velho Chico. Que versos do poema apontam para uma relação de estima da população pelo rio?

c) Pesquise:
- onde nasce o rio citado na canção;
- para que região do Brasil o rio segue o seu curso e onde ele deságua;
- qual é a importância desse rio e como ele é utilizado atualmente.

2. Muitos pintores retratam o mar, as praias e os oceanos em suas obras. Nelas, expressam seus sentimentos e sua percepção da natureza. Claude Monet foi um deles. Ele nasceu em Paris (França), em 1840. Foi o principal representante do movimento impressionista. Monet passou sua infância no litoral norte do país e os barcos, oceanos e lagoas eram alguns de seus temas favoritos. Observe a imagem ao lado e responda às questões.

Regata de Sainte-Adresse, óleo sobre tela de Claude Monet, 1867 (75,2 cm × 101,6 cm).

a) Que elementos da natureza estão retratados na obra?

b) Em sua opinião, por que os elementos naturais servem de inspiração para tantos artistas?

ATIVIDADES

+ Ação

1. Não é de hoje que os estudiosos alertam para os estragos que as sociedades promovem nos recursos hídricos. Leia o texto a seguir e responda às questões.

Em tempos de crise de água em São Paulo, uma pesquisa inédita feita pela ONG ambientalista SOS Mata Atlântica mostra que pouco se tem feito para preservar este recurso valioso lá em sua origem, os rios, córregos e lagos do país.

O levantamento mediu a qualidade da água em 177 pontos de 96 rios em sete estados brasileiros e constatou que 40% apresentam uma qualidade ruim ou péssima.

Ao todo, 87 pontos analisados (49%) tiveram sua qualidade da água considerada regular, 62 (35%) foram classificados como ruins e 9 (5%) apresentaram situação péssima.

Apenas 19 (11%) dos rios e mananciais mostraram boa qualidade. E nenhum dos pontos analisados foi avaliado como ótimo.

Além dos números preocupantes, o estudo mostra o papel fundamental do cuidado com o ambiente natural para a garantia de água de boa qualidade.

Todos os 19 pontos que se encaixaram nessa categoria estão localizados em áreas protegidas e que contam com matas ciliares preservadas.

Na lista de melhores resultados, entram áreas protegidas da Bacia do Alto Tietê na Área de Proteção Ambiental (APA), Capivari-Monos e no Parque Várzeas do Tietê.

Em Minas, foi encontrada água com qualidade boa em Extrema, na APA Fernão Dias. E no Espírito Santo, também foi observada água com qualidade boa no município de Santa Teresa, conhecido como Santuário Capixaba da Mata Atlântica, que possui ricos ambientes biológicos, como as Reservas de Santa Lúcia e Augusto Ruschi.

Já os piores índices se encontram próximos aos centros urbanos. Falta de tratamento de esgoto, lançamento ilegal de efluentes industriais, além do desmatamento são as principais fontes de contaminação e poluição dos recursos hídricos. [...]

Durante o mês de fevereiro [2014], uma equipe da ONG fez 34 coletas em pontos diferentes de 32 subprefeituras da cidade de São Paulo. O desempenho foi desastroso: mais da metade das amostras apresentaram qualidade ruim; 17,5% foram regulares, e 23,5% foram consideradas de péssima qualidade.

A reversão desse quadro passa pela proteção das áreas dos mananciais. Exemplo que vem da cidade de Salto, no interior paulista, onde o ponto de captação saiu do regular, em 2010, para bom, após a realização de um programa de três anos de restauração florestal.

"A solução não é apenas coletar e tratar esgoto, é preciso conscientização da população e bons planos diretores", afirmou Malu Ribeiro, coordenadora da Rede das Águas da SOS Mata Atlântica.

Nem todos os rios têm o mesmo destino. O Tamanduateí, que em 2010 esboçava uma recuperação após uma série de medidas de tratamento de esgoto, manteve qualidade péssima após uma nova onda de ocupações irregulares, apontou o estudo.

Fonte: BARBOSA, Vanessa. Poluição coloca água dos rios brasileiros em apuros. *Exame.com*. Disponível em: <http://exame.abril.com.br/brasil/noticias/poluicao-coloca-agua-dos-rios-brasileiros-em-apuros>. Acesso em: 11 jun. 2018.

a) Segundo o texto, qual é a situação dos rios, córregos e lagos do Brasil?

b) Quais são as principais fontes de contaminação dos cursos de água?

c) O que poderia ser feito para diminuir a poluição das águas superficiais do país?

2. De que forma a agricultura pode afetar a disponibilidade de água potável para a população?

Autoavaliação

1. Quais foram as atividades mais fáceis pra você? Por quê?

2. Algum ponto deste capítulo não ficou claro? Qual?

3. Você participou das atividades em dupla e em grupo e expressou suas opiniões?

4. Como você avalia sua compreensão dos assuntos tratados neste capítulo?

» **Excelente**: não tive dificuldade.
» **Bom**: consegui resolver as dificuldades de forma rápida.
» **Regular**: tive dificuldade para entender os conceitos e realizar as atividades propostas.

Lendo a imagem

•▸ 👥 Em duplas, observem o infográfico a seguir e respondam às questões.

Mundo: consumo doméstico de água

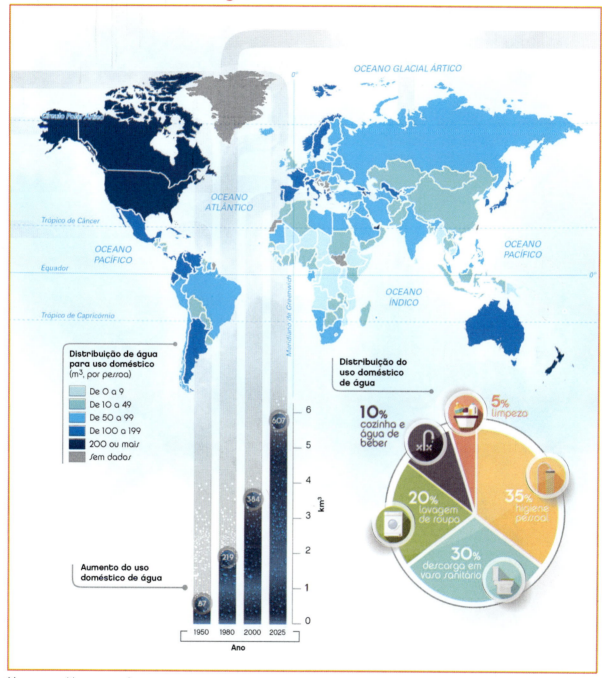

Mapa esquemático, sem escala.

Fonte: elaborado com base em CLARKE, Robin; KING, Jannet. *O atlas da água*: o mapeamento completo do recurso mais precioso do planeta. São Paulo: Publifolha, 2005. p. 30-31.

a) Quais são os países onde há um consumo insuficiente de água potável?

b) Quais são as nacionalidades que consomem água de forma excessiva?

c) Quais são os três usos domésticos que mais utilizam água?

d) Como é possível economizar água potável?

CAPÍTULO 9

Atmosfera

Árvores tortas pela ação do vento em Slope Point, na Nova Zelândia. Foto de 2016.

Neste capítulo você estudará a atmosfera, do que ela é composta e a sua importância para os seres humanos. Conhecerá a diferença entre tempo atmosférico e clima, além dos elementos e das características dos tipos de clima da superfície da Terra.

▶ Para começar

Observe a imagem e responda às questões.

1. Na sua opinião, por que as árvores de Slope Point têm esse formato?
2. Que fenômeno atmosférico é bastante presente nessa região?
3. Como interferências atmosféricas, como um dia muito quente, muito frio ou um dia chuvoso, afetam a sua vida?

1 Camadas da atmosfera

A atmosfera é composta de gases que envolvem a Terra. Cerca de 80% dela é composta de nitrogênio, pouco mais de 20% de oxigênio e menos de 1% de gás carbônico. Há ainda diversos outros gases, como argônio, ozônio, hélio, criptônio e hidrogênio, além de partículas de poeira e água.

Com pouco mais de 800 quilômetros de altitude, a atmosfera pode ser dividida em várias camadas. Em geral, quanto mais elevada a altitude da camada, menor quantidade de gases ela contém. Já as camadas mais baixas da atmosfera contêm maior quantidade de gases. Para nós, seres humanos, as camadas mais importantes são a **troposfera**, a **estratosfera** e a **ionosfera**. Observe a ilustração ao lado.

- A troposfera é a camada onde vivemos. Além de conter o ar que respiramos, ocorrem nela fenômenos meteorológicos, como as chuvas, os ventos, as nuvens e a umidade do ar. Essa camada contém mais de 80% do total dos gases existentes na atmosfera.

- A estratosfera situa-se acima da troposfera, e nela há a **camada de ozônio**, que filtra os raios ultravioleta emitidos pelo Sol. Se esse filtro não existisse, provavelmente não haveria vida em nosso planeta. Com a industrialização, gases que enfraquecem a camada de ozônio passaram a ser expelidos para a atmosfera, como os clorofluorcarbonos (CFCs). Eles tornam a camada de ozônio mais fina e expõem a população aos raios ultravioleta, o que aumenta a incidência de doenças como o câncer de pele.

- A ionosfera é importante porque reflete muitas ondas eletromagnéticas, devolvendo-as para a superfície. Isso garante, por exemplo, as transmissões de rádio entre áreas muito distantes do planeta.

Nas baixas camadas da atmosfera, principalmente na troposfera, a temperatura do ar diminui à medida que aumenta a altitude. Isso ocorre até por volta de 40 quilômetros de altitude, na estratosfera, onde se encontra a camada de ozônio. Nessa altitude a temperatura do ar é de –100 °C. Acima dessa camada, a temperatura passa a subir, até atingir +150 °C nas altitudes acima de 50 quilômetros.

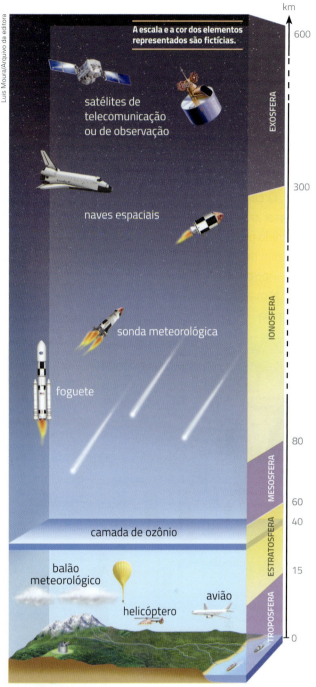

Fonte: elaborado com base em OXFORD Atlas of the World. 19th ed. London: Oxford University Press, 2011. p. 78.

▶ **Ozônio:** gás presente na atmosfera, composto por três moléculas de oxigênio.
▶ **Eletromagnético:** conjunto de fenômenos que dizem respeito à interação entre campos elétricos e magnéticos. As ondas eletromagnéticas, assim, são aquelas que se propagam em dois campos, o elétrico e o magnético. Graças a elas existem as transmissões por rádios ou televisão, as micro-ondas, etc.

2 Tempo atmosférico e clima

Tempo atmosférico e clima são conceitos interligados, porém, diferentes. Eles se referem aos mesmos fenômenos atmosféricos (temperatura, precipitações e outros). Porém, o tempo é variável ou provisório, pois muda de um instante para outro. O clima é mais permanente ou regular. Vamos examinar melhor essa diferença a seguir.

O **tempo** se refere às condições atmosféricas em um momento e lugar específicos, já que varia durante o dia. Em um mesmo dia, o tempo pode variar consideravelmente. De manhã pode ter sol e fazer calor, à tarde ficar nublado e, à noite, chover ou esfriar.

O **clima** consiste em um conjunto de condições características que costumam ocorrer durante o ano, formando um ciclo que se repete nos anos seguintes. Ele é definido pelas médias das observações do tempo atmosférico registradas durante um período de, no mínimo, 30 anos.

Por exemplo: quando dizemos "está chovendo", não estamos nos referindo ao clima, mas ao tempo atmosférico. Por sua vez, quando afirmamos "Manaus é quente e úmida", indicamos as características mais gerais do clima dessa cidade.

Dia chuvoso em Curitiba (PR), em 2016.

Dia ensolarado em Porto Alegre (RS), em 2017.

Texto e ação

1. As imagens acima permitem identificar o clima dessas cidades? Justifique sua resposta.
2. Você costuma consultar a previsão do tempo do seu município? O tempo varia muito onde você mora?
3. Procure descrever, em poucas palavras, como é o clima do local onde você mora.

3 Elementos do clima

Para conhecer o clima de um lugar, como você já viu, é necessário estudar o comportamento do tempo atmosférico durante muitos anos. Esse estudo é feito com base em dados obtidos nas **estações meteorológicas**, equipadas com instrumentos que registram constantemente os chamados fenômenos atmosféricos. A temperatura e a umidade do ar, os ventos, as nuvens, a pressão e as precipitações atmosféricas são os principais exemplos.

Temperatura

A temperatura do ar indica a quantidade de calor resultante da ação dos raios solares em um ponto da superfície terrestre. O ar pode ser mais quente, com maior quantidade de calor, ou mais frio, com menor quantidade de calor. Essa variação depende de diversos fatores, que você estudará mais adiante.

O ar não absorve toda a irradiação, ou seja, a quantidade de raios solares que atingem a Terra. Uma parte dela chega à superfície e é absorvida pelos continentes e pelos oceanos, enquanto outra é refletida e retorna para a atmosfera. Veja o esquema.

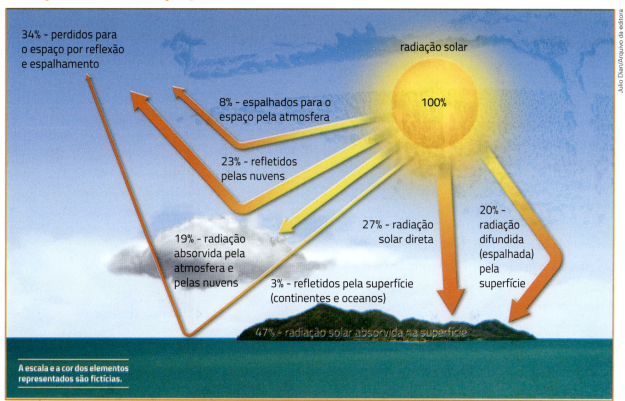

Radiação solar: distribuição percentual

A escala e a cor dos elementos representados são fictícias.

Fonte: elaborado com base em GABLER, Robert E.; PETERSEN, James F.; SACK, Dorothy. *Fundamentos da Geografia Física*. São Paulo: Cengage Learning, 2014. p. 60.

Os raios solares, absorvidos pelos oceanos e pelos continentes, aquecem a superfície terrestre e também as baixas camadas da atmosfera. Isso significa que o ar não é aquecido diretamente pelos raios solares, mas pelo calor que retorna da superfície para a atmosfera, que o conserva durante algum tempo.

A conservação do calor do Sol pela atmosfera é chamada de **efeito estufa**. Esse efeito diminui as diferenças de temperatura entre o dia e a noite e possibilita a existência de vida na Terra. Na Lua, por exemplo, onde não existe atmosfera, a temperatura da superfície é altíssima durante o dia e extremamente baixa à noite.

A temperatura do ar é medida em graus, por meio de um instrumento chamado **termômetro**. Para medi-la são utilizados dois tipos principais de escala: a **Celsius** e a **Fahrenheit**. No Brasil, bem como em diversos outros países, usa-se a escala Celsius. Nos Estados Unidos, a escala utilizada é a Fahrenheit.

Embora diferentes, o princípio dessas escalas é idêntico: consideram dois pontos extremos de temperatura – o de congelamento e o de ebulição da água. A escala Celsius divide a distância entre esses dois pontos em cem partes iguais, que recebem o nome de graus centígrados ou celsius. Assim, 0 °C representa o ponto de congelamento da água e 100 °C, o ponto de fervura. Já a escala Fahrenheit (°F) situa o ponto de congelamento em 32 °F e o de ebulição em 212 °F. Observe o esquema ao lado.

O registro constante das variações de temperatura de um lugar qualquer, feito por um termômetro, será transformado em uma média, que pode ser diária, mensal ou anual.

A **média térmica diária** é calculada da seguinte forma: somam-se as temperaturas registradas a cada hora e, depois, divide-se esse total pelo número de horas, 24. A **média térmica mensal** corresponde à média de temperaturas registradas durante um mês inteiro. Por exemplo, em um mês de 30 dias, somamos as 30 médias diárias e dividimos o resultado por 30. Por fim, a média térmica anual refere-se à soma das médias mensais daquele ano específico, dividida por 12.

Além das médias, há o registro dos extremos de temperatura, ou seja, das temperaturas **mínima** e **máxima** verificadas em um dia, um mês ou um ano. A diferença entre a maior e a menor temperatura registradas em certo período é chamada **amplitude térmica**.

Se os termômetros de uma cidade registraram, em um determinado dia, a temperatura mínima de 5 °C durante a madrugada, e a máxima de 22 °C no transcorrer da tarde, a amplitude térmica do dia na cidade nessa data foi de 17 °C.

A amplitude térmica mensal é calculada pela diferença entre a média do dia mais quente e a do dia mais frio do mês. Já a amplitude térmica anual consiste na diferença entre a temperatura média do mês mais quente e a temperatura média do mês mais frio do ano.

> **Mundo virtual**
>
> **Centro de Previsão do Tempo e Estudos Climáticos**
> Disponível em: <www.cptec.inpe.br/>.
> Acesso em: 15 jun. 2018.
>
> O *site* do Centro de Previsão de Tempo e Estudos Climáticos traz muitas informações sobre a dinâmica atmosférica e climática do Brasil e do mundo, com dados e imagens de satélite.

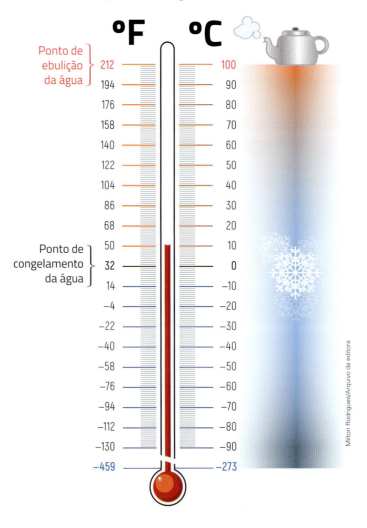

Fatores que influem na temperatura

A temperatura do ar não é igual nas diversas regiões do globo. Alguns fatores influenciam na diferença de temperatura, como a latitude, a altitude, a maritimidade e seu oposto, a continentalidade.

Latitude

Quanto mais próxima uma área estiver da linha do equador, ou seja, quanto **menor** for sua latitude, maior será a temperatura do ar. Inversamente, quanto mais próxima ela estiver dos polos, ou seja, quanto **maior** a latitude, menor será a temperatura. Observe os exemplos a seguir.

Cidades selecionadas: latitude e temperatura (13 jun. 2018)

Cidade	Latitude aproximada	Temperatura mínima	Temperatura máxima
Macapá (Amapá)	0°	25 °C	29 °C
Salvador (Bahia)	13° S	23 °C	28 °C
Florianópolis (Santa Catarina)	27° S	15 °C	23 °C
Chuí (Rio Grande do Sul)	33° S	10 °C	13 °C

Fonte: elaborado com base nos dados de JORNAL do tempo. Disponível em: <http://jornaldotempo.uol.com.br/previsaodotempo.html/brasil>. Acesso em: 13 jun. 2018.

A latitude interfere na temperatura do ar por causa do formato esférico da Terra, uma vez que os raios solares atingem a superfície terrestre em diferentes inclinações, de maneira mais ou menos direta. Nas zonas próximo ao equador, os raios solares atravessam a atmosfera de forma praticamente vertical, ao passo que, nas regiões próximo aos dois polos, eles a atravessam de forma inclinada.

O esquema mostra o percentual de incidência de luminosidade solar em época de equinócios, da primavera ou do outono. Isso significa que tanto o hemisfério norte como o sul recebem a mesma quantidade de luz solar. Quando há os solstícios, são os trópicos que recebem 100% de luminosidade – no verão do hemisfério sul é o trópico de Capricórnio, no verão do hemisfério norte é o trópico de Câncer.

Latitude e incidência de raios solares

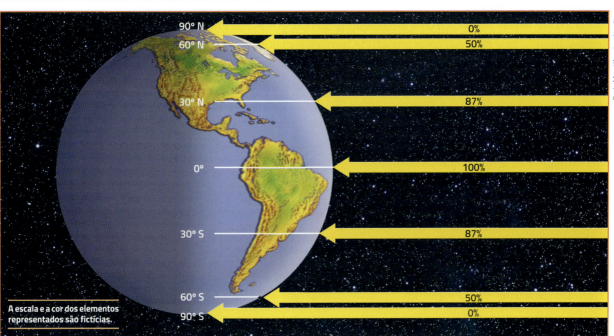

A escala e a cor dos elementos representados são fictícias.

Fonte: elaborado com base em GABLER, Robert E.; PETERSEN, James F.; SACK, Dorothy. *Fundamentos da Geografia Física*. São Paulo: Cengage Learning, 2014. p. 53.

Altitude

Na atmosfera terrestre, a temperatura diminui com o **aumento** da altitude, pelo menos até por volta de 40 quilômetros acima da superfície. Essa diminuição é de cerca de 0,6 °C a cada 100 metros. Por isso, costuma-se dizer: "Quanto mais alto, mais frio é o ar".

Desse modo, lugares com latitude semelhante podem apresentar temperaturas bem diferentes se considerarmos as características do relevo. Veja a tabela abaixo.

Cidades selecionadas: altitude e temperatura (15 jun. 2018)

Cidade	Altitude aproximada	Latitude aproximada	Temperatura mínima	Temperatura máxima
Alto Paraíso de Goiás (Goiás)	1272 m	14° S	9 °C	26 °C
Ilhéus (Bahia)	52 m	14° S	19 °C	29 °C
Inácio Martins (Paraná)	1202 m	25° S	4 °C	10 °C
Paranaguá (Paraná)	3 m	25° S	12 °C	17 °C

Fonte: elaborado com base nos dados de JORNAL do tempo. Disponível em: <http://jornaldotempo.uol.com.br/previsaodotempo.html/brasil>. Acesso em: 15 jun. 2018.

Maritimidade e continentalidade

A maritimidade é a influência de grandes massas de água sobre áreas próximas. Esses locais apresentam um ar mais úmido, com menor amplitude térmica, isto é, uma variação menor de temperatura, com dias menos quentes (e verões mais amenos) e noites menos frias (e invernos menos rigorosos). Mares, oceanos, lagos ou locais de muita umidade, como as florestas úmidas, que contam com grandes rios, exercem esse tipo de influência.

Já a continentalidade indica uma área distante do mar, oceano ou grandes lagos. Nessas áreas, o ar é mais seco e a amplitude térmica é maior. Isso significa que a temperatura mínima é mais baixa e a máxima é mais elevada nas áreas interioranas, em comparação com as litorâneas. Em outras palavras, a amplitude térmica é maior nas áreas com maior continentalidade e menor nas áreas com maior maritimidade.

Isso acontece porque as águas, ao contrário da terra, aquecem e esfriam mais lentamente. Ou seja, a água absorve o calor de forma mais lenta do que o continente, e também esfria mais vagarosamente.

Cidades selecionadas: maritimidade e temperatura (13 jun. 2018)

Cidade	Distância aproximada do mar (em linha reta)	Latitude aproximada	Temperatura mínima	Temperatura máxima	Amplitude térmica
Cacaulândia (Rondônia)	2 880 km	12° S	15 °C	28 °C	13 °C
Mata de São João (Bahia)	28,8 km	12° S	22 °C	28 °C	6 °C

Fonte: elaborado com base nos dados de JORNAL do tempo. Disponível em: <http://jornaldotempo.uol.com.br/previsaodotempo.html/brasil>. Acesso em: 13 jun. 2018.

Pressão atmosférica

A atmosfera exerce uma força sobre a superfície terrestre e sobre tudo aquilo que existe nela, incluindo nossos corpos. É a chamada pressão atmosférica.

Essa pressão não é igual em todos os lugares:
- é **maior** nas áreas de menor altitude, próximo ao nível do mar;
- é **menor** nas altitudes mais elevadas, como nas altas montanhas.

Isso acontece porque os lugares mais baixos são pressionados por uma quantidade de ar maior do que os locais mais altos. Como a pressão é o peso do ar, quanto mais ar houver, maior será a pressão.

Em uma viagem de avião, é possível perceber os efeitos da diminuição da pressão atmosférica: os passageiros podem sentir dor, ter sensação de entupimento ou, ainda, notar um zunido nas orelhas internas. Após o pouso em terra firme, esses sintomas se dissipam.

O mesmo ocorre com os alpinistas que escalam montanhas bastante elevadas. Eles sofrem não apenas os efeitos do ar mais rarefeito, mas também da menor pressão atmosférica. Igualmente, atletas, como os jogadores de futebol, quando vão disputar uma partida num local elevado – por exemplo, em La Paz (Bolívia), que fica a 3 600 metros de altitude –, sentem os efeitos: o ar é rarefeito (calcula-se que em La Paz há 36% menos oxigênio em comparação com uma cidade litorânea) e a menor pressão do ar faz com que a bola enfrente menos resistência e preserve sua velocidade por mais tempo.

Para medir a pressão do ar de determinada área é utilizado o **barômetro**: os valores são registrados em milibares. Considera-se que a pressão média da atmosfera em uma área de média latitude, como nos Estados Unidos ou na Europa, situada no nível do mar, é de cerca de mil milibares (1 000 mb). Essa é a pressão do ar considerada média ou normal. Acima de 1 000 mb ela é considerada alta, e abaixo disso é considerada baixa.

A temperatura do ar também influi na pressão atmosférica: quando está quente, o ar se dilata e pesa menos, exercendo uma pressão menor; do contrário, quando o ar está frio, ele se contrai, ficando mais pesado e exercendo maior pressão. É por isso que, em geral, as zonas polares são áreas de alta pressão atmosférica.

> **Rarefeito:** ar pouco denso, com baixa concentração de oxigênio, o que dificulta a respiração.
> **Milibar:** unidade de medida de pressão.
> **Média latitude:** áreas da superfície terrestre localizadas nas zonas temperadas, entre os trópicos e os círculos polares, tanto no hemisfério norte como no sul.

Pressão atmosférica e relevo

EM ELEVADAS ALTITUDES
Aqui, a força da gravidade na atmosfera é menos intensa, e as moléculas de ar ficam distantes umas das outras. Portanto, quanto mais o alpinista à direita subir, menor a pressão atmosférica sobre ele e mais rarefeito o ar.

MOLÉCULAS DE AR

PERTO DA SUPERFÍCIE
Os gases da atmosfera se deformam com a força da gravidade e se concentram, conforme indica o desenho. Quanto mais próximo do nível do mar e do centro da Terra, maior a pressão atmosférica.

A escala e a cor dos elementos representados são fictícias.

Fonte: elaborada com base em Revista NOVA Escola. Disponível em: <https://novaescola.org.br/conteudo/2206/por-que-a-pressao-atmosferica-muda-com-a-altitude>. Acesso em: 29 ago. 2018.

Vento

A pressão atmosférica é a principal responsável pela existência dos **ventos**. O vento é o ar em movimento, originado principalmente pelas diferenças de pressão atmosférica nas várias regiões da Terra. O ar se desloca das áreas de altas pressões (onde existe mais ar) para as áreas de baixas pressões.

Esse movimento do ar se assemelha a uma troca entre dois recipientes interligados que contenham água, na qual o líquido é deslocado do recipiente mais cheio para o mais vazio. Porém, existe uma diferença: uma vez que a água se nivele nos dois recipientes, ou seja, atinja o mesmo nível em ambos, o movimento acaba. No caso dos ventos, nunca há um nivelamento nas pressões atmosféricas dos diferentes lugares ou regiões da superfície terrestre. Isso porque uma área é mais quente ou mais fria do que outra apenas por determinado período. A situação se inverte logo em seguida, modificando a pressão do ar.

A força dos ventos é utilizada pela humanidade desde tempos remotos. Os ventos são usados para navegar e também para produzir energia. Na foto, usina eólica no município de Traíri (CE), em 2017.

Como a Terra está em constante movimento (produzindo a sucessão dos dias e das noites, bem como as estações do ano), as temperaturas dos diversos lugares também estão em alteração permanente. Por isso, sempre há diferença de pressão e, consequentemente, a formação de ventos.

Existem dois instrumentos de medição dos ventos: o **anemômetro**, que mede sua velocidade, e a **biruta**, que indica sua direção. Em geral, ambos encontram-se acoplados num único aparelho. Veja a imagem ao lado.

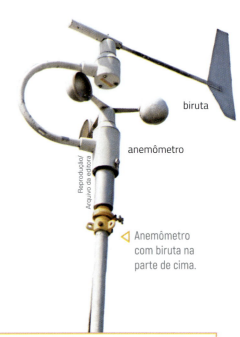

Anemômetro com biruta na parte de cima.

Texto e ação

1. Observe a previsão do tempo para Cuiabá (MT) em 8 de agosto de 2018.

   a) Quais as temperaturas máxima e mínima previstas?

   b) Qual a amplitude térmica do dia?

   c) Localize Cuiabá em um mapa do Brasil em algum atlas. O que influencia mais o clima do local: a maritimidade ou a continentalidade? Por quê?

2. A frase a seguir é verdadeira ou falsa? Explique.

   A pressão atmosférica é igual em todos os lugares.

Fonte: CLIMATEMPO. Disponível em: <www.climatempo.com.br/previsao-do-tempo/cidade/218/cuiaba-mt>. Acesso em: 8 ago. 2018.

Umidade do ar

A atmosfera tem uma grande, porém limitada, capacidade para conter água. Quando esse limite é atingido, dizemos que a **umidade relativa do ar** é de 100%, o que significa que ele está saturado de água. Nesse **ponto de saturação**, ocorrem as **precipitações**, como as chuvas, a neve ou o granizo.

Não existe ar totalmente seco na natureza, nem mesmo nos desertos. Existe apenas a baixa umidade do ar. De acordo com a Organização Mundial de Saúde (OMS), o nível de umidade do ar considerado ideal para o organismo humano é entre 40% e 70%. Acima de 70%, o ar está quase saturado de umidade, o que interfere no nosso controle da temperatura corporal (a transpiração) e ocasiona mal-estar. Abaixo dos 40%, o ar é considerado seco e as pessoas ficam mais suscetíveis a crises de asma e infecções por vírus ou bactérias.

Nuvens e nevoeiros

A água, ao ser evaporada dos oceanos, rios e lagos, sobe à atmosfera. Quando encontra temperaturas mais baixas, condensa-se, isto é, volta ao estado líquido.

As gotículas de água são mais leves do que o ar. Elas permanecem na atmosfera formando as nuvens, quando estão mais altas, ou os nevoeiros e neblinas, quando estão mais próximo da superfície. Tanto os nevoeiros quanto as nuvens, em algum momento, dão origem às precipitações.

Precipitações atmosféricas

As precipitações são fenômenos por meio dos quais a nebulosidade atmosférica se transforma em queda de água sobre a superfície terrestre, na forma de chuva, neve ou granizo.

> **Nebulosidade atmosférica:** gotículas de água provenientes da condensação do vapor, que ficam em suspensão na atmosfera.

Chuva

É a precipitação **líquida** em forma de gotas de água, que cai das nuvens. Por causa do excesso de água no ar, as gotículas de água vão se juntando e formando gotas maiores, que, por serem mais pesadas, se precipitam sobre a superfície.

A chuva é a precipitação atmosférica mais comum e abundante. É também a mais importante para a agricultura e o abastecimento de água nas cidades e no campo, pois ajuda a encher as represas e os reservatórios de água, o nível dos rios e dos lagos e até mesmo os lençóis de águas subterrâneas.

O **pluviômetro** é o aparelho que mede a quantidade de chuvas, pois coleta a água caída em determinado lugar e a mede em milímetros.

O pluviômetro mede a quantidade de chuva caída em determinado lugar.

Neve

É a precipitação **sólida**, em forma de minúsculos cristais de gelo, que se desprendem das nuvens quando a temperatura cai abaixo do ponto de congelamento da água. Com temperaturas inferiores a 0 °C, a precipitação pode se apresentar na forma de pequenos flocos. Neva em regiões mais frias, com latitudes médias e altas, e também nas montanhas com elevadas altitudes. Quando ocorrem fortes nevascas, ou tempestades de neve, o dia a dia das pessoas muda. Por exemplo: as ruas e rodovias ficam cobertas por espessas camadas de gelo e se tornam perigosas, as aulas nas escolas são canceladas e as pessoas são aconselhadas a ficarem em casa.

Granizo

Também conhecida como "chuva de pedra", a precipitação do granizo ocorre na forma **sólida** e, geralmente, durante temporais. Consiste na precipitação de blocos de gelo, que se formam no interior de algumas nuvens. Nos climas tropicais, a ocorrência do granizo é mais frequente no início da estação chuvosa.

Orvalho

O orvalho é a condensação do vapor de água atmosférico sobre a superfície terrestre. Esse fenômeno acontece quando as gotas de água se condensam sobre o solo durante as madrugadas frias. É por isso que, nas manhãs de baixas temperaturas, é possível observar a vegetação, os carros e os vidros das janelas cobertos de gotículas de água.

Geada

A geada é a solidificação do orvalho, que acontece em madrugadas muito frias. O fenômeno ocorre quando as gotas de orvalho se resfriam a menos de 0 °C. Assim que a luz do Sol aquece a superfície terrestre acima de 0 °C, pela manhã, os minúsculos cristais de gelo derretem.

Texto e ação

- Quais são os fenômenos retratados pelas fotos a seguir?

Iguatemi (MS), em 2015.

Urubici (SC), em 2014.

4 Massas de ar

Você já deve ter ouvido nos noticiários frases como: "Uma massa de ar polar vai atingir o Sul do país". Mas sabe o que isso quer dizer?

Massa de ar é um elemento importante nas variações do tempo atmosférico. Ela consiste em um gigantesco volume de ar com algumas características comuns, como temperatura, umidade e pressão. Conforme a latitude em que se localiza, essa massa pode ser **fria**, como nas zonas polares; ou **quente**, na zona tropical. As massas de ar que se originam sobre os continentes em geral são **secas**, enquanto as formadas sobre os oceanos são **úmidas**. As principais massas de ar do globo terrestre são:

- tropicais ou equatoriais continentais;
- tropicais ou equatoriais marítimas;
- polares continentais;
- polares marítimas.

Mundo: massas de ar

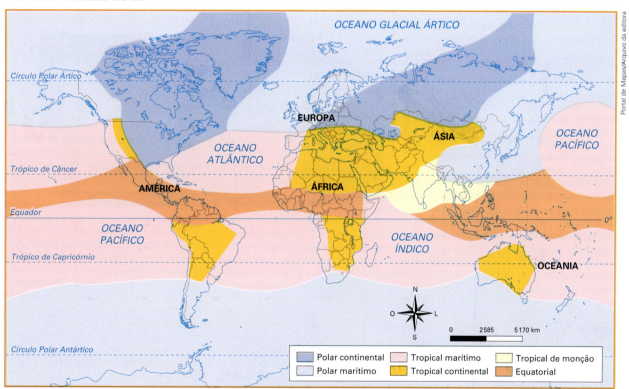

Fonte: elaborado com base em FARNDON. Dicionário escolar da Terra. DORLING KINDERSLEY, 1996. p. 150.

As massas de ar adquirem suas características ao permanecer durante alguns dias ou semanas sobre determinada região, como um deserto quente, um oceano tropical ou uma área polar. Elas se deslocam e, conforme se movimentam, mudam o tempo atmosférico nas áreas aonde chegam, provocando, muitas vezes, chuvas, esfriamento ou aquecimento do ar, dependendo das características da massa de ar.

As massas de ar frias, por exemplo, provocam queda de temperatura nas áreas para onde se deslocam. Com as massas de ar quente acontece o inverso, ou seja, elas provocam uma elevação da temperatura local. Porém, as características originais de uma massa de ar sofrem modificações durante o seu deslocamento, já que ao longo desse percurso podem perder umidade com as chuvas e tornar-se um pouco mais quentes ou mais frias.

Nas áreas de encontro de diferentes massas de ar, formam-se as **frentes**, que podem ser quentes ou frias. Quando uma massa de ar polar (fria) provoca o recuo de uma massa de ar quente graças a sua maior pressão, forma-se uma frente fria, ocasionando queda de temperatura. Do contrário, quando uma massa de ar tropical tem pressão atmosférica suficiente para provocar o recuo de uma massa fria, forma-se uma frente quente, que causa aumento de temperatura.

O deslocamento das massas de ar e a formação de frentes não provocam apenas mudanças de temperatura. Muito frequentemente, as frentes provocam instabilidade do tempo atmosférico, com a ocorrência de chuvas na área atingida.

A escala e a cor dos elementos representados são fictícias.

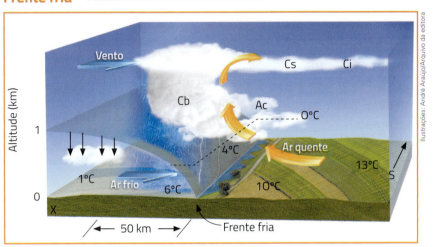

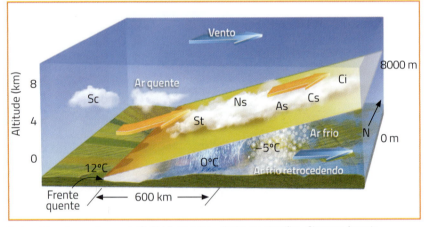

Fonte: elaborado com base em JOVEM Explorador – divulgação científica. *Sistemas frontais*. Disponível em: <http://www.jovemexplorador.iag.usp.br/index.php?p=blog_Frentes-Fria-quente>. Acesso em: 13 jun. 2018.

Texto e ação

- Faça a seguinte experiência: vá até a cozinha da sua casa quando alguém estiver cozinhando e feche as janelas e as portas. Depois de alguns instantes, suba numa cadeira e, com muito cuidado, sempre ao lado de um adulto, levante um dos braços e preste atenção. Depois, responda:

    a) Qual é a diferença entre as temperaturas quando você está em cima da cadeira e no chão? Por quê?

    b) Agora, reflita: O que essa situação tem a ver com o comportamento das massas de ar na atmosfera? Explique.

5 Tipos de clima

Agora, você conhecerá os principais tipos de clima da superfície terrestre.

Mundo: principais tipos de clima

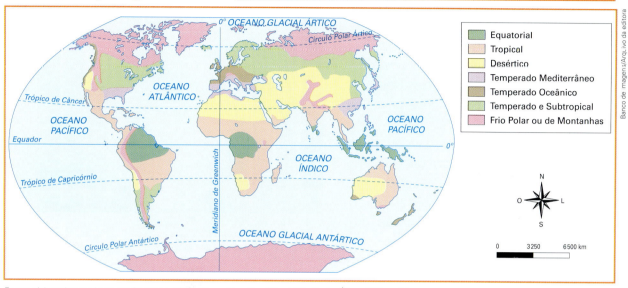

Fonte: elaborado com base em SIMIELLI, Maria Elena. *Geoatlas*. 34 ed. São Paulo: Ática, 2013. p. 24.

Clima equatorial

O clima equatorial ocorre nas regiões próximo à linha do equador, isto é, com baixas latitudes. Caracteriza-se por ser quente e úmido durante praticamente todo o ano. Nessas áreas, há o domínio de massas de ar equatoriais, igualmente quentes e úmidas.

Nesse tipo de clima, as quatro estações do ano não são perceptíveis, há apenas uma longa estação chuvosa e outra, mais curta, um pouco mais seca.

As chuvas anuais são abundantes e a média pluviométrica é superior a 2 mil milímetros ao ano. A temperatura média anual é de aproximadamente 25 °C, e as médias máximas oscilam entre 32 °C e 40 °C. A amplitude térmica anual é pequena, o que significa que a temperatura não muda muito no verão e no inverno.

O gráfico ao lado é chamado **climograma** e mostra as médias mensais de temperatura (linha vermelha) e pluviosidade (as chuvas, representadas pelas barras). Na parte de baixo, estão indicados os meses do ano, de janeiro (número 1) até dezembro (12). Do lado esquerdo estão os graus de temperatura (°C) e do lado direito aparecem as medidas de chuvas, em milímetros (mm).

Climograma: Parintins (AM)

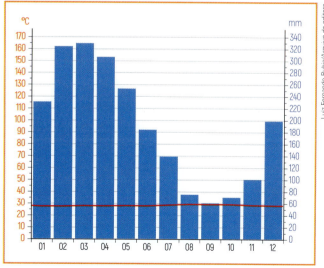

Fonte: CLIMATE DATA. Disponível em: <https://pt.climate-data.org/location/765463>. Acesso em: 26 ago. 2018.

Esse climograma apresenta dados sobre Parintins, localizado numa ilha no rio Amazonas. Esse município está a 15 metros de altitude e a sua temperatura média do ano é de 27,8 °C, o que significa um clima quente. Também há o total anual de precipitações: 2257 milímetros, o que mostra que é um clima úmido. As temperaturas se mantêm estáveis durante todo o ano.

Clima tropical

Ocorre nas regiões localizadas entre os **trópicos** de Câncer e de Capricórnio, isto é, na zona tropical – com exceção das áreas montanhosas e áridas ou semiáridas localizadas nessa zona. Predominam as massas de ar tropicais, quentes e secas quando se originam sobre os continentes, e quentes e úmidas quando têm origem nos oceanos. Com frequência, essas áreas recebem massas úmidas, vindas do equador ou dos oceanos, e massas frias, vindas das zonas polares.

Da mesma forma que no clima equatorial, apenas duas estações do ano são bastante perceptíveis: uma chuvosa no verão e outra seca no inverno. Nas áreas mais afastadas da linha do equador, e também mais afastadas do mar, a estação seca pode prolongar-se por oito ou dez meses.

O índice pluviométrico em geral varia entre mil e 2 mil milímetros por ano e a temperatura média anual é de cerca de 20 °C.

Clima desértico

Ocorre, em geral, nas regiões próximo aos **trópicos**, no contato da zona tropical com as zonas temperadas dos dois hemisférios. Os desertos apresentam temperatura muito elevada durante o dia, frequentemente acima de 42 °C. À noite a temperatura diminui bastante e, durante o inverno, pode chegar a abaixo de 0 °C. É por isso que nos desertos existe grande amplitude térmica diária.

Os desertos muitas vezes são situados em depressões, onde há um domínio de massas de ar quentes e secas. As massas de ar úmidas têm dificuldade de penetrar nessas áreas e por isso as chuvas são escassas (não chegam a atingir 300 milímetros por ano), ocorrem no verão e são mal distribuídas.

O ar é muito seco, principalmente nas porções dessa faixa de clima que ficam anos sem receber chuva.

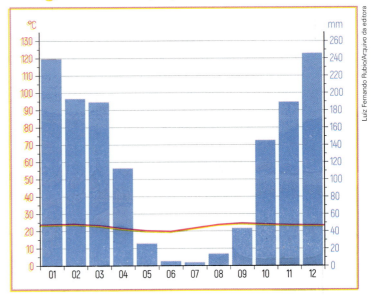

Fonte: CLIMATE DATA. Disponível em: <https://pt.climate-data.org/america-do-sul/brasil/goias/goiania-2191>. Acesso em: 26 ago. 2018.

Podemos notar que a temperatura, neste município que fica a 764 metros de altitude, é um pouco mais baixa no inverno, de abril a setembro, e aumenta no verão, de outubro a março. As chuvas diminuem bastante no inverno e são mais abundantes no verão, mas o total anual é de 1414 mm, menos que no clima equatorial. A média anual de temperatura é de 23,1 °C, menor que no clima equatorial.

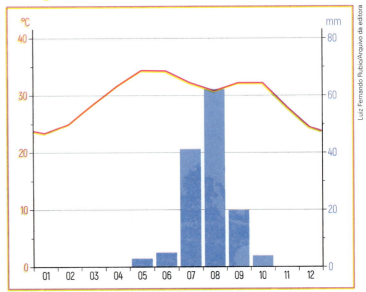

Fonte: CLIMATE DATA. Disponível em: <https://pt.climate-data.org/africa/sudao/al-khartum/cartum-549>. Acesso em: 26 ago. 2018.

A cidade de Cartum (situada a 385 metros de altitude), que fica ao sul do deserto do Saara, é extremamente árida, com uma pluviosidade anual de apenas 135 milímetros. A temperatura varia muito, de 23 °C na média dos meses mais frios a até quase 35 °C nos meses mais quentes. As raras chuvas se concentram no verão, quando também as temperaturas são mais elevadas.

Climas temperados

São característicos das regiões de médias latitudes, isto é, entre os **trópicos** e os **círculos polares**. As quatro estações do ano são bem definidas e as médias anuais de temperatura oscilam entre 8 °C e 15 °C. Distinguem-se três tipos de clima temperado: o oceânico, o continental e o mediterrâneo.

Oceânico

Ocorre nas áreas litorâneas da zona temperada: na face oeste da América do Norte e Europa, Nova Zelândia, sul do Chile e sudoeste da Austrália.

É influenciado pelas massas de ar oceânicas, o que explica as chuvas regulares. O verão e o inverno são úmidos, por isso, o verão apresenta temperaturas não muito elevadas e o inverno não é tão rigoroso. A amplitude térmica anual é relativamente pequena.

Continental

Ocorre no interior da Europa, no norte da Ásia, na América do Norte e ao sul da América do Sul. Atuam aí massas de ar temperadas continentais e polares, ambas frias e secas. Caracteriza-se por inverno rigoroso, com frio intenso e neve, e por um verão bastante quente e chuvoso.

Mediterrâneo

Predomina nas proximidades do mar Mediterrâneo, no sul da Europa, norte da África e no Oriente Médio. Clima seco no verão e chuvoso no inverno, o único clima temperado cujo período de seca ocorre no verão, com duração variável: de dois a três meses no sul da Europa e de nove a dez meses nos países do Oriente Médio. Ocorre também no sudoeste dos Estados Unidos e da Austrália.

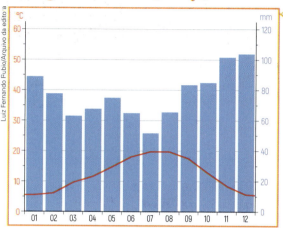

Com clima temperado oceânico, Bordéus (situada a 18 metros de altitude) apresenta temperaturas baixas no inverno e que aumentam até atingir seu máximo no verão. As precipitações (chuvas e às vezes neve) se concentram no inverno, especialmente em dezembro e janeiro.

Fonte: CLIMATE DATA. Disponível em: <https://pt.climate-data.org/europa/franca/aquitania/bordeus-6402>. Acesso em: 13 jun. 2018.

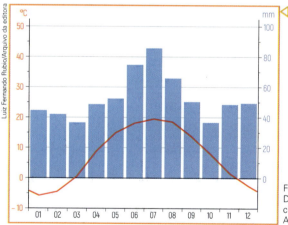

Nota-se pelo climograma de Kiev (situada a 186 metros de altitude) o clima temperado continental: a temperatura cai no inverno, quando chega a abaixo de 0 °C, e sobe bastante no verão. As chuvas se concentram no verão.

Fonte: CLIMATE DATA. Disponível em: <https://pt.climate-data.org/location/218>. Acesso em: 13 jun. 2018.

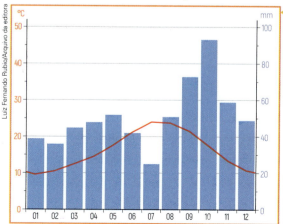

Barcelona (situada a 15 metros de altitude) apresenta clima temperado mediterrâneo, em que as temperaturas são menores no inverno, mas sem atingirem as mínimas dos demais climas temperados, especialmente o continental. As chuvas concentram-se no inverno e a neve é rara.

Fonte: CLIMATE DATA. Disponível em: <https://pt.climate-data.org/europa/espanha/catalunha/barcelo-1564>. Acesso em: 29 mar. 2018.

Clima frio polar e frio de altitude

O clima frio polar ocorre nas **áreas polares**, isto é, de altas latitudes, onde dominam as massas de ar polar. Apresenta invernos longos e rígidos, extremamente frios, que podem durar até nove meses ao ano. No verão, o Sol não se põe durante meses nos polos.

Há também o clima frio de altitude, que ocorre nas **altas montanhas** do planeta, cujos cumes são eternamente cobertos de gelo.

Nas regiões polares e nas altas montanhas existem geleiras permanentes e as precipitações ocorrem na forma de neve.

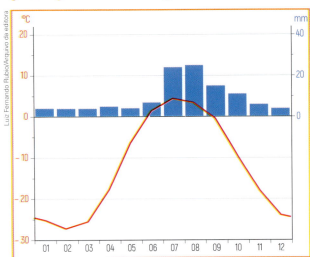

Climograma: Barrow (Alasca, Estados Unidos)

Fonte: CLIMATE DATA. Disponível em: <https://pt.climate-data.org/america-do-norte/estados-unidos-da-america/alasca/barrow-1417>. Acesso em: 13 jun. 2018.

Barrow (situado a 5 metros de altitude), no litoral norte do Alasca, banhado pelo oceano Glacial Ártico, tem um clima frio polar. No inverno o clima é extremamente frio, com menos precipitações (neve), e no verão as temperaturas, ainda baixas, são maiores (chegam a no máximo 5 °C, como média mensal) e as precipitações se elevam um pouco. Mas o total anual de precipitações é baixo (113 mm) e a média térmica anual é de apenas −12,2 °C.

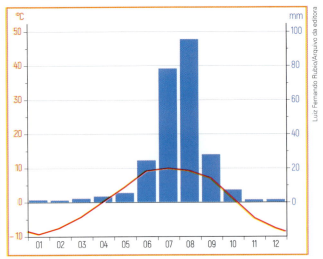

Climograma: Wenquan (China)

Fonte: CLIMATE DATA. Disponível em: <https://pt.climate-data.org/asia/republica-popular-da-china/regiao-autonoma-do-tibete/wenquan-500040>. Acesso em: 29 mar. 2018.

A cidade de Wenquan, na região montanhosa (4 744 metros de altitude) do sudoeste da China, tem um clima frio de altitude. A altitude da cidade é de 4 744 m e a média anual de temperatura é de 0,4 °C, mas no inverno as médias mensais chegam a −10 °C. As precipitações, embora escassas (apenas 246 mm), concentram-se no verão.

Texto e ação

1. Sobre os climas temperados, responda:
   a) Qual deles é o menos frio?
   b) Qual é o mais chuvoso?
   c) Qual atinge temperaturas negativas?

2. Com base nos climogramas das cidades de Barrow (Estados Unidos) e Wenquan (China), faça uma comparação entre o clima frio polar e o clima frio de altitude.

3. Em duplas, identifiquem o tipo de clima existente no município em que moram. Apontem duas características desse clima que vocês já observaram.

6 O clima e a ação humana

A ação humana provoca muitas alterações, inclusive no clima. O clima de uma região não depende apenas de condições locais, mas de fatores planetários (massas de ar, circulação atmosférica, insolação), que são os mais importantes para as condições climáticas. Todavia, os fatores locais (maior ou menor presença de água, de vegetação, de gás carbônico no ar, etc.) também influenciam, embora sua importância se restrinja a áreas pequenas. Daí o nome **microclima** para designar climas de áreas restritas.

Como as médias e grandes cidades são locais onde o ambiente é bastante alterado, muitas vezes se forma um microclima específico, denominado **clima urbano**. Isso ocorre devido a problemas como a poluição do ar pelos veículos e fábricas, o aumento do gás carbônico na atmosfera; o asfaltamento de ruas e avenidas, a presença de extensas massas de concreto, a ausência de vegetação, etc.

Os enormes edifícios, que surgem especialmente na parte central das cidades, limitam a ação dos ventos e contribuem para a formação de **ilhas de calor**.

Nos centros urbanos também ocorre um fenômeno conhecido como **inversão térmica**. O ar fica estagnado sobre um local, sem a formação de ventos ou correntes ascendentes na atmosfera. Sabe-se que o ar é tanto mais frio quanto maior a altitude. Isso origina as correntes ascendentes na atmosfera, pois o ar quente é mais leve. Quando ocorre uma inversão térmica, verifica-se o inverso: o ar mais quente permanece acima do ar mais frio, impedindo-o de subir. Veja a figura abaixo.

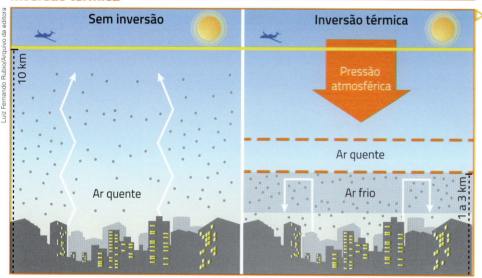

A escala e a cor dos elementos representados são fictícias.

Quando ocorre a inversão térmica, o ar frio fica estagnado e carregado de poluentes, que podem gerar riscos à saúde, ocasionando problemas respiratórios, agravamento de doenças cardíacas, irritação nos olhos, tonturas, náuseas e dor de cabeça. Esse fenômeno costuma ocorrer muito no Sul do país e em São Paulo, principalmente no inverno. Ele pode durar vários dias e decorre geralmente do encontro de uma frente fria com uma quente, que ficam imóveis, em equilíbrio momentâneo.

Fonte: elaborado com base em O que é, o que é? Inversão térmica. Revista *Pesquisa Fapesp*. Disponível em: <http://revistapesquisa.fapesp.br/en/2012/08/07/what-is-it-7/>. Acesso em: 29 jun. 2018.

Texto e ação

1. Por que a inversão térmica gera riscos à saúde das pessoas?
2. No município em que você vive é possível observar fenômenos como o das ilhas de calor ou da inversão térmica?

INFOGRÁFICO

Poluição atmosférica e aquecimento global

O efeito estufa é um fenômeno natural, provocado, principalmente, pela água contida na atmosfera. Sem ele não haveria vida na Terra.

Radiação solar total.

Radiação solar que volta para o espaço sideral.

Radiação solar transformada em calor, que fica retida na atmosfera terrestre.

A escala e a cor dos elementos representados são fictícias.

Fonte: elaborado com base em GABLER, Robert E.; PETERSEN, James F.; SACK, Dorothy. *Fundamentos da Geografia Física*. São Paulo: Cengage Learning, 2014. p. 226.

A superfície terrestre e alguns gases da atmosfera absorvem a radiação solar e a transformam em calor.

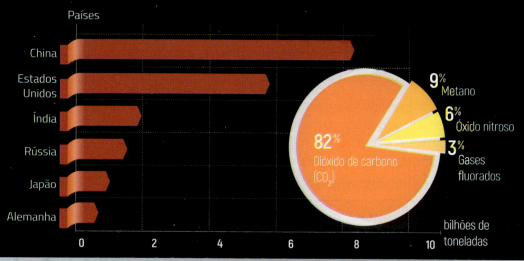

Emissões de CO₂ (2010)

Ao longo do tempo, o desenvolvimento industrial provocou o acúmulo de gases estufa, em especial do CO_2, resultante principalmente da queima de madeira, carvão vegetal, carvão mineral, petróleo e seus derivados.

Fonte: elaborado com base nos dados de THE WORLD BANK. Disponível em: <http://data.worldbank.org/indicator/EN.ATM.CO2E.KT?order=wbapi_data_value_2010+wbapi_data_value+wbapi_data_valu-first&sort=desc>; UNITED STATES ENVIRONMENTAL PROTECTION AGENCY. Disponível em: <www.epa.gov/climatechange/ghgemissions/gases.html>. Acesso em: 28 ago. 2018.

A sociedade vem, já há alguns séculos, emitindo na atmosfera diversos gases poluentes. Chamados de gases estufa, eles causam a intensificação do processo de retenção de calor na superfície terrestre.

Nas cidades, os gases estufa são liberados principalmente pelos escapamentos dos automóveis e pelas chaminés das fábricas.

A queima de vegetação libera CO_2 na atmosfera.

Leia o texto a seguir.

Por uma cidade mais saudável: entrevista com Paulo Saldiva

P = pergunta   R = resposta

O patologista Paulo Saldiva começou a estudar os efeitos prejudiciais da poluição urbana sobre a saúde há 30 anos [...]. Saldiva defende mudanças nas formas de mobilidade urbana: as pessoas devem andar mais, usar transporte público com maior frequência ou, como ele, ir para o trabalho de bicicleta [...].

P: Quais suas batalhas atuais?

R: Minha maior luta no momento é fazer o Brasil adotar um padrão de qualidade do ar compatível com o conhecimento científico atual. Ainda estamos defasados. A Organização Mundial da Saúde, a OMS, definiu parâmetros muito restritivos, mas colocou níveis intermediários como metas [...] as autoridades do governo brasileiro não definiram ainda o que é preciso fazer para atingir os níveis mais baixos de poluição, que é o padrão ideal.

[...] Nem os efeitos da poluição nem os da mobilidade urbana entraram ainda com a devida importância na pauta de debates de novas políticas de saúde pública. Existe também uma relação com a capacidade de um jovem se desenvolver intelectualmente, porque as quatro ou cinco horas que teria para descansar e estudar são perdidas no deslocamento entre a casa e o trabalho. Vários estudos mostraram que os problemas de mobilidade urbana prejudicam o desenvolvimento do indivíduo como cidadão e sua ascensão social e econômica. [...]

P: O que poderia ser feito?

R: Atacar esses problemas exige montar não só uma equipe multidisciplinar, mas uma rede de órgãos e de profissionais, porque engenheiros, paisagistas e outros têm a ver com esses problemas. As doenças causadas pelo ambiente urbano inadequado são também o resultado da gestão imobiliária, que faz com que a população do centro se mude para a periferia. É um absurdo uma pessoa perder três ou quatro horas por dia dentro de um trem, de um ônibus ou de um carro para ir de casa para o trabalho e depois voltar. [...]

P: Por que a obesidade tem ligação com a mobilidade urbana?

R: [...] Em um artigo publicado na *Nature Reviews Cancer* em setembro de 2013 [...], mostramos que a taxa de obesidade em vários países era menor quando a população adotava transporte ativo, como a caminhada, o ciclismo ou mesmo ônibus e metrô. Quem usa transporte coletivo em São Paulo anda de 1 a 3 quilômetros por dia, entre ir para o trabalho e voltar. [...] Temos de estimular o transporte ativo como forma de promoção da saúde. [...]

FIORAVANTI, Carlos. Paulo Saldiva, por uma cidade mais saudável. Revista *Pesquisa Fapesp*, ed. 241, mar. 2016. Disponível em: <http://revistapesquisa.fapesp.br/2016/03/21/paulo-saldiva-por-uma-cidade-mais-saudavel>. Acesso em: 15 jun. 2018.

Agora, responda às questões:

1. Amplie o seu glossário, consultando o dicionário e anotando o significado das palavras que você não conhece.

2. O que você entendeu por mobilidade urbana? Troque ideias com os colegas.

3. De acordo com o entrevistado, qual é a relação entre a mobilidade urbana e a qualidade de vida da população?

4. O que mais chamou a sua atenção nesse texto? Por quê?

5. No município onde você mora, as pessoas têm muitas dificuldades para se deslocar da casa ao trabalho ou à escola? E você, qual é a sua experiência de mobilidade? Compartilhe com os colegas.

CONEXÕES COM MATEMÁTICA

1. Você já viu e analisou alguns climogramas. Agora, você construirá o da cidade de Manaus (Amazonas) a partir dos dados da tabela. Para isso, siga o passo a passo e observe o esquema no fim da página.

Manaus (AM): precipitações e temperaturas

Mês	Jan.	Fev.	Mar.	Abr.	Maio	Jun.	Jul.	Ago.	Set.	Out.	Nov.	Dez.
Temperatura média (°C)	27,2	27,2	27,2	27,2	27,4	27,4	28,0	29,0	29,0	29,0	28,5	28,5
Precipitação média (mm)	262	260	295	280	210	110	79	59	79	125	167	221

Fonte: elaborado com base em *Clima*: Manaus. Disponível em: <https://pt.climate-data.org/location/1882/>. Acesso em: 15 jun. 2018.

Você vai precisar de papel quadriculado.

1º No papel quadriculado desenhe um retângulo que ocupe doze quadrículas no sentido horizontal e seis no vertical.

2º Na parte de baixo, escreva as iniciais dos meses do ano. Cada mês vai ocupar uma quadrícula do retângulo.

3º Na parte externa, à esquerda do retângulo, elenque as precipitações. Comece com 0 mm na parte de baixo, depois, acima, 50 mm, seguido de 100, 150, 200, 250 e finalmente 300 mm na última linha.

4º À direita do retângulo, faça a escala da temperatura começando com 0 °C na parte de baixo até chegar a 40 °C na parte de cima do retângulo.

5º Agora é hora de inserir as barras de precipitações mensais e a linha das temperaturas da cidade.

a) Para inserir as barras:
- em janeiro, a barra deve ultrapassar um pouco a altura de 250 mm, já que choveu 262 mm nesse mês;
- já a de março, seguindo a mesma lógica, deve chegar quase à altura de 300 mm, pois choveu 295 mm nesse mês. E assim por diante.

b) Para traçar a linha da temperatura: é preciso marcar os pontos de temperatura de cada mês, para, depois, traçar a linha.
- Em janeiro a temperatura média foi de 27,2 °C, logo, coloque um ponto na altura aproximada do quadro que fica entre 20 °C e 30 °C.
- Em agosto, coloque o ponto próximo ao valor de 30 °C, já que a temperatura nesse mês foi de 29 °C.
- Ao final, trace a linha.

Veja o gráfico com todos os dados do mês de janeiro já preenchidos.

2. Com o climograma completo, responda às questões.

a) Quais são os meses mais quentes em Manaus? E os mais frios?

b) Qual é o mês com maior precipitação? E qual apresenta menor índice médio de chuvas?

c) Existe em Manaus uma coincidência entre o mês mais quente e também o mais chuvoso? E entre o mês mais frio e também o menos chuvoso?

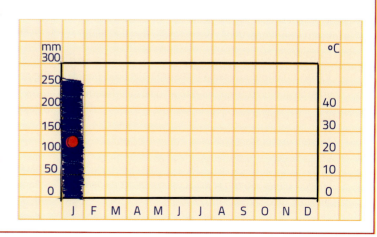

ATIVIDADES

+ Ação

1. Observe o quadro a seguir e, depois, resolva as atividades.

Cidades selecionadas: latitudes e temperaturas (15 jun. 2018)

Cidade	Latitude aproximada	Temperatura mínima	Temperatura máxima
Helsinque (Finlândia)	60° N	14 °C	16 °C
Seul (Coreia do Sul)	38° N	15 °C	25 °C
Macapá (Brasil)	0°	24 °C	32 °C
Salvador (Brasil)	13° S	22 °C	30 °C
Buenos Aires (Argentina)	35° S	7 °C	12 °C

Fonte: elaborado com base nos dados de PREVISÃO do tempo. Disponível em: <www.accuweather.com/pt>. Acesso em: 26 ago. 2018.

a) Tomando por base a data dos dados, em que estações do ano estavam as localidades representadas na tabela?

b) Em quais latitudes ocorreram as maiores temperaturas? Por quê?

2. Você provavelmente já ouviu falar que não deve se expor ao sol sem protetor solar. Responda:

a) Como isso se relaciona com o gás ozônio?

b) Em que camada da atmosfera fica a maior parte desse gás?

3. Muitas pessoas usam as palavras **tempo** e **clima** como se fossem sinônimos. Você consegue diferenciar esses dois conceitos?

• Escreva na frente de cada frase uma das duas palavras, de acordo com o contexto ao qual se referem.

Hoje está muito frio.

O Sertão do nordeste brasileiro é quente e seco.

Ontem choveu muito na minha cidade.

A região central do Brasil possui duas estações bem definidas, uma seca e outra chuvosa.

Nevou a manhã toda na cidade de Nova York.

4. Observe o quadro abaixo. Ele registra as temperaturas máxima e mínima em algumas cidades.

Cidades selecionadas: temperaturas (14 jun. 2018)

Cidade	Temperatura mínima	Temperatura máxima
Moscou (Rússia)	8 °C	19 °C
Paris (França)	10 °C	20 °C
Santiago (Chile)	9 °C	15 °C
Brasília (Brasil)	14 °C	28 °C

Fonte: elaborado com base nos dados de JORNAL do tempo. Disponível em: <http://jornaldotempo.uol.com.br/previsaodotempo.html/brasil>. Acesso em: 26 ago. 2018.

a) Qual dessas cidades registrou a maior amplitude térmica?

b) E qual delas registrou a menor amplitude térmica?

5. Leia o quadro a seguir para responder às atividades.

Cidades selecionadas: altitudes e temperaturas (15 jun. 2018)

Cidade	Altitude	Temperatura mínima	Temperatura máxima
Campos do Jordão (SP)	1628 m	10 °C	15 °C
Iguape (SP)	3 m	16 °C	21 °C

Fonte: elaborado com base nos dados de PREVISÃO do tempo. Disponível em: <http://jornaldotempo.uol.com.br/previsaodotempo.html/brasil>. Acesso em: 15 jun. 2018.

a) Que relação você observa entre altitude e temperatura?

b) Você consegue perceber a influência da altitude na temperatura do lugar onde mora?

Autoavaliação

1. Quais foram as atividades mais fáceis pra você? Por quê?

2. Algum ponto deste capítulo não ficou claro? Qual?

3. Você participou das atividades em dupla e em grupo e expressou suas opiniões?

4. Como você avalia sua compreensão dos assuntos tratados neste capítulo?

» **Excelente**: não tive dificuldade.

» **Bom**: consegui resolver as dificuldades de forma rápida.

» **Regular**: tive dificuldade para entender os conceitos e realizar as atividades propostas.

> **Lendo a imagem**

1. Observe o climograma ao lado.

   a) Qual é o clima de Fairbanks?

   b) Qual é a temperatura máxima? E a mínima? Em quais meses elas ocorrem nesse climograma?

   c) As precipitações concentram-se no verão ou no inverno?

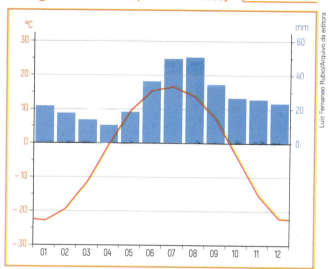

Climograma: Fairbanks (Estados Unidos)

Fonte: CLIMATE DATA. Disponível em: <https://pt.climate-data.org/america-do-norte/estados-unidos-da-america/alasca/fairbanks-1403>. Acesso em: 6 fev. 2018.

2. Observem a paisagem.

Vista do deserto do Saara em trecho perto da Tunísia, em 2016.

   a) O que mostra a foto? Citem os elementos dessa paisagem que mais chamaram a atenção de vocês.

   b) Que tipo de clima predomina no local mostrado na foto?

   c) Como costuma ser o regime de chuvas nas regiões onde predomina esse tipo de clima?

   d) Escrevam um pequeno texto sobre esse tipo climático. Lembrem-se de comentar as temperaturas e precipitações que ali ocorrem.

3. Observe o mapa da página 193 para responder às questões.

   a) Que cor foi utilizada para representar as regiões de clima tropical?

   b) Que tipo climático está representado com a cor verde-escura?

   c) Que tipos de clima podem ser encontrados no continente americano?

ATIVIDADES

CAPÍTULO 10

Biosfera

Paisagem da Chapada dos Veadeiros (GO), em foto de 2018.

Neste capítulo você verá por que a biosfera compreende o conjunto dos seres vivos e dos fatores do ambiente com os quais eles interagem, como o solo, a água e o ar. Compreenderá o significado de ecossistema, de bioma, de biomassa e de biodiversidade. Estudará a importância da biodiversidade e conhecerá as características dos principais biomas da superfície da Terra e do Brasil.

▶ Para começar

Observe a imagem e responda:

1. É possível notar a hidrosfera, a litosfera, a atmosfera e a biosfera nessa paisagem? Explique.
2. Pode-se dizer que a biosfera é o conjunto de todos os espaços onde há vida na Terra? Por quê?

1 Vida

A Administração Nacional da Aeronáutica e do Espaço (Nasa, sigla em inglês), que pesquisa o espaço sideral e a possibilidade de existência de vida em outros planetas, afirma que a definição de **vida** é complexa e envolve várias disciplinas científicas. Ela afirma que os **seres vivos** são definidos pela capacidade de absorver energia do ambiente e transformá-la para o seu **crescimento** e **reprodução**.

Como você já viu no capítulo 5, a biosfera compreende o conjunto dos seres vivos e dos elementos do ambiente com os quais eles interagem. Assim, pode-se dizer que a biosfera surge na intersecção da litosfera, da atmosfera e da hidrosfera, como o solo, o ar, a insolação e a água.

A existência de vida no planeta depende de vários fatores, como a energia solar, a atmosfera – com sua composição de nitrogênio e oxigênio, além de outros gases –, e a água na forma líquida. No entanto, nem sempre o nosso planeta teve as condições necessárias para a existência da vida, especialmente, a vida dos seres humanos. Fatores como altas temperaturas, atmosfera repleta de gases tóxicos, excesso de abalos sísmicos e constantes erupções vulcânicas eram comuns nos primeiros anos do nosso planeta – cerca de 4,5 bilhões de anos atrás. Estima-se que somente após milhões, ou até mesmo bilhões de anos após o surgimento do planeta Terra, é que apareceram as primeiras formas de vida.

Observe ao lado um quadro que mostra algumas características que o planeta apresentou no decorrer de bilhões de anos e, nas páginas seguintes, um infográfico que demonstra como o planeta sofreu alterações provocadas por agentes internos e externos, o que resultou no desaparecimento dos maiores habitantes do planeta – os **dinossauros**.

Escala geológica do tempo

Éon	Era	Período	Época	Início (milhões de anos atrás)	Características
Fanerozoico	Cenozoica	Quaternário	Holoceno (atual)	0,01	Surge o ser humano.
			Pleistoceno	2,6	Surgem os primeiros mamíferos.
		Terciário	Plioceno	5,3	
			Mioceno	23	
			Oligoceno	34	
			Eoceno	56	
			Paleoceno	65	
	Mesozoica	Cretáceo		145	Surgem os primeiros répteis e a vegetação das coníferas.
		Jurássico		200	
		Triássico		251	
	Paleozoica	Permiano		299	Surgem os primeiros anfíbios.
		Carbonífero		359	
		Devoniano		416	Peixes, vegetação nos continentes.
		Siluriano		440	Invertebrados e grande número de fósseis. Surgem algumas formas de vida aquática.
		Ordoviciano		500	
		Cambriano		570	
Pré-Cambriano				2500 a 4500	Restos raros de bactérias, fungos, algas, esponjas, crustáceos.

Fonte: LEINZ, Viktor; AMARA, Sérgio Estanislau do Amaral. *Geologia geral*. 12. ed. São Paulo: Ed. Nacional, 1995. p. 27.

INFOGRÁFICO

A extinção dos dinossauros

Durante milhões de anos, répteis gigantescos ocupavam a superfície terrestre. Ao contrário do que muita gente pensa, os dinossauros e os seres humanos nunca conviveram. Veja as eras geológicas, que são as etapas da história do nosso planeta.

Ainda bem que os seres humanos não conviveram com os dinossauros! Observe abaixo a comparação do tamanho desses répteis e o ser humano.

Há muitas hipóteses que explicam o desaparecimento dos dinossauros da face da Terra. A mais aceita diz que a extinção desses animais se deu em razão do choque de um imenso meteorito que teria atingido o nosso planeta.

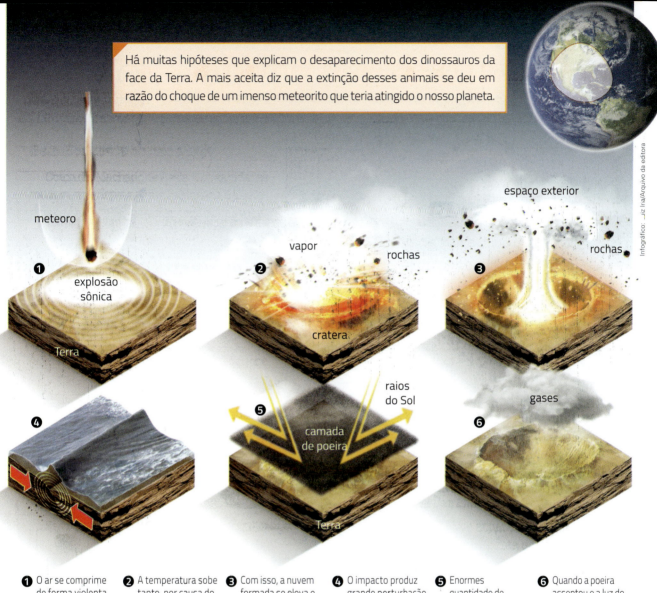

❶ O ar se comprime de forma violenta por causa da velocidade da queda do meteorito, que provoca uma explosão sônica.

❷ A temperatura sobe tanto, por causa do atrito do meteorito com o ar e, depois, com a superfície terrestre, que causa a vaporização e o derretimento do meteorito e do solo atingido, causando uma grande cratera.

❸ Com isso, a nuvem formada se eleva e parte dela escapa para o espaço sideral, atravessando a atmosfera. Pedaços de rocha fundida e de cinzas são espalhados pela superfície.

❹ O impacto produz grande perturbação das águas oceânicas e abalos sísmicos, que desencadeiam *tsunamis*.

❺ Enormes quantidade de poeira se projetam na atmosfera de todo o planeta, impedindo que a luz do Sol chegue à superfície. Isso causou uma drástica alteração na dinâmica climática.

❻ Quando a poeira assentou e a luz do Sol conseguiu chegar à superfície, um processo de aquecimento intenso teve início por causa dos diversos gases que agora faziam parte da atmosfera.

A biosfera substituiu, com o passar de milhares de anos, essas formas de vida por outras mais complexas. Esse é apenas um exemplo que mostra a grandiosidade da natureza. É possível afirmar que os seres humanos precisam da biosfera, mas esta certamente não precisa de nós para existir; ela pode continuar a sua evolução sem os seres humanos do mesmo modo que continuou sem os dinossauros.

Fontes: elaborado com base em PRESS, Frank et al. *Para entender a Terra*. Porto Alegre: Bookman, 2006. p. 266; ATLAS Virtual da Pré-História. Disponível em: <www.avph.com.br>. Acesso em: 19 jun. 2018.

Inter-relação dos sistemas terrestres

Como os elementos naturais se relacionam continuamente uns com os outros, qualquer mudança ocorrida em um deles provoca alteração nos demais. O desmatamento de uma área florestal, por exemplo, pode ocasionar:

- a extinção ou alteração das comunidades de inúmeras espécies de animais e vegetais;
- a diminuição dos índices pluviométricos naquela área;
- a degradação do solo, que fica mais exposto ao calor e à erosão, além de deixar de receber a matéria orgânica da mata;
- o assoreamento de rios, que passam a receber mais sedimentos oriundos do solo degradado, entre outros.

Minha biblioteca

Era verde? Ecossistemas brasileiros ameaçados, de Zysman Neiman. São Paulo: Atual, 2013.

O livro conta como o ser humano desestabiliza os ecossistemas, por meio do desmatamento e da exploração intensa de seus recursos.

Desmatamento de trecho da Floresta Amazônica na região sudeste do Amazonas, em 2017.

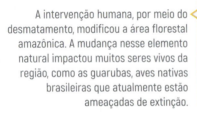

A intervenção humana, por meio do desmatamento, modificou a área florestal amazônica. A mudança nesse elemento natural impactou muitos seres vivos da região, como as guarubas, aves nativas brasileiras que atualmente estão ameaçadas de extinção.

Ecossistema

Ecossistema é um **conjunto de comunidades** de seres vivos instalados em uma determinada área. Nos ecossistemas são consideradas as interações entre os próprios seres vivos (animais, plantas, bactérias, entre outros), além da interação desses seres com diferentes elementos, como a energia do Sol, o solo, a umidade e o ar.

Num ecossistema existe uma **cadeia alimentar** (também chamada de cadeia trófica), cuja base são os **produtores**. Os produtores são principalmente as plantas e outros seres que possuem clorofila, um pigmento vegetal de cor esverdeada. Esses organismos são capazes de realizar **fotossíntese**.

A fotossíntese é um processo pelo qual os produtores absorvem luminosidade (e gás carbônico) e produzem matéria orgânica (e oxigênio) a partir de água e minerais, isto é, de substâncias inorgânicas. São os únicos seres do planeta capazes de produzir seus alimentos a partir da matéria inorgânica.

Depois dos produtores vêm os **consumidores**, que são os demais seres vivos (especialmente animais), os quais se alimentam de plantas e/ou de outros seres vivos. Os consumidores primários se alimentam de vegetais e os secundários se alimentam dos consumidores primários e/ou de outros animais. Existem ainda os **decompositores** (bactérias e fungos), organismos que se alimentam de matéria morta e excrementos, provenientes de todos os outros níveis da cadeia alimentar. Observe o esquema.

Exemplo de um ecossistema na floresta

(Elaborado pelos autores)

Bioma

Os ecossistemas são muito diversificados por causa das características de cada local. Isto é, variam de acordo com o tipo de clima, a disponibilidade de água, o tipo de solo e de relevo, entre outros fatores. Um **conjunto de ecossistemas** vizinhos aparentados pela vegetação dominante é chamado de bioma.

A Floresta Amazônica é um exemplo de bioma, bem como a Taiga, a Mata Atlântica, entre outros. Essas grandes paisagens naturais, ou biomas, não representam apenas um ecossistema, já que nelas existem inúmeros deles.

Por exemplo, na imensa área ocupada pela Floresta Amazônica há milhares de ecossistemas diferentes, que variam conforme o lugar onde estão, como na beira do rio, nas áreas mais distantes das águas, nos trechos pantanosos ou nos mais altos. Porém, esse conjunto que compõe o bioma amazônico tem uma aparência comum, que o diferencia da Caatinga, do Cerrado e de outros biomas.

Texto e ação

1. Até por volta do século XVIII, era costume dividir a natureza em animais, vegetais e minerais. Mas com o tempo se percebeu que animais e vegetais têm muitos traços em comum. Dessa forma, passou-se a classificar os seres da natureza em vivos e não vivos (ou inorgânicos). Para você, o que define um ser vivo?
2. Cite um exemplo de ecossistema.

Biomassa e biodiversidade

Dois conceitos importantes para compreender os ecossistemas – e a biosfera de modo geral – são a biomassa e a biodiversidade.

Biomassa é a **quantidade** de matéria viva existente em determinada área e é constituída de seres vivos, principalmente de vegetação, a matéria orgânica que existe em maior quantidade nos biomas e em toda a biosfera.

A biodiversidade consiste na **diversidade** biológica existente em um ecossistema ou em um bioma. A biodiversidade é a variedade de seres vivos. Quanto maior a variedade, tanto de vegetais como de animais e de microrganismos, maior a biodiversidade.

Portanto, a biomassa se refere à quantidade de massa biológica ou orgânica e a biodiversidade se refere à variedade de seres vivos em um ecossistema ou bioma.

Tanto a biomassa como a biodiversidade são muito importantes para a continuidade da vida no planeta. A biomassa regula a localização do carbono no sistema terrestre e a biodiversidade determina a complexidade dos ecossistemas e biomas.

Fatores naturais

Os biomas tropicais geralmente têm maior biodiversidade do que os temperados, que por sua vez são mais diversos do que os biomas frios e desérticos.

Isso ocorre porque o **calor** e a **umidade** favorecem o desenvolvimento rápido e intenso de vegetação e de outros seres vivos, como insetos, microrganismos e diversas espécies de animais.

A fertilidade dos solos e a disponibilidade de água também influem na maior ou menor presença de seres vivos (biomassa) e na sua variedade (biodiversidade) por quilômetro quadrado nos diferentes ecossistemas ou biomas.

A humanidade já conhece e catalogou cerca de 1,8 milhão de espécies de seres vivos, mas calcula-se que existam de 2 a 5 milhões ainda não conhecidas. No território brasileiro existem 17,6% dos pássaros conhecidos do planeta, 13,6% dos anfíbios, 11,8% dos mamíferos, 7,9% dos répteis, 13,7% dos peixes e 20,8% das plantas vasculares (ervas, arbustos e árvores). Esses números do Brasil não significam que apenas nesse país se encontram determinadas espécies. Muitas também existem em outros países.

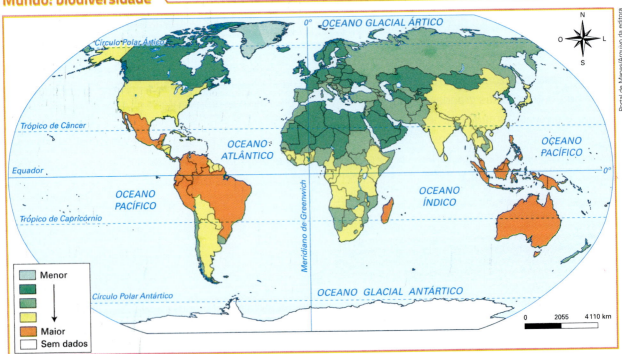

Mundo: biodiversidade

Fonte: elaborado com base em CONVENTION of Biological Diversity. Disponível em: <https://www.cbd.int/gbo1/chap-01.shtml>. Acesso em: 20 jun. 2018.

Importância da biodiversidade

Nos ecossistemas – e na biosfera, que é a soma de todos os ecossistemas do planeta – há recursos sem os quais os seres humanos não poderiam sobreviver. Estes incluem a fertilidade do solo, os polinizadores de plantas, os predadores, os decompositores, a purificação do ar e água, a estabilização e moderação do clima, a diminuição das inundações, das secas e de outros desastres ambientais. Pesquisas comprovaram que quanto mais diversificado for um ecossistema, ou um bioma, mais produtivo e resiliente ele será. Ecossistemas simples, com pouca diversidade (por exemplo, monoculturas) são extremamente suscetíveis a pragas ou doenças, ao passo que ecossistemas complexos, ricos em biodiversidade, conseguem se adaptar e sobreviver a pragas. Isso não ocorre quando o ser humano realiza desmatamentos, queimadas, etc.

As monoculturas utilizam o solo para a produção de um só produto e são exemplo de ecossistema com pouca diversidade. Na foto, monocultura de soja em Pinheiro Machado (RS), em 2017.

A biodiversidade, do ponto de vista do uso humano, é um reservatório de recursos a serem aproveitados para a produção de alimentos, novos materiais para roupas, produtos farmacêuticos, aviões, computadores, etc. A perda de biodiversidade – devido aos desmatamentos e à extinção de espécies de vegetais e animais – significa a perda de um enorme potencial de recursos.

A diversidade biológica é bastante estudada pelos institutos de tecnologia e utilizada em várias indústrias, especialmente na química e na farmacêutica. A natureza ainda possui muitas espécies desconhecidas e é uma rica fonte de seres vivos, cujos princípios ativos podem ser utilizados na composição de medicamentos e outros produtos essenciais aos seres humanos. O ácido acetilsalicílico, por exemplo, fármaco empregado como anti-inflamatório e analgésico, foi encontrado e sintetizado a partir da casca de uma árvore, o salgueiro branco. A quinina, usada para tratar a malária, provém da casca da árvore amazônica de cinchona. Alguns remédios usados para tratar problemas cardíacos crônicos se originaram de uma planta comumente chamada de dedaleira.

No entanto, muitas das ações humanas sobre o ambiente geram poluição ou envolvem o desmatamento, como o crescimento desordenado das cidades, a industrialização, o aumento de grandes monoculturas no campo, etc. Essas atividades acabam provocando a extinção de espécies de animais, aves, plantas ou outros seres vivos. Consequentemente, ocorre a diminuição da biodiversidade na superfície terrestre.

> **Resiliência:** capacidade de se recobrar facilmente ou se adaptar às mudanças, situações adversas ou catástrofes (tais como períodos de seca, vulcanismo, terremotos, pragas que atacam plantas e outros seres vivos, etc.).

Texto e ação

- Observe o mapa *Mundo: biodiversidade*, na página 210, e responda:

    a) Existe uma relação entre clima e biodiversidade? Explique.

    b) Na sua opinião, por que o Brasil é um dos países mais ricos em biodiversidade?

    c) Procure explicar por que a maior parte da Europa apresenta a cor verde, a mesma do norte da África (onde há o deserto do Saara) e que indica uma biodiversidade não muito variada.

Geolink

Leia o texto a seguir e depois faça o que se pede.

Conhecimento indígena é vital para preservar biodiversidade

Especialistas internacionais em biodiversidade disseram [...] que é vital para todas as comunidades do mundo aprender o conhecimento tradicional de povos indígenas para enfrentar as consequências da mudança climática e o rápido desaparecimento das espécies.

Especialistas da Plataforma para Biodiversidade e Serviços do Ecossistema da ONU (Ipbes) afirmaram em comunicado que as lições das comunidades indígenas são aplicáveis em campos como agricultura, manejo florestal e a exploração dos oceanos.

Exemplos do valor do conhecimento tradicional indígena diante dos problemas ambientais e ecológicos de hoje em dia são, por exemplo, as técnicas de gestão de incêndios florestais desenvolvidas há milhares de anos por povos no que hoje são os territórios de Austrália, Indonésia, Japão e Venezuela.

As lições das comunidades indígenas podem ser aplicadas na agricultura e no manejo florestal para a preservação da biodiversidade. Na foto, índios Iauanauá, no município de Tarauacá (AC).

Grupos indígenas destas regiões utilizam os incêndios controlados no início da estação seca para criar zonas que amenizam os incêndios incontroláveis na época mais seca do ano, o que, além disso, contribui para a proteção da biodiversidade.

Os especialistas também ressaltaram que, perante o aumento de condições meteorológicas extremas, a forma como os indígenas de China, Bolívia e Quênia administraram seus cultivos é uma lição que deve ser aprendida pelos agricultores modernos.

Neste caso, as comunidades indígenas preferiram sempre cultivar uma variedade de produtos tradicionais, apesar desta opção oferecer menos rendimento que o cultivo único de uma só variedade para fazer frente em melhores condições às possíveis mudanças das condições meteorológicas durante o ano. [...]

O presidente de Ipbes, um organismo internacional cujo objetivo é buscar soluções para a perda de biodiversidade, Zakri Abdul Hamid, disse em uma declaração que "nossa tarefa é complexa, mas essencial".

"Devemos identificar as lacunas de conhecimento e criar relações entre decisões políticas e conhecimento, em todas suas formas", acrescentou.

"Isto significa desenvolver um processo pelo qual a comunidade científica e a comunidade política reconhecem, consideram e estabelecem pontes com os indígenas e seu conhecimento local para a conservação e uso sustentável da biodiversidade", disse Abdul Hamid.

Fonte: Revista *Exame*, 9 jan. 2014. Disponível em: <https://exame.abril.com.br/brasil/conhecimento-indigena-e-vital-para-preservar-biodiversidade>. Acesso em: 20 jun. 2018.

1. Mencione exemplos de como os indígenas manejam a floresta ou o solo para evitar sua depredação.

2. Escolha um dos exemplos de como os indígenas manejam a floresta e faça uma pesquisa para descobrir mais detalhes a respeito dele.

2 Os grandes biomas da Terra

Você já viu que bioma é um conjunto de ecossistemas que se caracteriza pela aparência comum da vegetação predominante, que o diferencia dos demais. Isso ocorre porque os biomas são formados em condições climáticas similares e história compartilhada de mudanças ambientais, o que resulta em uma diversidade biológica própria.

Observe os principais biomas do mundo no mapa a seguir.

A Floresta Amazônica, típica do clima equatorial, é considerada internacionalmente como parte das florestas tropicais, que são aquelas – como também a Mata Atlântica – de climas quentes e úmidos.

Mundo: principais biomas

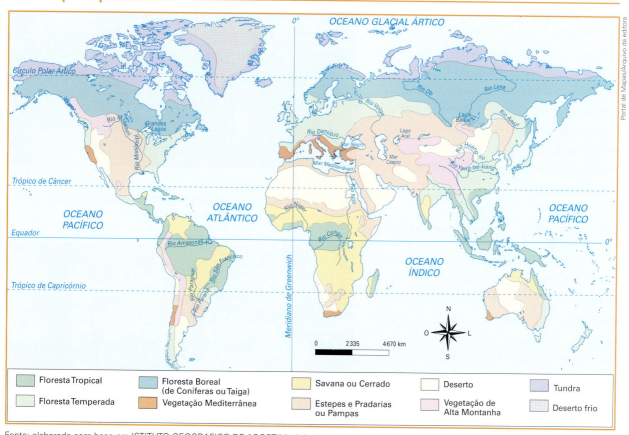

Fonte: elaborado com base em ISTITUTO GEOGRAFICO DE AGOSTINI. *Atlante geografico metodico De Agostini*. Novara, 2011. p. E18.

Tundra

Caracteriza-se por uma vegetação rasteira e é encontrada nas áreas polares, ou seja, nas regiões de clima frio polar. Ela aparece apenas durante o breve verão das duas regiões polares, em especial na região ártica, ao norte. Nessa época, com o degelo parcial do solo há o desenvolvimento da vegetação composta de musgos, liquens, gramas, ervas e raras árvores.

A fauna desse bioma é constituída principalmente por corujas-das-neves, renas, ursos-polares e lobos árticos, no polo norte, e pinguins, focas e leões-marinhos, no polo sul.

Tundra, paisagem típica das zonas polares durante o verão na região de Murmansk, na Rússia, em 2017.

Taiga

A Taiga é uma formação florestal que ocorre em algumas regiões do hemisfério norte, no Canadá e na porção norte da Europa e da Ásia. Também conhecida como **Floresta Boreal**, é típica de clima temperado continental bastante frio ou até de áreas de clima polar. Nas áreas de Taiga ocorre um verão mais prolongado e um maior degelo do que na região da Tundra, onde há um clima frio polar mais severo.

É uma **floresta de coníferas**, ou seja, de árvores em forma de cone, como o pinheiro e o abeto. Não é considerada uma vegetação com grande biodiversidade.

As coníferas são árvores ricas em celulose, uma substância branca e fibrosa usada para a fabricação de papel. Portanto, a Taiga é muito explorada pelos grandes produtores e exportadores mundiais de papel, como a Dinamarca, o Canadá e a Suécia. A fauna desse bioma é constituída por lobos, martas, linces, ursos, lebres, raposas e diversas espécies de aves.

Floresta de coníferas margeiam lago na Ucrânia, em 2017. Taiga é uma palavra de origem russa que significa "floresta fria". Poucas espécies de plantas são capazes de sobreviver aos invernos longos e rigorosos.

Floresta Temperada

A Floresta Temperada é típica das áreas de clima temperado oceânico em ambos os hemisférios. As Florestas Temperadas são **decíduas**, isto é, perdem as folhas durante o inverno.

Essa formação florestal está entre as mais devastadas do planeta, sobretudo no continente europeu, onde se iniciou no século XVIII uma intensa industrialização, que posteriormente se espalhou para outros continentes. As árvores mais comuns são o carvalho, a faia e a nogueira. A fauna característica dessas florestas é composta de esquilos, lobos, raposas, répteis e diversas aves.

Floresta de carvalhos no País de Gales, em foto de 2016. Boa parte da Floresta Temperada da Europa deu lugar às cidades e à agropecuária.

Texto e ação

1. Observe a foto da página 213, que apresenta a Tundra. Descreva a paisagem, identificando os elementos com base nas informações do texto.

2. Observe a foto da Floresta Temperada, nesta página. Agora, faça uma comparação entre ela e uma floresta brasileira da Zona tropical (Floresta Amazônica, Mata Atlântica). Que diferenças você percebe? Em sua opinião, qual tem maior biodiversidade? Por quê?

Pradaria

Chamadas de **Campos**, no Brasil, e de **Estepes**, na Ásia, as Pradarias se caracterizam pela vegetação herbácea típica de climas temperados ou subtropicais e desérticos, combinados a relevos de planície.

As Pradarias ocorrem na região central dos Estados Unidos, no sul do Brasil (os Pampas Gaúchos), no Uruguai, na Argentina, e em algumas regiões da Ásia. São cobertas por diversas espécies de grama e outras plantas adaptadas às chuvas irregulares. Os solos dessas áreas em geral são férteis, ricos em matéria orgânica. Por isso, as Pradarias concentram boa parte do cultivo de trigo mundial.

A fauna das Pradarias é composta de gaviões, corujas e outras aves, além de búfalos, antílopes, toupeiras, coiotes, etc.

As Pradarias são bastante exploradas na agropecuária. Na foto, criação extensiva de gado em região de Campos em São Martinho da Serra (RS), em 2016.

Savana

As Savanas são caracterizadas por formações herbáceas e arbóreas, típicas de climas tropicais semiúmidos, onde há um período seco. Geralmente, esse tipo de vegetação ocorre entre áreas de floresta e de desertos na América do Sul, na Ásia e na África.

No Brasil, as Savanas correspondem ao **Cerrado**, bioma que apresenta diversos tipos de grama e árvores retorcidas. O Cerrado é considerado um bioma bastante rico em biodiversidade.

No continente africano a fauna é formada por leões, rinocerontes, zebras, girafas, antílopes, entre outros animais; já na América do Sul, há capivaras, lobos-guarás, tamanduás e antas.

Girafas na Savana na Reserva Nacional Maasai Mara, no Quênia. Foto de 2018.

Lobo-guará em Cerrado no Parque Nacional da Serra da Canastra, em São Roque de Minas (MG), em 2014.

Floresta Tropical

A Floresta Tropical é a formação vegetal com a maior biodiversidade do mundo. Caracteriza-se por ser fechada, ou seja, suas árvores são próximas umas das outras. São típicas de climas quentes e úmidos, como equatorial e tropical úmido.

Existem Florestas Tropicais no norte e no leste da América do Sul, no golfo da Guiné, na bacia do Congo na África central e ocidental e no sudeste da Ásia. Na América do Sul, destacam-se a Floresta Amazônica e a Mata Atlântica, a última já bastante devastada pela ação humana.

A Floresta Amazônica é considerada uma Floresta Tropical, de clima quente e úmido, localizada na zona tropical (entre os dois trópicos). O conceito de Floresta Equatorial, do ponto de vista do estudo dos biomas, é apenas uma subdivisão das Florestas Tropicais, que são os biomas com maior biodiversidade do planeta.

A exploração da madeira, do petróleo (no Equador, na Nigéria e em outros países tropicais com florestas), do ouro e de outros minérios, são algumas das atividades econômicas desenvolvidas nessas áreas e que provocam grandes desmatamentos, além da poluição dos rios e extinção de espécies de animais. Também a agropecuária, que vem se expandindo tanto na América do Sul como na África, devido ao aumento do consumo de carnes e cereais (especialmente soja), vem suscitando desmatamentos e perda de biodiversidade nesse bioma.

Floresta Tropical em Ruanda, na bacia do Congo, em 2016.

Texto e ação

- De que forma o ser humano altera a paisagem das Florestas Tropicais?

Deserto

O Deserto é caracterizado pela vegetação rara, com plantas xerófitas, adaptadas à escassez de água. Sua fauna é composta de camelos e dromedários, lagartos, serpentes, roedores e outros. As chuvas nos Desertos são esparsas e irregulares, há grande amplitude térmica diária e os solos tendem a ser arenosos ou pedregosos.

Os Desertos se estendem por mais de 30 milhões de quilômetros quadrados da superfície terrestre. Os maiores são o do Saara e o do Kalahari (África), o de Gobi (Ásia) e o Grande Deserto Australiano (Oceania). Porém, existem vários outros de menor dimensão.

Mundo: principais desertos*

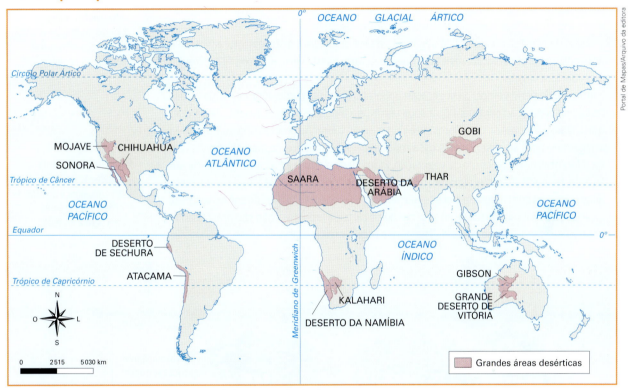

* Desertos quentes situados em áreas das zonas tropicais e temperadas do planeta.
Fonte: elaborado com base em *Maps of world*, 2013.

Paisagem de cactos no deserto de São Pedro do Atacama, no Chile, em 2018. A temperatura do ar nos Desertos chega a atingir 38 °C na sombra. Alguns deles ficam anos sem chuva.

Minha biblioteca

Kalahari: uma aventura no deserto africano, de Rogério Andrade Barbosa. São Paulo: Melhoramentos, 2009.

A história se passa no deserto africano de Kalahari: aponta as paisagens locais e aborda assuntos como a pluralidade cultural, ética e a exploração de recursos naturais.

Saiba mais

A importância do perfil de vegetação

A elaboração dos perfis de vegetação permite a identificação de formações vegetais características de diferentes biomas e a sua distribuição ao longo do espaço. Mas por que é importante conhecer e saber interpretar um perfil de vegetação?

Ao estudar esses perfis é possível analisar uma determinada área a fim de compreender se ela está sofrendo alguma ação humana (o desmatamento, por exemplo, esvazia áreas que possuíam uma vegetação característica, fator que pode ser percebido em um perfil), quais são as características da vegetação da área (vegetação fechada, aberta, espaçada, alta, baixa, etc.), além de possibilitar a realização de estudos entre dois locais diferentes, comparando-os, para analisar características de cada local, ou ainda para perceber possíveis mudanças (naturais ou antrópicas) de uma paisagem.

Para compreender um perfil de vegetação é preciso analisar a sua estrutura vertical e horizontal, cuja observação, registro e análise geram o perfil vertical e o perfil horizontal ou cobertura vegetal.

Através do perfil vertical da vegetação podemos observar o conjunto de formas existentes na vegetação para identificar seus estratos (camadas) básicos. Apesar de parecer que todas as árvores de uma floresta são do mesmo tamanho quando observamos uma imagem vertical, se observarmos essa mesma paisagem de frente, perceberemos que há diferentes níveis de altura da vegetação, indo desde a altura ao alcance dos olhos até as árvores muito altas, que superam o dossel mais uniforme da floresta. As árvores muito altas e aquelas que compõem o dossel são adultas e recebem toda a luz do sol. No entanto, as árvores no interior da mata, no sub-bosque e camada arbustiva, não são prejudicadas por não receber luz do sol, pois elas gostam e precisam da sombra do dossel.

 **Mundo virtual**

Ministério do Meio Ambiente
Disponível em: <www.mma.gov.br/>. Acesso em: 21 jun. 2018.
O *site* do Ministério do Meio Ambiente traz informações sobre os biomas do Brasil e aborda as principais questões ecológicas do país.

▶ **Dossel:** o estrato da vegetação onde ficam as árvores altas e adultas da área. Essas árvores recebem a luz solar.

Os estratos da floresta

A ilustração mostra os diferentes estratos que uma floresta possui. Eles podem variar também de acordo com o bioma. Entre os principais estratos temos o emergente, o arbóreo, o sub-bosque, o arbustivo e o herbáceo.

Fonte: elaborado com base em EARTH: *The Definitive Visual Guide*. 13rd ed. London: Dorling Kindersley, 2013. p. 300.

A estrutura horizontal mostra se uma vegetação é mais aberta, ou seja, se as plantas estão mais afastadas umas das outras; ou ao contrário, se são mais fechadas, mais próximas umas das outras. Dessa forma, é possível observar se as características de uma vegetação predominam por um determinado local, se há áreas com ausência de vegetação, entre outras análises. Observe abaixo o perfil de vegetação e uma foto que mostra uma área com o tipo de vegetação representada no perfil.

Paisagem de Floresta Tropical Pluvial no Parque Estadual Intervales, em trecho do município de Iporanga (SP), em 2017.

Perfil de vegetação de uma Floresta Tropical Pluvial

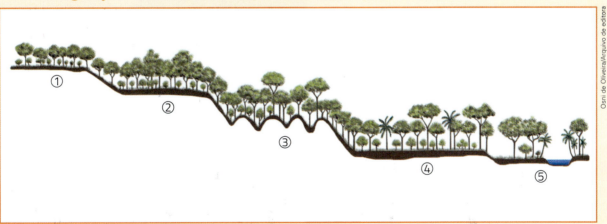

Fonte: elaborado com base em VELOSO, H. P.; RANGEL FILHO, A. L. R.; LIMA, J. C. A. Classificação da vegetação brasileira, adaptada a um sistema universal. Rio de Janeiro: IBGE, 1991. In: IBGE. *Manual técnico em geociências*. n. 1, Rio de Janeiro: IBGE, 2012. p. 123.

Os números acima correspondem à altimetria de cada local que foi representado nesse perfil. Considerando que o perfil foi produzido em áreas situadas entre 16° de latitude Sul e 24° de latitude Sul, tem-se as seguintes altimetrias: o número 1 corresponde a locais com altitudes acima de 1500 m; o número 2 corresponde a locais com altitudes entre 500 e 1499 m; o número 3 corresponde a locais com altitudes entre 50 e 499 m; o número 4 representa áreas com altitudes entre 5 e 50 m; e o número 5 se refere a locais com altitude abaixo de 5 m.

3 Os biomas brasileiros

O Instituto Brasileiro de Geografia e Estatística (IBGE) e o Ministério do Meio Ambiente (MMA) elaboraram um estudo que resultou no Mapa de Biomas do Brasil. Esse mapa representa a situação provável desses tipos de biomas na época em que os portugueses chegaram às terras que hoje formam o Brasil, em 1500. Nos dias atuais, enormes áreas já foram desmatadas. O bioma continental brasileiro de maior extensão é a Amazônia, que ocupa quase a metade do Brasil: 49,29%. Observe no mapa a seguir a área inicialmente ocupada por cada um dos biomas.

O bioma Amazônia é considerado a área com maior biodiversidade do planeta e se estende para países vizinhos. Internacionalmente, esse bioma é considerado a maior Floresta Tropical úmida do globo, embora localizada em sua maior parte no clima equatorial do norte do país. O clima dessa região é quente e úmido e sua vegetação é caracterizada pela floresta fechada, com árvores de grande porte.

O Cerrado é o segundo maior bioma do Brasil em extensão. É considerado um tipo de Savana, embora com maior biodiversidade biológica do que a Savana africana.

O bioma Caatinga aparece no Sertão nordestino, na área de clima semiárido. Possui uma vegetação arbustiva de médio porte, com galhos retorcidos e presença de cactos.

A Mata Atlântica é o bioma brasileiro que mais sofreu desmatamentos devido ao fato de se localizar próximo ao litoral, área de maior povoamento. É uma Floresta Tropical de clima quente e úmido.

O Pantanal é o bioma de menor extensão e ocupa áreas em dois estados brasileiros: Mato Grosso e Mato Grosso do Sul. O clima predominante é tropical continental com altas temperaturas e chuvas, de verão chuvoso e inverno seco. A vegetação é marcada pelas gramíneas, árvores de médio porte, plantas rasteiras e arbustos. O nome desse bioma remete às regiões alagadiças presentes, ou seja, os pântanos.

O Pampa aparece apenas no Rio Grande do Sul. É considerado um tipo de Pradaria, sendo uma vegetação de clima subtropical, com a presença de gramíneas, arbustos e árvores de pequeno porte.

Mundo virtual

Instituto Socioambiental (ISA), disponível em: <www.socioambiental.org/pt-br>. Acesso em: 21 jun. 2018.

O *site* do Instituto Socioambiental apresenta diversas informações relacionadas ao uso e à ocupação das unidades de conservação do Brasil.

Biomas continentais brasileiros	Área aproximada (km²)	Área/total Brasil
Amazônia	4 196 943	49,29%
Cerrado	2 036 448	23,92%
Mata Atlântica	1 110 182	13,04%
Caatinga	844 453	9,92%
Pampa	176 496	2,07%
Pantanal	150 355	1,76%

Fonte: elaborado com base em IBGE. Disponível em: <https://ww2.ibge.gov.br/home/presidencia/noticias/21052004biomashtml.shtm>. Acesso em: 21 jun. 2018.

CONEXÕES COM CIÊNCIAS E LÍNGUA PORTUGUESA

1 ▸ Muitas plantas do Cerrado são usadas para produção de fibras, artesanato, produtos medicinais, alimentos, etc. Leia a letra da canção a seguir.

Araticum

Araticum é planta do cerrado
Não é madeira de lei
Araticum é madeira branca
Não vira cadeira de rei
Vive sempre em terra pobre
Teu porte altivo e nobre
Tem onça aos teus pés
Tucano e sabiá
Outros bichos vêm provar
O manjar do cerrado
Cheiro exalado
O vento espalhando o cheiro
Cheiro adocicado
Cheiro no cerrado
O vento espalhando o cheiro
De fruto esborrachado
Separe casca e semente
Ponha a polpa em calda quente
Poupe no açúcar
Araticum é doce naturalmente
Poupe no açúcar
Araticum é doce naturalmente

Fonte: MESTRE ARNALDO. *Araticum*. Goiânia: Loop, [s.d.]. 1 CD.

Araticum (*Annona crassiflora*) é uma árvore que atinge até 8 metros de altura. A polpa de seu fruto é consumida *in natura* e serve de ingrediente para o preparo de geleias, sorvetes, sucos, biscoitos e bolos. Na foto, árvore de araticum no município de Mineiros (GO), em 2015.

a) Que mensagem a canção transmite? Que versos mais chamaram a sua atenção?

b) Você conhece outra canção que aborde temas referentes aos biomas do Brasil? Compartilhe com os colegas.

c) Você conhece alguma planta do Cerrado? Qual?

d) Em sua opinião, por que é importante preservar a vegetação do Cerrado?

Mundo virtual

Ciência Hoje das Crianças. Disponível em: <http://chc.org.br/>. Acesso em: 21 jun. 2018.
O *site*, vinculado ao Instituto Ciência Hoje e à Sociedade Brasileira para o Progresso da Ciência (SBPC), tem como missão a divulgação científica para crianças e adolescentes, de forma lúdica e didática. Traz notícias e artigos sobre os biomas e a natureza.

ATIVIDADES

+ Ação

1. Leia o texto abaixo e responda às questões.

    As matas que recobrem as margens dos rios e de suas nascentes recebem o nome popular de **matas ciliares**. Esse nome surgiu da comparação entre a proteção dos cílios aos olhos e o papel protetor das matas quanto aos corpos d'água.

    As matas ciliares também são conhecidas por formações florestais ribeirinhas, matas de galeria, florestas ciliares e matas ripárias.

    No Brasil, as matas ciliares estão presentes em todos os biomas [...]. Portanto, é de se imaginar a imensa diversidade de plantas e animais que compõem tais matas nos diferentes biomas. [...]

    A retirada ou a degradação de matas ciliares tem importante impacto no ciclo da água de uma bacia hidrográfica. Um rio sem as matas a contorná-lo torna-se vulnerável a graves impactos, como o assoreamento e a perda de diversidade biológica. Portanto, a conservação de um rio depende tanto da qualidade da água, quanto de seu entorno.

    Fonte: SISTEMA INTEGRADO DE GESTÃO AMBIENTAL. O que são matas ciliares? Disponível em: <http://sigam.ambiente.sp.gov.br/sigam3/Default.aspx?idPagina=6481>. Acesso em: 21 jun. 2018.

    a) O que são matas ciliares? Qual é a importância desse tipo de vegetação?

    b) Pela legislação brasileira, a mata ciliar é uma área de preservação permanente (APP). Por que você acha que isso acontece?

    c) Você já observou a presença de mata ciliar no local onde você vive ou durante alguma viagem que você tenha feito? Compartilhe com os colegas.

    d) Os rios e os lagos do seu estado são protegidos pelas matas ciliares? Se necessário, realize uma pesquisa.

2. O dia 17 de julho é conhecido como Dia de Proteção às Florestas. Leia o texto a seguir e responda às questões.

    Florestas têm sido ameaçadas em todo o mundo, pela degradação incontrolada. Isto acontece por terem seu uso desviado para necessidades crescentes do próprio homem e pela falta de um gerenciamento ambiental adequado. As florestas são o ecossistema mais rico em espécies animais e vegetais. A sua destruição causa erosão dos solos, degradação das áreas de bacias hidrográficas, perdas na vida animal [...] e perda de biodiversidade.

    [...] O dia 17 de julho – Dia de Proteção às Florestas – é fundamental para que possamos lembrar da importância de conservarmos nossas florestas: aumentar a proteção, manter os múltiplos papéis e funções de todos os tipos de florestas, reabilitar o que está degradado. Isto é, preservar a vida no planeta.

    Fonte: PREFEITURA DE FLORIANÓPOLIS. Disponível em:<www.pmf.sc.gov.br/entidades/floram/index.php?pagina=notpagina&noti=2132>. Acesso em: 21 jun. 2018.

    a) Quais são as principais consequências do desmatamento florestal?

    b) Em sua opinião, ter um dia especialmente dedicado à proteção das florestas ajuda as pessoas a se conscientizar a respeito da importância da preservação das florestas? Compartilhe com os colegas.

3. Em duplas, escolham um bioma brasileiro. Pesquisem em livros, revistas, jornais ou na internet as atividades econômicas responsáveis pelo desmatamento desse bioma.

    a) Criem um jornal com as informações encontradas pelo grupo. Para isso, sigam as etapas.
    - Providenciem duas ou três folhas de papel-jornal ou similar, canetas, tesoura, cola e grampeador.
    - Preparem reportagens, artigos e notícias sobre o bioma com as informações coletadas.
    - Colem nas folhas de papel-jornal os textos que prepararam e também algumas fotos ou ilustrações.
    - Criem um nome para o jornal.
    - Dobrem as folhas, juntem e grampeiem-nas como se fosse um jornal de verdade.

    b) Com a coordenação do professor, cada dupla deverá apresentar à classe a sua produção.

Autoavaliação

1. Quais foram as atividades mais fáceis pra você? Por quê?
2. Algum ponto deste capítulo não ficou claro? Qual?
3. Você participou das atividades em dupla e em grupo e expressou suas opiniões?
4. Como você avalia sua compreensão dos assuntos tratados neste capítulo?
    - **Excelente**: não tive dificuldade.
    - **Bom**: consegui resolver as dificuldades de forma rápida.
    - **Regular**: tive dificuldade para entender os conceitos e realizar as atividades propostas.

> **Lendo a imagem**

1. 👥 A Mata Atlântica é considerada um dos biomas mais ameaçados do mundo. Em duplas, observem a imagem e façam o que se pede.

    a) De que forma a imagem representa o bioma Mata Atlântica e a ação humana sobre ele?

    b) A SOS Mata Atlântica é uma ONG, ou seja, uma organização não governamental, que visa defender a Mata Atlântica, por meio da conservação de suas áreas, preservando e protegendo a fauna e a flora desse bioma. Pesquisem outras ONGs que desenvolvem projetos relacionados a biomas brasileiros:
    - Descrevam os biomas e quais ações humanas que provocam a perda da biodiversidade.
    - Quais são as medidas propostas pelas ONGs para preservar os biomas?

2. 👥 O crescimento das cidades, a expansão da área empregada pela agropecuária, mineração e outras atividades causam o desmatamento florestal. Aos poucos, ocorre a sensível diminuição da biomassa e da biodiversidade.

    Leiam dois artigos da Declaração Universal dos Direitos dos Animais e observem as fotos a seguir. Depois, façam o que se pede.

    > I. Todos os animais têm o mesmo direito à vida.
    >
    > II. Todos os animais têm direito ao respeito e à proteção do ser humano.

Mico-leão-dourado no município do Rio de Janeiro (RJ), em 2016.

Papagaio-verde no município de Manaus (AM), em 2017.

Tamanduá-mirim no município de Miranda (MS). Foto de 2017.

a) Em que biomas vivem os animais mostrados nas fotos anteriores?

b) Em sua opinião, o que a sociedade pode fazer para evitar a destruição da flora e da fauna no Brasil?

c) Pesquise a diferença entre animais silvestres, animais exóticos e animais domésticos. Compartilhe com os colegas.

Projeto
Matemática

Perfil topográfico

Como você viu ao longo desta unidade, os tipos de relevo apresentam diferentes altitudes e extensões, que podemos visualizar em fotos, ilustrações, desenhos e perfis topográficos. Sendo assim, que tal elaborarmos um perfil topográfico para conhecer um pouco melhor o relevo brasileiro? Para isso você precisará dos seguintes materiais:

- 1 folha de papel milimetrado;
- 1 lápis preto e 1 lápis de cor;
- 1 régua e 1 caneta azul.

Etapa 1 – O que fazer

Junte-se a 2 ou 3 colegas para fazer este projeto. Observem atentamente o mapa abaixo, que mostra as altitudes do Brasil.

Etapa 2 – Como fazer

A partir da leitura do mapa é possível fazer um perfil topográfico para mostrar o relevo de São Luís até o Rio de Janeiro.

a) Meça com uma régua a distância, no mapa ao lado, entre as cidades de São Luís e do Rio de Janeiro.

b) Trace, em uma folha de papel milimetrado, uma reta horizontal com o mesmo tamanho da medida que você encontrou entre as duas cidades.

c) No início da linha, faça um ponto e escreva o nome da cidade de São Luís. No final da linha faça outro ponto e escreva Rio de Janeiro. Observe a escala retratada no mapa e transforme-a em escala numérica. Anote a escala ao lado do seu perfil. Será sua escala horizontal.

d) A partir do ponto que corresponde a São Luís, trace na folha uma reta vertical com 4 cm de altura. Neste perfil utilizaremos uma escala vertical de 1 : 40 000. Dessa forma, cada 1 cm da reta vertical que você traçou corresponderá a 400 metros de altura na realidade.

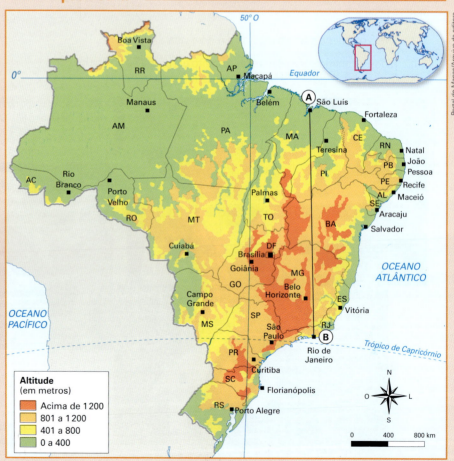

Brasil: hipsometria

Altitude (em metros)
- Acima de 1 200
- 801 a 1 200
- 401 a 800
- 0 a 400

Fonte: elaborado com base em *Atlas geográfico escolar*. 7. ed. Rio de Janeiro: IBGE, 2016. p. 89.

e) Marque tracinhos a cada 1 cm (tanto na reta horizontal como na reta vertical). Inicie a marcação a partir do ponto que corresponde à cidade de São Luís e marque os tracinhos tanto na reta vertical como na reta horizontal. A ideia é perceber qual a distância entre as cidades (reta horizontal, em km) e a altura do perfil (reta vertical, em m).

f) Na escala vertical, a cada 1 cm que o perfil estiver mais acima, você deve marcar 400 metros a mais. Inicie de 0 m no ponto que equivale a São Luís e, a cada centímetro que o perfil subir, acrescente 400 m. Anote esse valor do lado esquerdo de cada tracinho.

g) Na escala horizontal, a cada 1 cm que o perfil estiver mais à direita, você deve marcar 400 quilômetros a mais. Inicie de 0 km no ponto que equivale a São Luís e, a cada centímetro que o perfil se deslocar para a direita, acrescente 400 km. Anote esse valor abaixo de cada tracinho.

h) Agora, observe na legenda do mapa da página 224 qual é a altitude indicada para a cidade de São Luís. Como esta cidade está a cerca de 0 metro de altitude, marque um pontinho com a caneta azul em cima do 0 m na linha vertical e no início da linha horizontal. Esse será o **primeiro ponto** de relevo do seu perfil.

i) Para visualizar o segundo ponto do seu perfil, coloque a régua sobre o mapa na distância entre São Luís e Rio de Janeiro (como você fez no item **a**) e observe na legenda a altitude do local onde a régua marcar 1 cm.

j) Suponha que a legenda indique que o ponto correspondente a 1 cm na régua equivale a 200 metros de altitude. Dessa forma, você terá que observar 1 cm na linha horizontal do seu perfil (a partir da cidade de São Luís) e marcar com a caneta o segundo ponto na linha vertical correspondente a 200 m de altitude. Assim você achará o **segundo ponto** do seu perfil.

k) Para o terceiro ponto do seu perfil, coloque a régua sobre o mapa na distância entre São Luís e Rio de Janeiro (como você fez no item **a**) e observe na legenda a altitude no local onde a régua marcar 2 cm.

l) Suponha que a legenda indique que o ponto correspondente a 2 cm na régua equivale a 300 metros de altitude. Dessa forma, você terá que observar 2 cm na linha horizontal do seu perfil (a partir da cidade de São Luís) e marcar com a caneta o terceiro ponto na linha vertical correspondente a 300 m de altitude. Esse é o **terceiro ponto** do seu perfil.

m) Para visualizar o quarto ponto do seu perfil, coloque a régua sobre o mapa na distância entre São Luís e Rio de Janeiro (como você fez no item **a**) e observe na legenda a altitude no local onde a régua marcar 3 cm.

n) Suponha que a legenda indica que o ponto correspondente a 3 cm na régua equivale a 1000 metros de altitude. Dessa forma, você terá que observar 3 cm na linha horizontal do seu perfil (a partir da cidade de São Luís) e marcar com a caneta o quarto ponto na linha vertical correspondente a 1000 m de altitude.

o) Localize e marque no perfil os pontos seguintes, até chegar à cidade do Rio de Janeiro.

p) Faça uma linha que ligue todos os pontos.

q) Seu perfil está quase pronto, agora pinte com lápis de cor a área abaixo da linha que você traçou no item acima. Siga os critérios abaixo para realizar a pintura.
- Pinte de verde a área do perfil que tem altitudes de 0 a 400 m.
- Pinte de amarelo a área do perfil que tem altitudes de 401 m a 800 m.
- Pinte de laranja a área do perfil que tem altitudes de 801 m a 1200 m.

r) Elabore uma legenda para que as pessoas consigam interpretar a altura do seu perfil.

s) Pronto, você acabou de elaborar um perfil topográfico.

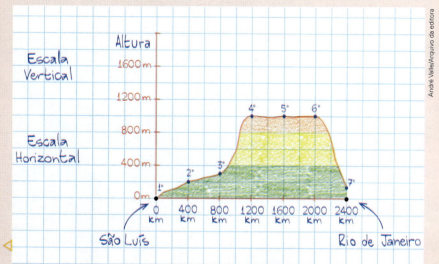

É provável que o seu perfil esteja parecido com este.

Paisagem da Zona Sul do Rio de Janeiro (RJ), em 2017.

UNIDADE 4

Espaço geográfico, paisagem, região e território

Nesta unidade, vamos estudar as diferentes formas com que os seres humanos se apropriaram e organizaram o espaço geográfico. Para isso, vamos entender a dinâmica da formação das paisagens, dos territórios, das regiões e dos lugares.

Observe a imagem e responda às questões a seguir:

1. Quais são os elementos naturais e culturais que você identifica na paisagem?

2. Para você, a imagem mostra as transformações que o ser humano faz na paisagem? Como você chegou a essa conclusão?

CAPÍTULO 11
Espaço geográfico e paisagem

Vista do bairro Filadélfia, no município de Teófilo Otoni (MG), em 2018.

Neste capítulo, você vai estudar o que são espaço geográfico e paisagem. Compreenderá que o espaço geográfico possui diferentes níveis ou escalas, as escalas geográficas. Elas se distinguem das escalas cartográficas, que, como já vimos, são quantitativas – correspondem à relação numérica entre o mapa e a realidade nele representada.

As escalas geográficas estão relacionadas às várias dimensões do espaço, nas quais há diferentes relações entre os seres humanos e entre estes e a natureza.

Você também vai compreender que as paisagens fazem parte do espaço geográfico. Estudará a diferença entre os elementos naturais e os elementos humanos da paisagem e entenderá que determinados objetos podem pertencer a diferentes momentos ao longo da história.

> **Para começar**
>
> Observe a imagem e responda às questões.
>
> 1. O que você observa na foto? Que tipo de elementos existem nela?
>
> 2. Essa foto lhe traz alguma lembrança pessoal? Qual?
>
> 3. Você gosta de fotos? Costuma fotografar pessoas e lugares? Compartilhe com os colegas.

1 Espaço geográfico

Como estudamos ao longo deste ano, o **espaço geográfico** é onde nós, seres humanos, vivemos – a superfície da Terra. A Terra é o nosso planeta, nossa moradia no Universo. Contudo, nós ocupamos apenas uma parte do planeta. Não habitamos o centro da Terra, mas sim a sua superfície. O espaço geográfico, dessa forma, identifica-se diretamente com a superfície terrestre. Em geografia costuma-se diferenciar vários níveis e também tipos ou recortes de áreas dentro do espaço geográfico.

Passado

Presente

A superfície terrestre é a morada dos seres humanos. Nela podemos encontrar uma natureza original que, após a ação humana, se transforma em uma segunda natureza ou natureza humanizada. O espaço geográfico, dessa forma, é resultado da atividade humana que transforma a natureza original e produz um espaço humanizado e constantemente reconstruído de acordo com os interesses e conveniências da sociedade.

Escala do espaço geográfico

As chamadas escalas geográficas podem ser entendidas como os diversos níveis ou dimensões do espaço geográfico. A superfície terrestre, por exemplo, tem uma dimensão enorme, uma dimensão global ou planetária. Ela pode ser dividida em continentes e ilhas, ocupados por povos que formam países, que, por sua vez, podem ser divididos em regiões, estados (ou províncias, ou cantões, como em alguns outros países) e municípios. Os municípios podem ser divididos em distritos e bairros.

As duas escalas geográficas extremas, ou seja, a maior (macro) e a menor (micro), são a global e a local. A **escala global** se refere a toda superfície terrestre e a **escala local** é a escala do lugar onde as pessoas vivem. Entre essas duas escalas extremas, há muitas outras, como a continental, que compreende todos os países de um continente; a escala nacional, em que o país está compreendido; e a regional, que se refere às regiões dentro de um país. Você, por exemplo, vive em determinada cidade (escala local), numa região (Nordeste, Sudeste, Norte, etc.) e no Brasil (escala nacional), que se situa na América do Sul, que é uma parte do continente americano (escala continental). Observe o infográfico das páginas 230 e 231. Ele ilustra as principais escalas ou dimensões do espaço geográfico.

INFOGRÁFICO

Dimensões do espaço geográfico

Os diversos níveis ou dimensões do espaço geográfico são representados por escalas geográficas. Nossa casa, nosso bairro e o município onde vivemos representam uma dimensão menor do espaço, ou seja, dizem respeito ao nosso lugar, o espaço mais próximo de nós. Já a superfície terrestre tem uma dimensão bem maior: planetária ou global. Ela está dividida em continentes ou ilhas.

A escala e a cor dos elementos representados são fictícias.

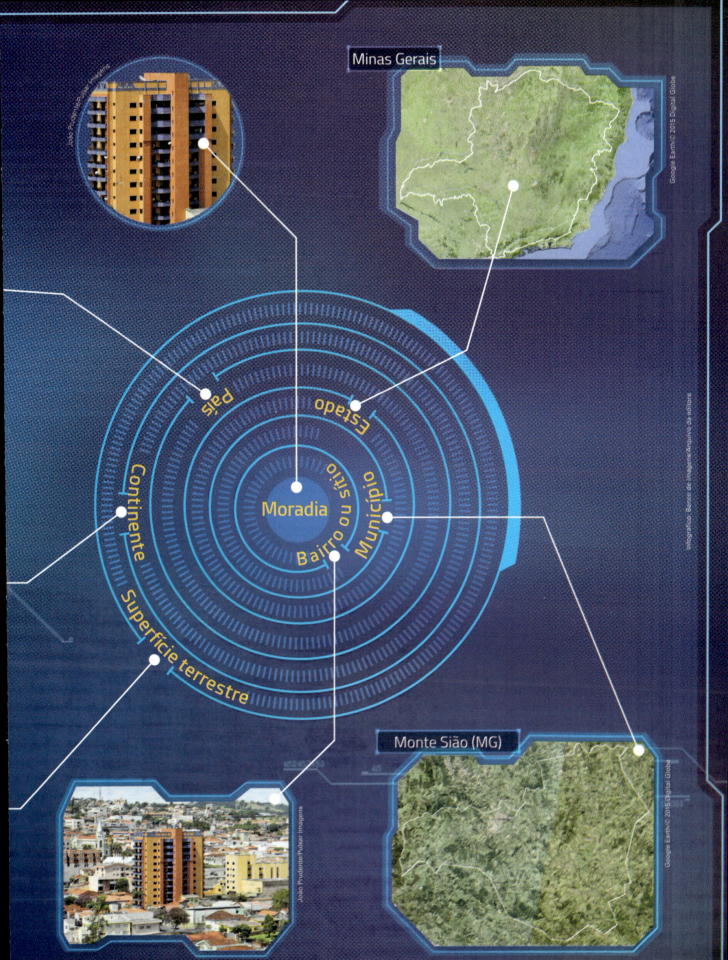

2 Paisagem

Nos arredores de sua moradia ou de sua escola existem diferentes paisagens. Ruas, avenidas, praças, casas, prédios, lojas, matas, morros ou montanhas e rios são alguns dos elementos que podem fazer parte delas.

Observe novamente a foto do início do capítulo. Nela vemos uma paisagem, uma parte específica do espaço geográfico que possui características próprias. Frequentemente a paisagem é definida pelo alcance da visão, ou seja, por aquilo que vemos de um mirante, do alto de um prédio, de uma montanha e até mesmo em uma foto. Entretanto, a paisagem não envolve apenas a visão, mas também outros sentidos que possuímos.

O ser humano percebe a paisagem de forma complexa, refletindo sobre ela a partir de seus conhecimentos prévios, com base em sua vivência e suas experiências.

A paisagem, enfim, é percebida pelos seres humanos por meio dos seus sentidos: a visão, o olfato (que permite notar diferentes odores – por exemplo, a presença de esgotos ou de flores no ambiente), a audição (que identifica sons e ruídos), o tato (que percebe o vento, o frio ou calor, a dureza ou maciez dos objetos, a sua forma, etc.) e o paladar (que permite identificar sabores). Além disso, os sentidos são complementados ou orientados pela nossa razão: identificamos que esse ou aquele objeto é natural ou artificial, antigo ou moderno, etc., pois temos conhecimentos prévios desses conceitos e, refletindo, tiramos nossas conclusões sobre o que presenciamos.

As paisagens, como vimos, são partes do espaço geográfico. Elas podem ter sido formadas pela natureza tão somente (as paisagens naturais, como algumas no interior da floresta Amazônica, no deserto do Saara ou na Antártida) ou principalmente com a intervenção humana – estas são paisagens humanizadas, como uma avenida com prédios, asfalto no solo, árvores que não são nativas do local, plantadas pelos seres humanos.

É comum relacionar a palavra **paisagem** a um lugar bonito ou natural. No entanto, a paisagem é o resultado de todas as interações naturais e sociais que ali ocorreram e ocorrem. As paisagens apresentam, em maior ou menor grau (dependendo do local), elementos naturais (rios, montanhas, vegetação nativa, etc.) e elementos culturais ou antrópicos (edifícios, ruas, plantações ou cultivos, estradas, etc.). Elas também expõem elementos de tempos variados, mais antigos e mais recentes: matas centenárias, prédios antigos, edifícios novos, modernos ou recém-construídos, etc. Além disso, as paisagens podem ser urbanas e rurais, algumas conservadas e outras mais degradadas (poluídas, com riscos para a saúde humana, etc.).

Na foto, calçada com rebaixamento próximo à faixa de pedestres e piso tátil no município de Campo Mourão (PR), em 2017. A percepção da paisagem não se dá apenas pelo sentido da visão, mas por todos os sentidos do ser humano, bem como por meio de suas vivências. Em 2015, o Instituto Brasileiro de Geografia e Estatística (IBGE) constatou que 6,2% da população brasileira (quase 13 milhões de pessoas) possuem algum tipo de deficiência: auditiva, visual, física (de locomoção) ou intelectual. Por isso, a importância dessas medidas, como o piso tátil e outras, que favorecem a inclusão das pessoas com deficiência na sociedade.

Elementos da paisagem

Quando você viaja, folheia uma revista, vê fotos em um álbum de fotografias, navega na internet ou assiste a um filme, pode conhecer paisagens variadas. Observe a paisagem mostrada na imagem ao lado. Nela é possível distinguir vários elementos.

Penedo (AL), às margens do rio São Francisco, em foto de 2016.

Há elementos naturais, como a vegetação e o rio. Há também vários elementos que não são naturais, mas construídos pelos seres humanos, como as casas e a igreja.

Assim, são considerados **elementos naturais** tudo aquilo que existe independentemente da ação humana, como a vegetação nativa ou original de um local, lagos (desde que não sejam artificiais), o solo, as nuvens, os rios, os animais nativos (fauna), o relevo (morros, planícies, várzeas, montanhas, etc.) que não foi alterado pela terraplanagem, etc. Os **elementos humanos** ou antrópicos, também chamados de culturais, são aqueles construídos ou criados pelos seres humanos, como as ruas e avenidas, os edifícios, os campos de cultivo, etc.

Na maioria das vezes, os elementos naturais e culturais se misturam de tal forma que se torna difícil distingui-los. Por exemplo, em uma praça, pode haver árvores nativas e outras selecionadas e plantadas pelos seres humanos, ou seja, as árvores plantadas não são elementos que ali surgiram espontaneamente. Além disso, muitas dessas plantas podem ter sido produzidas em laboratórios pelo cruzamento de espécimes diferentes, que resultaram em novas variedades, não encontradas na natureza originalmente.

Os campos de cultivo são considerados elementos humanos, pois resultam da ação humana na paisagem. Na foto, cultivo de hortaliças próximo à represa de Itupararanga, no município de Ibiúna (SP), em 2017.

Natureza e ação humana

Natureza é o conjunto de todos os elementos que não são artificiais, isto é, que não foram construídos ou produzidos pela ação humana. Dessa forma, considera-se natureza todo o Universo, incluindo as estrelas, os planetas e as galáxias.

A natureza com a qual o ser humano se relaciona mais diretamente é aquela que o rodeia, ou seja, aquela existente na superfície terrestre – o ar, a água, o solo, as rochas, a fauna, a flora, etc.

Tudo o que existe é parte da natureza ou provém dela. Ou seja, os materiais que os seres humanos utilizam para construir ruas, edifícios e veículos, por exemplo, como cimento, cal, parafusos, pregos e tábuas, têm origem na natureza. É o que chamamos **matéria-prima**.

Mas esses materiais não são encontrados prontos na natureza. Todos eles passam por algum processo de transformação, resultado do trabalho humano. As tábuas, por exemplo, são feitas de madeira produzida a partir das árvores. O papel, utilizado na confecção de livros e cadernos, também é proveniente de árvores que passaram por processos industriais.

Já os parafusos e pregos de aço originam-se de minerais extraídos do subsolo da Terra, que precisam ser bastante modificados para chegar ao formato final. Para se obter o aço, são utilizados minérios de ferro e de carbono, principalmente.

Plantação de eucaliptos em Itutinga (MG), em 2016. A produção de eucalipto é importante para a fabricação de celulose, substância existente em grande parte dos vegetais, matéria-prima do papel.

Texto e ação

1. Visualize mentalmente o caminho da sua casa para a escola e responda às questões:

    a) Há elementos naturais nas paisagens que você observa pelo caminho? Quais?

    b) Você acha que esses elementos já foram modificados pelos seres humanos? Como?

2. Existem assuntos, problemas ou questões que são mais identificados com uma das diversas escalas geográficas. Com base nisso, responda:

    a) A sua escola e sua moradia se identificam com qual das escalas geográficas? Por quê?

    b) A questão da fome e pobreza no mundo se identifica com qual das escalas geográficas? Por quê?

    c) O combate ao desemprego no Brasil é tratado em qual escala geográfica? Por quê?

3. Em duplas, expliquem por que a paisagem é um local percebido (e não apenas visto) pelos seres humanos.

Transformações da paisagem

Na leitura das paisagens, um aspecto importante é a passagem do tempo. É possível comparar as paisagens atuais com as do passado, de diversas épocas, por meio de documentos antigos, como fotografias, ilustrações e também textos. Esses documentos podem nos mostrar lugares onde nunca estivemos e paisagens de épocas passadas, quando ainda não havíamos nascido.

Numa mesma paisagem, coexistem elementos que foram produzidos pela natureza há milhões de anos, como o relevo terrestre ou os rios originais, e elementos que foram construídos pelo ser humano, em diferentes épocas da história.

É importante lembrar que, embora haja exceções, os elementos naturais são bem mais antigos do que os culturais. Quando nos referimos ao surgimento, formação e transformação do planeta Terra, pensamos em uma escala de tempo que pode ser contada em milhares, milhões ou até bilhões de anos. A essa escala dá-se o nome de **tempo geológico**.

Quando nos referimos às mudanças que as sociedades e civilizações humanas imprimiram no planeta, pensamos em uma escala de tempo contada em séculos, décadas ou anos. Essa escala é chamada **tempo histórico**. As mudanças históricas de forma geral são bem mais rápidas e recentes do que as mudanças geológicas.

Assim, podemos dizer que a paisagem é o resultado de uma construção que sofre alterações, com o passar do tempo, da natureza, da sociedade humana ou de ambas. As paisagens são **dinâmicas**, ou seja, passam por transformações. A vegetação original, por exemplo, pode ser transformada por mudanças climáticas ou por desastres naturais (isto é, pela própria natureza, que também é dinâmica), como também pela ocupação humana. Antigas construções residenciais, comerciais e antigas fábricas são substituídas por outras mais modernas; morros são aplainados; rios são canalizados. Terremotos destroem bairros inteiros; ilhas podem aparecer, desaparecer, reaparecer; as chuvas provocam cheias nos rios, e, temporariamente, escondem pontes, ruas e avenidas nas cidades. Isso quer dizer que, com o tempo, as paisagens se transformam naturalmente, ou são transformadas pela ação humana.

No que se refere ao tempo histórico, os impactos na paisagem produzidos pelas sociedades humanas podem ser maiores ou menores e acontecer em velocidades diferentes, mais lenta ou mais rapidamente. O nível tecnológico, os hábitos, tradições e crenças de uma sociedade influenciam na forma e no ritmo com que a natureza e as paisagens são transformadas.

 De olho na tela

Koyaanisqatsi: uma vida fora de equilíbrio.
Direção: Godfrey Reggio, Estados Unidos, 1982.

Documentário sem diálogos que revela o contraste entre a natureza e a sociedade urbana, apenas por meio de sons e sequências de imagens.

A foto de 2017 mostra a região onde está localizado o Teatro Amazonas, em Manaus (AM). Nessa paisagem convivem construções antigas e outras mais novas. A paisagem sofre constantes modificações.

As sociedades indígenas, por exemplo, imprimem nas paisagens modificações mais lentas e menos impactantes. Elas desmatam uma parcela da floresta para construir sua aldeia ou para seu cultivo e muitas vezes fazem apenas trilhas na mata, que não modificam profundamente o meio ambiente. Mas a moderna sociedade industrial, surgida a partir da Revolução Industrial, modifica a natureza e as paisagens num ritmo acelerado. Veja as imagens a seguir.

Conjunto de casas construídas em Santarém (PA), em foto de 2017. É possível perceber que há poucos resquícios naturais na paisagem em primeiro plano, o que é resultado da intervenção humana no espaço.

Aldeia indígena Kalapalo, no município de Querência (MT), em 2018. É possível notar que a modificação na paisagem foi pequena. Um aspecto importante é que essa paisagem criada pela sociedade indígena normalmente dura séculos, ao contrário das paisagens construídas pela sociedade moderna, que estão em constante transformação.

Na paisagem também podem predominar elementos naturais ou elementos culturais, visto que geralmente as paisagens contêm ambos. É possível, ainda, identificar quais elementos são mais novos e quais são mais antigos nas paisagens.

As transformações na paisagem, mesmo na sociedade moderna, também dependem muito dos hábitos e valores culturais da população, elementos que influem na forma como se organiza o espaço, isto é, no estilo arquitetônico das construções, na forma de usar as ruas e avenidas, nas vestimentas das pessoas, na decoração, etc. Na foto, paisagem do bairro da Liberdade, em São Paulo (SP), em 2016. O bairro foi formado predominantemente por imigrantes japoneses, e hoje ainda se encontram nele inúmeros restaurantes de culinária japonesa, lojas que comercializam produtos do Japão e associações de descentes de japoneses. Na foto, ainda é possível observar luminárias em estilo oriental.

Geolink

Leia o texto a seguir.

Grupo de voluntários transforma área abandonada em bosque em Santo André

De modo espontâneo, um grupo de moradores da região de Utinga, em Santo André (SP), se uniu para transformar a paisagem e a ocupação de uma área verde abandonada e tomada pelo entulho. [...]

Em um mês de trabalho cotidiano, os voluntários retiraram muitos sacos de entulho, eliminaram criadouros de mosquito, abriram trilhas, criaram espaços para atividades e plantaram mudas e flores. "Achamos aqui um brejo, que contornamos para preservar. Brejos têm sapos, que comem mosquitos", explica Giancarlo Tola, professor de educação física especializado em ioga e danças circulares.

Foi ele quem iniciou o processo. "Achava que essa área deveria ser mais usada. Eu sou trilheiro e vinha aqui para meditar. Um dia, pedi uma enxada emprestada ao seu Zeca e dona Herô, caseiros do Centro de Assistência Social da Prefeitura, vizinho ao bosque, e comecei a tirar o mato para abrir uma trilha", conta.

Marlene Frandom, especialista em exercícios para a terceira idade, viu Giancarlo carpindo, se entusiasmou e convidou para a iniciativa a filha, Camila, sua irmã e o cunhado Osvaldo, que é arquiteto. A pedido dessa família, Nicinho, dono de uma pavimentadora, doou sacos de britas, as pedrinhas despejadas nas trilhas abertas pelo grupo.

A psicóloga aposentada e mediadora judicial Wanda Gonçalves, que soube da história durante uma aula de danças circulares ministrada por Gian, também se somou ao grupo. "Eu sentia necessidade de agir por mais qualidade de vida na cidade, de me ligar à natureza", conta. [...]

O grupo marca encontros no local para trabalhar sob o sol ou chuva. "Trouxemos flores, abacate, orquídeas de chão, margaridas, roseiras, azáleas, melissa, mirra, gerânios", conta Wanda.

Eduardo Melo, dono de uma academia da região [...] incumbiu-se de lidar com os trâmites legais na Prefeitura e na Câmara Municipal para garantir que o plano diretor acolha a iniciativa comunitária. "Temos aqui algumas árvores nativas da Mata Atlântica e isso tem que ficar para as próximas gerações."

A praça revitalizada por moradores de Santo André (SP), em foto de 2018.

Fonte: MARCONDES, Dal. Grupo de voluntários transforma área abandonada em bosque em Santo André. *Envolverde*, 16 mar. 2018. Disponível em: <http://envolverde.cartacapital.com.br/grupo-de-voluntarios-inaugura-bosque-em-santo-andre-domingo-15-04>. Acesso em: 30 jun. 2018.

Agora, responda às questões:

1. O que o texto noticia?

2. Você acha que as ações dos seres humanos modificam as paisagens apenas de lugares relativamente pequenos, como um parque ou uma praça? Justifique a sua resposta.

3. Pesquise se em seu bairro ou no seu município existem paisagens que foram modificadas pela ação da comunidade, conforme relatado no texto. Essas mudanças trouxeram melhorias à população? Você percebeu em sua pesquisa a existência de áreas que precisam da intervenção humana?

4. O texto mostra que a ação voluntária de pessoas é capaz de transformar a paisagem e pode ser uma medida de cidadania para preservar uma área ou mudar as características de um local. Com base nisso:

   a) Explique com suas palavras o que você acha de ações voluntárias semelhantes à observada no texto.

   b) Se você fosse convidado a fazer uma ação voluntária semelhante a esta, você participaria? Por quê?

Paisagem e desigualdade social

As paisagens humanizadas refletem também as desigualdades sociais. Assim, ao observar uma paisagem, é possível perceber como a sociedade humana que ocupa aquele espaço se organiza, sob o ponto de vista da hierarquia ou das desigualdades.

Por exemplo, numa mesma cidade podem-se notar bairros com residências amplas e luxuosas ao lado de comunidades com moradias precárias, onde muitas vezes várias famílias ocupam um espaço reduzido.

Na foto desta página, é possível notar desigualdades no espaço, como condomínios de edifícios (ao fundo) em contraste com habitações mais simples (em primeiro plano). Por outro lado, ao observar novamente a aldeia indígena da foto da página 236, nota-se que as habitações se apresentam semelhantes, o que denota uma sociedade mais igualitária para os seus membros.

Em resumo, as paisagens – como todo o espaço geográfico – refletem a sociedade que as ocupa, que as construiu ou as modificou. Sociedades tradicionais com tecnologia rudimentar produzem poucas modificações na natureza da área onde vivem. Essas sociedades, que se utilizam do que a natureza oferece para sua provisão, costumam ser sustentáveis, e também constroem um espaço ocupado em que as desigualdades sociais não são evidentes. Já a sociedade moderna e industrial, com suas técnicas e tecnologia, possui equipamentos que promovem grandes transformações, como tratores, motosserras, escavadeiras, dinamite, materiais de construção diversificados, etc. Essa sociedade produz paisagens nas quais a natureza foi e continua sendo constantemente modificada. Muitas vezes, nessas paisagens, as desigualdades sociais são mais visíveis.

> **Sustentável:** tipo de desenvolvimento que preserva os recursos naturais, sem degradá-los ou esgotá-los.

As diferentes formas de ocupar o espaço são um reflexo dos diversos modos de vida e das desigualdades entre ricos e pobres. Na foto, paisagem no bairro de Boa Viagem, no Recife (PE), em 2016.

Texto e ação

1. Lembre-se dos lugares por onde você costuma passar no seu dia a dia para responder às atividades.

    a) Você percebe, em algum desses lugares, elementos que demonstram desigualdade social? Explique.

    b) Descreva a paisagem do lugar que você citou na resposta **a**. Cite o maior número de elementos que você observa no lugar.

2. Em sua opinião, o que significa construir moradias sustentáveis?

3. Quais são os locais apropriados para a construção de moradias no local onde você vive? Por quê?

CONEXÕES COM LÍNGUA PORTUGUESA E HISTÓRIA

1▸ Leia o texto a seguir e depois realize as atividades.

Belo Horizonte ontem e hoje

Como diz Machado de Assis, [...], as cidades mudam mais depressa que os homens. Belo Horizonte é hoje (1965) para mim uma cidade soterrada. Em um prazo de vinte anos eliminaram a minha cidade e edificaram uma cidade estranha.

[...] Em nome do progresso municipal, enterraram a minha cidade. Enterraram as minhas casas, as casas que, por um motivo qualquer, eu olhava de um jeito diferente; enterraram os pisos de pedra das minhas ruas; [...]; os meus bondes; as minhas livrarias; os bancos de praça onde descansei [...]. Por cima de nós construíram casas modernas, arranha-céus, agências bancárias envidraçadas; pintaram tudo de novo, decepam as árvores, demoliram, mudaram fachadas, acrescentaram varandas, disfarçaram de novas as casas velhas, muraram o espaço livre, reviraram jardins [...]. Ai, Belo Horizonte!

As cidades crescem, prédios se modernizam, mas algumas construções antigas permanecem. Na foto, arquitetura antiga em prédios da Praça Liberdade, em Belo Horizonte (MG), em 2016.

Feliz ou infelizmente, ainda não conseguiram soterrar de todo a minha cidade. Vou andando pela cidade nova, pela cidade desconhecida, pela cidade que não me quer e eu não entendo, quando de repente, entre dois prédios hostis, esquecida por enquanto das autoridades e dos zangões do lucro imobiliário, surge, intacta e doce, a casa de Maria. Dói também a casa de Maria, mas é uma dor que não conheço, uma dor íntima e amiga. Não digo nada a ninguém, disfarço o espanto da minha descoberta, para não chamar a atenção dos empreiteiros de demolições. [...]

Fonte: CAMPOS, Paulo Mendes. Belo Horizonte. In: *O mais estranho dos países. Crônicas e perfis*. São Paulo: Companhia das Letras, 2013. [e-book]

a) O narrador faz uma descrição da paisagem. Que elementos do espaço geográfico ele cita?

b) Quais foram as transformações que a paisagem de Belo Horizonte sofreu no período descrito pelo autor do texto?

c) O autor explica por que essas transformações ocorreram?

d) Você já experienciou retornar a um lugar que conhecia e perceber que está diferente? Converse com os colegas.

2▸ Em grupos e com a orientação do professor, pesquisem a história do município – ou do bairro, no caso de uma cidade grande – onde vocês vivem.

A pesquisa poderá ser feita na internet (em *sites* da prefeitura, da subprefeitura, do IBGE ou outro órgão oficial). Vocês podem também realizar entrevistas com moradores antigos do bairro. Para isso, busquem as seguintes informações:

a) Como o município ou o bairro se originou?

b) Que tipo de vegetação natural existia (ou ainda existe)? Como ela foi modificada?

c) Quais foram as principais mudanças no bairro, das origens até os dias atuais?

Pesquisem também fotografias antigas e atuais que mostrem as paisagens da localidade. Organizem um mural na sala de aula para que todos compartilhem o que descobriram com a pesquisa.

ATIVIDADES

+ Ação

1. Como podemos diferenciar paisagens antrópicas (ou humanizadas) e paisagens naturais? Exemplifique.

2. Cite alguns motivos que levam as pessoas a modificar um espaço natural.

3. Em duplas, escolham uma paisagem do entorno da escola para observar.

    a) Façam uma lista com os elementos naturais e outra com os elementos culturais da paisagem.

    b) Selecionem os elementos da paisagem escolhida que mais chamaram sua atenção.

    c) Imaginem essa paisagem daqui a alguns anos e respondam às questões:
    - Que elementos da paisagem atual seriam mais transformados? Como?
    - Que elementos da paisagem atual você acredita que permaneceriam como estão? Por quê?

4. É possível observar uma paisagem por meio de fotografias. Observem novamente as fotos das paisagens que ilustram o capítulo e respondam:
    - Na opinião de vocês, em qual das paisagens houve maior interferência humana? Por quê?

5. Leia a frase a seguir e faça o que se pede.

    "A paisagem existe, através de suas formas, criadas em momentos históricos diferentes, porém coexistindo no momento atual."

    Fonte: SANTOS, Milton. *A natureza do espaço*: técnica e tempo – razão e emoção. 2. ed. São Paulo: Hucitec, 1997. p. 84.

    a) O que você entende por formas da paisagem?

    b) Dê exemplos de formas da paisagem criadas em momentos diferentes que coexistem no momento atual.

6. O espaço geográfico, como também as paisagens, pode revelar as desigualdades sociais. Além das fotos que você observou neste capítulo, que mostram desigualdades sociais na paisagem, os mapas – de um bairro, de uma cidade, de um país ou de todo o mundo – e as tabelas podem revelar essas desigualdades no espaço. O quadro a seguir mostra as unidades da Federação (os estados e o Distrito Federal) pelo rendimento médio das pessoas em 2017. É a renda *per capita* (= por cabeça, por pessoa), isto é, a renda média da população de cada unidade.

Brasil: renda média *per capita* (2017)

Unidades da Federação selecionadas	Rendimento nominal mensal domiciliar *per capita* da população residente (R$)
Rondônia	957
Acre	769
Amazonas	850
Pará	715
Amapá	936
Maranhão	597
Ceará	824
Rio Grande do Norte	845
Paraíba	928
Pernambuco	852
Alagoas	658
Bahia	862
Minas Gerais	1224
Espírito Santo	1205
Rio de Janeiro	1445
São Paulo	1712
Santa Catarina	1597
Rio Grande do Sul	1635
Mato Grosso do Sul	1291
Mato Grosso	1247
Distrito Federal	2548

Fonte: elaborado com base em RENDA Domiciliar *per capita* 2017. Disponível em: <ftp://ftp.ibge.gov.br/Trabalho_e_Rendimento/Pesquisa_Nacional_por_Amostra_de_Domicilios_continua/Renda_domiciliar_per_capita/Renda_domiciliar_per_capita_2017.pdf>. Acesso em: 24 jun. 2018.

- Quais as unidades da Federação com maiores rendimentos médios? E quais as com os menores rendimentos médios?

Autoavaliação

1. Quais foram as atividades mais fáceis pra você? Por quê?
2. Algum ponto deste capítulo não ficou claro? Qual?
3. Você participou das atividades em dupla e em grupo e expressou suas opiniões?
4. Como você avalia sua compreensão dos assuntos tratados neste capítulo?
    - **Excelente**: não tive dificuldade.
    - **Bom**: consegui resolver as dificuldades de forma rápida.
    - **Regular**: tive dificuldade para entender os conceitos e realizar as atividades propostas.

Lendo a imagem

1 Observe a foto:

▷ Morro de São Paulo, em Cairu (BA), em 2016.

- 👥 Em duplas, elaborem um pequeno texto sobre os elementos culturais e naturais da paisagem.

2 Para ler uma paisagem é preciso observar seus elementos. Uma maneira de facilitar a leitura de uma paisagem é separá-la em planos. Isso permite analisá-la mais detalhadamente. O plano de uma paisagem é a observação de seus elementos por partes. Vemos desde os elementos que estão mais próximos (plano A) até os mais distantes (planos B e C). Observe na imagem a seguir os três planos da paisagem identificados com as letras A, B e C e faça o que se pede.

▷ Parque Flamboyant, em Goiânia (GO), em 2017.

a) Elabore uma lista dos elementos naturais e uma lista dos elementos culturais de cada plano da paisagem.

b) Como os elementos da paisagem estão distribuídos nos planos A, B e C?

c) Que cores predominam em cada um dos planos?

d) As cores predominantes em cada plano podem mudar? Em que situação?

e) Que atividades humanas ocorrem nessa paisagem?

f) Como você imagina que é o lazer das pessoas que vivem nesse lugar? Justifique a resposta.

g) Você percebe algum vestígio do passado? Que elementos demonstram isso?

CAPÍTULO 12

Lugar, território e região

Ponte Buarque de Macedo, no município do Recife (PE), em cartão-postal de 1913.

Ponte Buarque do Macedo, no município do Recife (PE), em 2016.

Para começar

Observe as imagens e responda:

1. Quais são os elementos naturais e culturais observados?

2. Se o local não fosse indicado pelas legendas, você conseguiria identificar que as imagens retratam a mesma área? Por quê?

Neste capítulo, você vai conhecer o significado de lugar, território, região e regionalização para a Geografia. São conceitos com os quais, provavelmente, você já entrou em contato. Vai compreender que o conceito de lugar implica uma vivência; que existem várias maneiras de se regionalizar uma cidade, um país, um continente ou todo o mundo; e que um território sempre é uma parcela do espaço definido por um sujeito (um grupo, uma sociedade) e possui limites ou fronteiras.

1 Lugar

No dia a dia, é comum falar sobre o lugar que você ocupa em uma fila ou na sala de aula, ou o lugar onde estão guardadas suas roupas. Essa é a noção mais comum de lugar, como uma posição qualquer no espaço. No entanto, o conceito de lugar quando estamos falando dos estudos geográficos tem uma conotação bem diferente de sua utilização mais comum.

Quando se trata de Geografia, lugar significa um determinado espaço, no qual as distâncias entre as pessoas e os objetos são mínimas. Nesse recorte, geralmente deparamos com pessoas que conhecemos e com quem nos relacionamos. Dessa forma, o lugar é um espaço repleto de afetividade, um local de vivência, uma localização familiar para algum grupo social. São exemplos de lugares: as ruas, as praças, as casas, o bairro, os prédios, as árvores, os morros, os rios ou, ainda, as cidades que conhecemos bem e com as quais estamos acostumados.

Um lugar pode ter um significado para uma pessoa e não ter para outra. Por exemplo, o local onde você aprendeu a andar de bicicleta pode ser um lugar importante para você, mas para outra pessoa pode não ter significado algum!

Assim, o lugar pode conter elementos naturais ou culturais com os quais convivemos. É onde vivemos ou estudamos, onde exercemos nossa vida social, ou seja, as relações com amigos, colegas, parentes, vizinhos, conhecidos, etc. Ao ocupar esse espaço podemos encontrar pessoas conhecidas, brincar e praticar outras atividades que não são permitidas em outros locais.

Minha biblioteca

Curvas, ladeiras: bairro de Santa Teresa, de Felipe Fortuna. Rio de Janeiro: Topbooks, 1998.

O livro traz histórias vividas pelo autor no bairro de Santa Teresa, no Rio de Janeiro, e com isso nos faz viajar pelos sentimentos que os lugares podem provocar nas pessoas. A obra ainda conta com trinta fotos feitas pelo autor.

▶ **Afetividade:** disposição para receber emoções ou experiências sentimentais.

▽ Na imagem acima, o bairro Centro Cívico, em Curitiba (PR), em 2017, onde observamos crianças e adultos usufruindo de um espaço público, a rua. Geralmente, as ruas são utilizadas para deslocamento das pessoas em seus carros. No entanto, esses espaços também podem ser utilizados para a realização de brincadeiras e a interação entre as pessoas, gerando uma afetividade característica do lugar.

Lugar e paisagem

Talvez você tenha a impressão, pelo que aprendeu até agora, de que lugar e paisagem são a mesma coisa. Mas há diferenças. O lugar na verdade é uma parte do espaço geográfico compreendida "de dentro", ou seja, é o espaço com o qual nos identificamos afetivamente, onde vivemos nossas experiências pessoais. Já a paisagem pode ser considerada uma parte do espaço geográfico que analisamos "de fora", de maneira objetiva, como observadores.

O lugar é sempre a morada de uma comunidade humana; a paisagem nem sempre: existem no mundo paisagens não habitadas, por exemplo, as polares, no interior da Antártida; as desérticas, como no interior do deserto do Saara; as montanhosas, como nas elevadas montanhas sempre cobertas de gelo; etc. Também podemos falar em paisagens da Lua ou de Marte, mas essas não são lugares de ninguém. Assim, todo lugar pode ser visto e descrito por um observador como uma paisagem, mas as paisagens naturais não representam, necessariamente, o lugar de alguma comunidade humana.

Em síntese, o conceito de paisagem parte da observação, da percepção, da contemplação e da análise, enquanto o conceito de lugar parte da vivência, da identificação com os objetos (ruas, praças, rios) e principalmente com as pessoas. Vivência e convivência, inseparáveis entre si, explicam o encantamento que o lugar exerce na vida das pessoas; elas se mobilizam na defesa do lugar, seja reivindicando escolas, creches, postos de saúde, seja defendendo o meio ambiente (combatendo a poluição do rio ou dos córregos, por exemplo).

> **Minha biblioteca**
>
> **O meu pé de laranja-lima**, de José Mauro de Vasconcelos. São Paulo: Melhoramentos, 2017.
>
> O livro é um clássico da literatura brasileira e a história já foi adaptada para o cinema e o teatro. Foi lançado em 1968 e conta o cotidiano de Zezé, menino criativo e sapeca. Ele passa por momentos difíceis, mas cria laços com o próprio lugar onde mora e faz do pé de laranja-lima o seu confidente.

Na imagem, moradores do bairro São Benedito, no município de Cajamar (SP), reivindicando segurança e asfaltamento das ruas do bairro. Foto de 2018.

Texto e ação

1. Cite dois lugares importantes para você. Explique sua escolha.

2. Imagine que uma pessoa passe 30 anos sem ir ao lugar onde viveu na infância. Ao chegar lá, ela encontra outra paisagem e outras pessoas; seus amigos se mudaram e ninguém se lembra dela. Será que esse local continua sendo um lugar para essa pessoa? Justifique sua resposta.

2 Território

O mapa-múndi representa a superfície terrestre dividida em **países** ou **Estados nacionais**. Existem atualmente quase duzentos países na superfície terrestre.

O que separa um espaço nacional de outro, como o Brasil da Argentina ou o Canadá dos Estados Unidos, são as **fronteiras**. Somente os países que ocupam sozinhos uma ilha ou arquipélago, como a Austrália, a Islândia ou o Japão, não possuem fronteiras terrestres com outros países; os limites desses países são marítimos. O espaço ocupado por um país é chamado **território nacional**.

Assim, território nacional é um espaço delimitado por fronteiras, no qual um Estado exerce a sua soberania dentro daquele espaço, como um poder acima de todos os demais (igrejas, empresas, famílias e outras instituições). Quando olhamos para um mapa-múndi político, por exemplo, logo vemos os territórios de cada Estado nacional (ou país) que existe no mundo.

Este é o significado original de território: uma parcela do espaço geográfico delimitada por fronteiras e sob a soberania de um Estado. O território nacional, assim, é o espaço no qual as autoridades políticas exercem a soberania, de acordo com sua Constituição e com as leis e os tratados internacionais que esse Estado aprovou.

Não se deve confundir o conceito de Estado nacional com as divisões de um país em províncias, cantões ou estados que existem em países como o Brasil, por exemplo. Esses estados – como São Paulo, Ceará ou Bahia – são de fato divisões administrativas do Estado nacional. Eles só existem nos Estados federais e não possuem soberania plena sobre seus territórios nem forças armadas para a defesa das fronteiras.

▶ **Estado:** conjunto de instituições (governo, forças armadas, escolas públicas, etc.) que formam a organização político-administrativa de um povo ou nação.
▶ **Soberania:** poder soberano ou autoridade máxima sobre uma determinada porção do espaço, um território.
▶ **Constituição:** lei principal que regula a organização política de um país.
▶ **Estado federal:** o Estado nacional pode ser centralizado (Estado unitário) ou descentralizado (Estado federal ou Federação), sendo nesse último caso territorialmente dividido em províncias, cantões ou estados que possuem relativa autonomia, mas não soberania plena, pois suas leis devem se adequar, obrigatoriamente, às leis federais, especialmente à Constituição. Esse é o caso, entre outros países, dos Estados Unidos, do Canadá e do Brasil.

Na foto de 2017, fronteira entre o Brasil e a Venezuela no município de Pacaraima (RR). Do lado esquerdo da imagem está o território brasileiro, ou seja, espaço gerido por leis e autoridades do Brasil; do lado direito está a área sob controle do Estado venezuelano, o município de Santa Elena de Uairén.

O conceito de território, porém, também pode ser aplicado a outros espaços identificados com um sujeito (um povo, uma etnia, uma comunidade ou um grupo social) e delimitado, mesmo que não oficialmente nem de forma material e visível, por limites.

Território é sempre uma parcela do espaço geográfico do qual algum grupo humano se apropria: construir habitações, exercer seu modo de vida, estabelecer normas de comportamento, defendê-lo no caso de invasão por outros povos (ou grupos de fora) são formas de o ser humano se apropriar do espaço. No Brasil, são exemplos as terras indígenas e os territórios quilombolas. No exterior, há os territórios de povos sem Estado, como os curdos, os bascos, entre outros.

Segundo estudiosos, como alguns biólogos e psicólogos, a territorialidade seria um traço instintivo a vários animais, incluindo os seres humanos. No caso do ser humano, especialmente na sociedade moderna, a territorialidade significa mais do que um espaço essencial para a sobrevivência de um grupo; também implica elementos culturais e identificação com a ancestralidade (daí muitas vezes a referência ao território humano como algo sagrado e inviolável), configurando-se como o espaço no qual ocorrem a vida econômica e a prática de hábitos e tradições, além do relacionamento das pessoas entre si e com a natureza.

> **Quilombola:** comunidade que ocupa quilombos, locais de refúgio de africanos escravizados por europeus na época da colonização das terras que hoje formam o Brasil. Atualmente, há mais de mil comunidades quilombolas no Brasil, que agregam sobretudo descendentes de africanos e eventualmente indígenas e alguns descendentes de europeus.

As comunidades quilombolas são lugares de memória e identidade protegidos por lei. Os povos remanescentes das áreas de quilombo, que estejam vivendo nesse território, têm o direito de se fixarem ali e ter a propriedade definitiva dessas terras. Na foto, quilombolas reunidos no Quilombo Vão de Almas, no município de Cavalcante (GO), em 2015.

Minha biblioteca

Coisas de índio: versão infantil, de Daniel Munduruku. 1. ed. São Paulo: Callis, 2003.
A obra introduz a temática indígena de modo geral e apresenta a localização dos principais povos indígenas, a origem de muitos deles, os dialetos falados atualmente e a carta magna dos direitos dos índios.

Texto e ação

1. Você acha que no início do século XX havia mais ou menos países em relação ao número de países observados atualmente? Faça uma pesquisa e compartilhe com os colegas.
2. Com o auxílio de um atlas ou da internet, observe o subcontinente da América do Sul e responda:
    a) Quais são os territórios nacionais que fazem fronteira com o Brasil?
    b) Todos os territórios que fazem fronteira com o Brasil são Estados? Justifique sua resposta.
    c) Em sua opinião, é importante manter boas relações com os países fronteiriços?
    d) Você sabe se há alguma disputa territorial entre países no subcontinente sul-americano? Se souber, diga onde e quais são os países envolvidos.

Geolink

Leia o texto a seguir.

O que são Terras Indígenas?

A Constituição de 1988 consagrou o princípio de que os índios são os primeiros e naturais senhores da terra. Esta é a fonte primária de seu direito, que é anterior a qualquer outro. Consequentemente, o direito dos índios a uma terra determinada independe de reconhecimento formal.

A definição de terras tradicionalmente ocupadas pelos índios encontra-se no parágrafo primeiro do artigo 231 da Constituição Federal: [as terras indígenas] são aquelas "por eles habitadas em caráter permanente, as utilizadas para suas atividades produtivas, as imprescindíveis à preservação dos recursos ambientais necessários a seu bem-estar e as necessárias a sua reprodução física e cultural, segundo seu usos, costumes e tradições".

Na foto de 2018, indígenas Munduruku manifestam-se em frente ao Ministério da Justiça, em Brasília (DF), pela demarcação da terra indígena Sawre Muybu, no estado do Pará.

No artigo 20 está estabelecido que essas terras são bens da União, sendo reconhecidos aos índios a posse permanente e o usufruto exclusivo das riquezas do solo, dos rios e dos lagos nelas existentes.

Não obstante, também por força da Constituição, o Poder Público está obrigado a promover tal reconhecimento. Sempre que uma comunidade indígena ocupar determinada área nos moldes do artigo 231, o Estado terá que delimitá-la e realizar a demarcação física dos seus limites. [...]

▶ **Usufruto:** direito conferido a alguém de utilizar ou usufruir de um bem ou terra cuja propriedade pertence a outrem.
▶ **Poder Público:** é o conjunto dos órgãos (Ministérios, Secretarias de Estado ou de Município, Delegacias de Polícia, Polícia Militar, Tribunais de Justiça, entre outros) com autoridade para realizar os trabalhos do Estado, constituído de Poder Legislativo, Poder Executivo e Poder Judiciário.
▶ **Delimitar:** determinar os limites espaciais.

Grande parte das Terras Indígenas no Brasil sofre invasões de mineradores, pescadores, caçadores, madeireiras e posseiros. Outras são cortadas por estradas, ferrovias, linhas de transmissão [de energia elétrica] ou têm porções inundadas por usinas hidrelétricas. Frequentemente, os índios colhem resultados perversos do que acontece mesmo fora de suas terras, nas regiões que as cercam: poluição de rios por agrotóxicos, desmatamentos etc.

Fonte: Povos Indígenas no Brasil (PIB). *O que são Terras Indígenas?* Disponível em: <https://pib.socioambiental.org/pt/O_que_s%C3%A3o_Terras_Ind%C3%ADgenas%3F>. Acesso em: 9 jun. 2018.

Agora, responda às questões.

1▶ Quais são as ameaças que as terras indígenas sofrem no Brasil? Quais as consequências para os indígenas que sobrevivem nessas terras?

2▶ Em sua opinião, quem modifica mais as paisagens nessas terras: os indígenas ou os não indígenas que extraem recursos da terra (madeireiras, mineradoras, posseiros, etc.)? Explique por quê.

3▶ As terras indígenas, apesar de serem territórios de domínio das comunidades indígenas, são subordinadas à soberania do Brasil? Justifique sua resposta.

3 Região

O Brasil costuma ser dividido em regiões: Norte, Nordeste, Sudeste, Sul e Centro-Oeste. Essa regionalização foi feita pelo Instituto Brasileiro de Geografia e Estatística (IBGE), em 1970. Por se tratar de uma instituição muito importante para o país, é comum que as pessoas tenham a impressão de que essa divisão em cinco regiões seja a única e indiscutível forma de dividir o território nacional.

Na verdade, há diversas formas de **regionalizar** – isto é, dividir e classificar um espaço em regiões –, seja esse espaço uma cidade, seja um país, seja toda a superfície terrestre. A definição de uma região ou de regiões pode ser feita de várias formas; no entanto, ela precisa ser pensada de acordo com um ou mais **critérios**. Sendo assim, podemos dizer que a divisão regional do Brasil agrupou estados em regiões com base em critérios como os aspectos físicos – clima, vegetação e relevo – e os aspectos socioeconômicos – economia dos estados, população, entre outros. Mas o que é uma região?

Região é uma parte do espaço cujas áreas internas apresentam características comuns. Por se tratar da divisão ou regionalização de um espaço, não existe uma região isolada ou única, ela sempre é parte de um todo, de um espaço maior que contém outras regiões. Vamos fazer um exercício para entender melhor o que são regionalização e região.

Pense em várias maneiras de dividir o espaço da sua escola em partes ou regiões. Cada uma das regiões deve ter características comuns e ser relativamente diferente das demais. Podemos dividir a escola em partes diferentes de acordo com o critério de **níveis de ensino**: a área onde fica o Ensino Fundamental – Anos iniciais (1º ao 5º ano) seria uma região diferente da área do Fundamental – Anos finais (6º ao 9º ano), por exemplo. Teríamos aí uma forma de regionalização do espaço em duas "regiões" de acordo com os níveis de ensino que esse espaço disponibiliza.

Brasil: divisão regional segundo o IBGE (2016)

Fonte: elaborado com base em IBGE. *Atlas geográfico escolar.* 7. ed. Rio de Janeiro, 2016. p. 94.

Mas podemos imaginar outras formas. Por exemplo, dividir o espaço da escola em três partes: a de lazer (onde fica a quadra de esportes, a cantina, etc.), a administrativa (diretoria, sala dos professores, etc.) e a de estudos (onde ficam as salas de aula). Seria uma divisão em três "regiões".

Agora, observe como podemos regionalizar um continente de duas formas. Veja os mapas do continente africano.

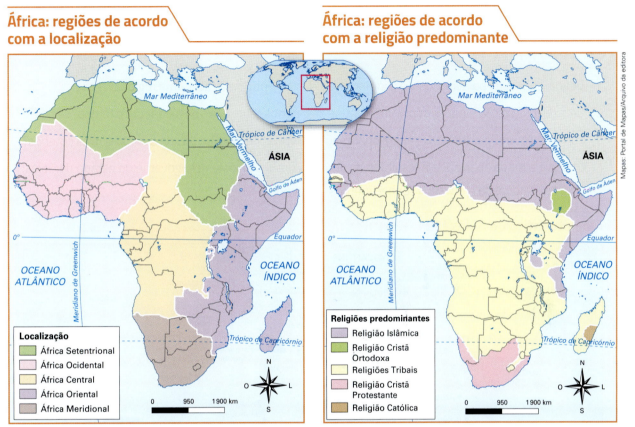

Fonte: elaborado com base em ORGANIZAÇÃO DAS NAÇÕES UNIDAS. Divisão estatística das Nações Unidas. Disponível em: <https://unstats.un.org/unsd/methodology/m49/overview/>. Acesso em: 3 out. 2018.

Fonte: elaborado com base em ISTITUTO Geografico De Agostini. *Atlante geografico metodico De Agostini*. Novara, 2017. p. 121.

Ao comparar as duas regionalizações da África, o que podemos concluir? Primeiro, que o critério utilizado foi diferente para cada caso. A primeira regionalização levou em conta o critério de localização, ou seja, os países africanos foram agrupados em diferentes regiões de acordo com sua posição mais ao norte, ao sul, no centro, a oeste ou a leste. Essa é uma forma de divisão do espaço muito comum, usada em algumas metrópoles – no município de São Paulo, por exemplo, fala-se muito em zona central, zonas norte, sul, leste e oeste. Na segunda regionalização do continente africano, o critério foi agrupar áreas com maior presença de alguma das religiões mais comuns.

Uma dessas regionalizações é melhor ou mais correta que a outra? Não, elas são apenas distintas, porque foram elaboradas com base em dois critérios, com diferentes objetivos. Uma delas é mais adequada para entendermos os países africanos pelas suas localizações, e a outra é mais adequada para entendermos a distribuição regional das principais religiões na África.

Uma regionalização não precisa, necessariamente, ter áreas contíguas, isto é, vizinhas e interconectadas. Ela pode ser formada por áreas distantes, porém, com uma ou mais características comuns.

Outro fator importante é que uma regionalização nunca é eterna ou permanente, mas dinâmica. Isso porque a realidade muda e a regionalização tem de se adequar a essas mudanças, o que significa que ela também se transforma.

Por exemplo, é possível perceber, atualmente, uma expansão do islamismo no centro e no sul do continente africano. Se essa expansão continuar, é provável que em alguns anos ou décadas essa regionalização do continente por religião predominante sofra mudanças, ampliando a cor roxa e diminuindo a cor amarela.

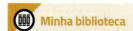

Minha biblioteca

Lendas da África, de Júlio Emílio Braz. Rio de Janeiro: Bertrand Brasil, 2005.

O livro traz lendas africanas, retratando a cultura por meio de histórias de aventura e de lições de sabedoria.

Texto e ação

1. Defina, com suas palavras, qual é a importância dos critérios para fazer uma regionalização.
2. Uma regionalização – por exemplo, do Brasil – é algo permanente e fixo ou muda com o tempo? Por quê?
3. Como seu município costuma ser regionalizado? E como você o regionalizaria usando outros critérios?
4. Observe o mapa abaixo. Ele é resultado da regionalização proposta pelo governo do estado de Goiás. Com base no mapa e em seus conhecimentos, responda:

Mapa turístico de Goiás (2017-2019)

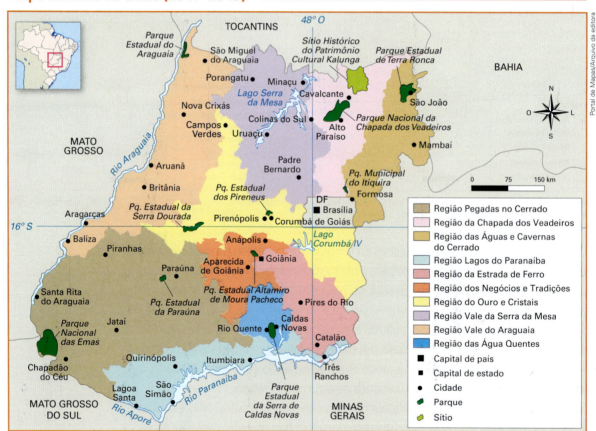

Fonte: elaborado com base em COMUNICAÇÃO GOIÁS TURISMO. *Goiás tem novo mapa turístico*. Disponível em: <www.goias.gov.br/noticias/21420-goias-tem-novo-mapa-turistico-2.html>. Acesso em: 25 jun. 2018.

a) Qual foi o critério utilizado para a regionalização?

b) Você acha que esse mapa pode auxiliar um turista que não conhece o estado de Goiás? Explique.

c) Aponte as regiões que têm um parque dentro de seu território.

CONEXÕES COM LÍNGUA PORTUGUESA E HISTÓRIA

1▸ Leia um poema do cearense Antônio Gonçalves da Silva, mais conhecido como Patativa do Assaré, e realize as atividades.

Minha serra

Quando o sol nascente se levanta
Espalhando os seus raios sobre a terra,
Entre a mata gentil da minha serra
Em cada galho um passarinho canta.

Que bela festa! Que alegria tanta!
E que poesia o verde campo encerra!
O novilho gaiteia a cabra berra
Tudo saudando a natureza santa.

Ante o concerto desta orquestra infinda
Que o Deus dos pobres ao serrano brinda,
Acompanhada da suave aragem.

Beijando a choça do feliz caipira,
Sinto brotar da minha rude lira
O tosco verso do cantor selvagem.

Fonte: Minha serra, de Patativa do Assaré. In: PORTELLA, Claúdio. *Melhores poemas de Patativa do Assaré*. São Paulo: Global, 2006.

- **Gaitear:** mugir.
- **Choça:** cabana, construção de palha e folhas.
- **Lira:** instrumento de cordas dedilháveis ou tocadas com uma palheta.
- **Tosco:** rústico, em estado bruto.

▷ Vista de Serra de Santana, em Assaré (CE). Foto de 2014.

a) Em sua opinião, Patativa do Assaré está descrevendo um lugar, uma paisagem ou um território nesse poema? Por quê?

b) Que elementos da cultura aparecem no poema?

2▸ Em grupos e com a orientação do professor, pesquisem a história da região brasileira (de acordo com a divisão do IBGE em cinco regiões) onde vocês vivem. A pesquisa poderá ser feita pela internet em *sites* como o do IBGE e de outros órgãos oficiais. Considere os seguintes temas:

- A região onde vocês vivem se destacou no período colonial? Por quê?
- Alguma cidade da região se destacou no período colonial? Qual? Por quê?
- Atualmente, quais são as principais atividades desenvolvidas no espaço urbano ou no espaço rural dessa região?
- Quais são as cidades mais importantes da região? Vocês conhecem alguma dessas cidades? Em caso negativo, qual delas vocês desejariam conhecer? Expliquem.
- Quais foram as principais mudanças que ocorreram no espaço geográfico da região ao longo do tempo?
- Se possível, pesquisem ilustrações de paisagens, do espaço urbano e do espaço rural dessa região. Montem com elas um mural na sala de aula e compartilhem com a turma as informações que encontraram.

ATIVIDADES

+ Ação

1. Leia o texto e responda às questões:

O turismo na região de Blumenau

O desenvolvimento turístico regional passou a ser uma questão central, uma vez que os destinos turísticos, em sua maioria, dependem do tempo de permanência do visitante para desenvolver-se a atividade turística. O visitante, por sua vez, depende da quantidade e da qualidade da oferta turística [diferentes atrações turísticas de um local]. Por mais que um único município ofereça excelentes atrativos, dificilmente ele conseguirá manter a estada dos turistas por um tempo maior se não houver uma integração com a região de entorno, que possibilite a diversificação da atratividade turística [...]

Além disso, a regionalização do turismo é importante para compor a atratividade regional, pois uma região pode ofertar um número mais amplo de atrativos do que um município sozinho.

Fonte: DREHER, Marialva T.; SALINI, Talita. PPS de regionalização do turismo na região de Blumenau, Santa Catarina. *Gestão & Regionalidade*, v. 25, n. 74, maio-ago. 2009.

a) Explique por que uma região turística é mais atrativa para os turistas do que um município isolado.

b) É possível pensar em uma regionalização do município onde você vive a partir do critério atrações turísticas? Como ficaria essa regionalização?

2. Leia o texto e responda às questões:

Paresi: Território tradicional e as relações territoriais com os não índios no início do século XX

Os Paresi são um grupo étnico que ocupa a Chapada dos Parecis desde tempos imemoriais. [...] Mapas e relatos de autores [...] indicam que o território que ocupavam no início do século XX, que aqui denominamos de território tradicional, se estendia da margem direita do rio Juruena até quase a margem esquerda do rio Arinos, no noroeste do estado de Mato Grosso. [...]

Durante o século XX intensifica-se o contato dos Paresi com grupos não índios. [...] Na década de 1980 a agricultura começa a ganhar importância na Chapada dos Parecis, o que provavelmente se deve à valorização das áreas devido aos melhoramentos dos transportes, incentivos públicos, produção de sementes de soja adaptadas às áreas de cerrado [...]. O forte crescimento populacional, o surgimento de cidades e municípios, novas estradas, a conexão com outros eixos de transporte [...] não ocorreram sem profundas consequências na vida dos povos indígenas locais, em especial os Paresi.

A sociedade Paresi vê-se como inseparável de seu território. [...] Os cemitérios Paresi são dentro das suas casas tradicionais, assim, uma antiga aldeia é onde está parte de sua família e sempre estará. Já para os agricultores modernos, a territorialidade tem significados bem distintos. [...] O uso exclusivo do recurso, a necessidade de total controle do processo produtivo, do que acontece em sua propriedade e a necessidade de se retirar a cobertura vegetal, tornam inviável a convivência, em um mesmo espaço, da atividade agrícola com os Paresi. [...]

Nas décadas finais do século XX, o limite do território dos Paresi está completamente modificado. A extensão e os limites fixos das Terras Indígenas diferem bastante de seu território tradicional. [...] A diminuição da caça, o aumento populacional e a necessidade de acesso a bens industrializados fazem com que os Paresi passem a buscar novas estratégias de reprodução social. Neste sentido, os Paresi passam a se envolver com a lavoura mecanizada de soja e atuar politicamente no controle da rodovia que corta parte de seu território e é de fundamental importância para o escoamento da produção agrícola regional. Para permanecerem Paresi, para permanecerem culturalmente diferenciados, se modificam.

Fonte: ARUZZO, Roberta Carvalho. Construindo e desfazendo territórios: as relações territoriais entre os Paresi e os não índios na segunda metade do século XX. *Scripta Nova*, nov. 2012.

a) Qual é o significado original de território para os Paresi?

b) Você acredita que os Paresi permaneceram os mesmos após o contato frequente com os não indígenas ou mudaram bastante? Justifique.

c) Com base no texto, podemos inferir uma diferença entre os conceitos de território indígena e terra indígena. Explique com suas palavras essa diferença.

Autoavaliação

1. Quais foram as atividades mais fáceis pra você? Por quê?
2. Algum ponto deste capítulo não ficou claro? Qual?
3. Você participou das atividades em dupla e em grupo e expressou suas opiniões?
4. Como você avalia sua compreensão dos assuntos tratados neste capítulo?
   » **Excelente**: não tive dificuldade.
   » **Bom**: consegui resolver as dificuldades de forma rápida.
   » **Regular**: tive dificuldade para entender os conceitos e realizar as atividades propostas.

Lendo a imagem

1. Como vimos no decorrer deste capítulo, o termo lugar é muito importante para a Geografia, pois ele caracteriza um determinado espaço, no qual as distâncias entre as pessoas e os objetos são mínimas, o que significa maiores contatos e maior afetividade. A partir dessa concepção, observe a imagem abaixo e responda às questões.

Parque público em Porto Alegre (RS), em 2016.

   a) Quais são os elementos naturais e culturais que você observa na imagem?

   b) Por que é possível caracterizar a imagem como um lugar para essas pessoas?

   c) No município onde você vive há algum espaço semelhante ao observado na imagem? Você considera esse local um lugar? Por quê?

2. Em duplas, observem a imagem abaixo e leiam o texto.

Na foto, quilombolas no município de Biritinga (BA) regam hortaliças em estufa, em 2014.

O objetivo das comunidades quilombolas não é se isolar do restante da sociedade, mas sim preservar a tradição, a memória e a cultura de seus ancestrais e manter a identidade dos descendentes. Em 2017, um dos quilombos mais conhecidos do Brasil, o quilombo dos Palmares, tornou-se Patrimônio Cultural do Mercosul. Em 2018, o Sistema Agrícola Tradicional (SAT) do Vale do Ribeira foi reconhecido como Patrimônio Cultural do Brasil.

Agora, respondam:

   a) Como a cultura quilombola é preservada nessas comunidades? Se necessário, realizem uma pesquisa.

   b) Por que é importante que técnicas agrícolas utilizadas nos quilombos sejam consideradas Patrimônio Cultural do Brasil?

   c) Ao observar a foto, vocês consideram sustentável a interação dos quilombolas com o lugar em que vivem? Justifiquem.

PROJETO — Arte

O bairro pelos meus olhos

Como você viu ao longo desta unidade, o ser humano percebe a paisagem de forma complexa; ele se relaciona com ela a partir de seus conhecimentos prévios e de suas vivências.

Cada pessoa vê a paisagem de forma única. Certa paisagem de um bairro pode ser um lugar familiar e de vivência para algumas pessoas e, ao mesmo tempo, para outras pode não ter o mesmo valor.

Local de lazer para crianças e adultos em praça de Belo Horizonte (MG), em 2016.

Pessoas caminham em parque de Curitiba (PR), em 2017.

Crianças brincam em praia de Florianópolis (SC), em 2016.

Avô e neto pescam em dique em praia de Salvador (BA), em 2016.

Muitos artistas já retrataram lugares que consideravam especiais. Observe:

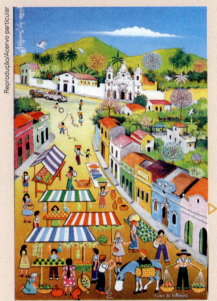

▷ *Feira do interior*, de Antonio Militão Santos. Arte *naïf*, óleo sobre tela, 40 cm × 60 cm. 2004.

▷ *Paulista ao anoitecer*, de Enzo Ferrara, acrílico sobre tela, 40 cm × 30 cm. 2018.

Provavelmente, há paisagens no bairro onde você mora ou até mesmo no bairro onde fica a escola que são especiais para você.

Neste projeto, por meio de fotos, você vai compartilhar com os colegas os lugares que você considera especiais e conhecer os que são importantes para eles também.

Etapa 1 – O que fazer

A primeira parte deste trabalho é individual. Escolha uma paisagem que seja um lugar importante para você e para sua família. Você vai fotografar esse lugar ou ilustrá-lo para tentar exprimir, por meio de imagens, por que ele é importante na sua vida.

Etapa 2 – Como fazer

Depois de pensar em um lugar especial de seu bairro, vá até lá e observe-o. Então, responda:

a) Ele está igual à imagem que você tem na memória?

b) Que cores se sobressaem?

c) Nessa paisagem, predominam os elementos naturais ou culturais? Explique.

d) Por que você considera essa paisagem um lugar especial?

Então, fotografe partes da paisagem do lugar tentando mostrar o porquê de ele ser tão especial para você. Tente apresentar a paisagem através do seu ponto de vista. Se não for possível fotografar, ilustre as cenas da paisagem que expressam a particularidade desse lugar em sua vivência.

Escolha duas ou três fotos ou ilustre duas ou três cenas.

Crie um título e uma legenda para cada imagem.

Não se esqueça de colocar o nome do autor: o seu!

Etapa 3 – Apresentação

Combine com o professor e os colegas uma data para apresentar as produções para a turma.

Com os colegas, organizem um mural com as imagens para que todos possam apreciar e conhecer os lugares escolhidos.

Aproveite o momento para conhecer mais sobre as experiências de seus colegas e os lugares especiais para eles!

Bibliografia

AB'SÁBER, Aziz. *Formas de relevo*. São Paulo: Edart/FBDEG, 1975. (Série Projeto Brasileiro para o Ensino da Geografia).

BARRY, Roger G.; CHORLEY, Richard J. *Atmosfera, tempo e clima*. Porto Alegre: Bookman, 2013.

BESSE, Jean-Marc. *Ver a Terra*. Seis ensaios sobre a paisagem e a Geografia. São Paulo: Perspectiva, 2014.

CAPRA, Fritjof. *A visão sistêmica da vida*. São Paulo: Cultrix, 2014.

CASSETI, Valter. *Ambiente e apropriação do relevo*. São Paulo: Contexto, 1991. (Col. Repensando a Geografia).

CASTRO, J. F. M. *História da Cartografia e Cartografia sistemática*. Belo Horizonte: PUC-MG, 2012.

CHRISTOPHERSON, R. W. *Geossistemas:* uma introdução à Geografia física. Porto Alegre: Bookman, 2012.

ESTÊVEZ, L. F. *Biogeografia, Climatologia e Hidrogeografia*. Fundamentos teórico-conceituais e aplicados. Curitiba: Intersaberes, 2016.

FLORENZANO, T. G. (Org.). *Geomorfologia*. Conceitos e tecnologias atuais. São Paulo: Oficina de Textos, 2008.

FRIAÇA, A. C. S. et al. (Org.). *Astronomia:* uma visão geral do Universo. São Paulo: Edusp, 2002.

FUNBEC. *Investigando a Terra*. São Paulo: Edgard Blücher/Edusp, 1980.

GABLER, Robert E.; SACK, Dorothy; PETERSEN, James F. *Fundamentos de Geografia Física*. São Paulo: Cengage, 2014.

HAESBAERT, Rogério. *Regional-Global*. Dilemas da região e da regionalização na Geografia. São Paulo: Bertrand Brasil, 2010.

JOLY, F. *A Cartografia*. Campinas: Papirus, 1990.

LACOSTE, Alain; SALANON, Robert. *Éléments de biogéographie et d'écologie*. Paris: Fernand Nathan, 2005.

LEPSCH, Igo F. *Formação e conservação dos solos*. São Paulo: Oficina de Textos, 2010.

LOVELOCK, J. E. *Gaia:* um novo olhar sobre a vida na Terra. Lisboa: Edições 70, 2007.

MCKNIGHT, Tom L.; HESS, Darel. *Physical Geography*; a Landscape Appreciation. New Jersey: Prentice Hall, 2007.

MENDONÇA, F; DANNI-OLIVEIRA, I. M. *Climatologia*. Noções básicas e climas do Brasil. São Paulo: Oficina de Textos, 2007.

PECH, P.; VEYRET, Y. *L'homme et l'environnement*. Paris: PUF, 1997.

PONTUSCHKA, N. N. et al. *O tempo e o clima*. São Paulo: Edart/FBDEG, 1980. (Série Projeto Brasileiro para o Ensino da Geografia).

READMAN, M. F.; MAYERS, M. *The Dynamic World 3*. London: Oliver & Boyd, 1991.

ROUGERIE, G. *Geografia das paisagens*. São Paulo: Difel, 1981. (Col. Saber Atual).

SANTOS, Milton. *A natureza do espaço*. São Paulo: Edusp, 2008.

SEAGER, Joni (Org.). *The New State of the Earth* — Atlas. New York: A Touchstone Book, 1996.

TEIXEIRA, W. et al. (Org.). *Decifrando a Terra*. São Paulo: Ibep-Nacional, 2009.

TORRES, F. T. P.; MACHADO, P. J. de O. *Introdução à Hidrogeografia*. São Paulo: Cengage, 2012.

TRICART, Jean. *A Terra, planeta vivo*. Lisboa: Presença/Martins Fontes, 1978.

_____. *La epidermis de la Tierra*. Barcelona: Labor, 1969.

TUAN, Yi-Fu. *Espaço e lugar*. Londrina: Eduel, 2013.

VÁRIOS AUTORES. La géographie et sa physique. *Hérodote*. Paris: François Maspero, n. 12, 1978.

_____. Écologie/Géographie. *Hérodote*. Paris: François Maspero, n. 26, 1982.

VEIGA, J. E. da (Org.). *GAIA* – De mito à ciência. São Paulo: Senac, 2012.

VENTURI, L. A. B. *Ensaios geográficos*. São Paulo: Humanitas, 2008.

WARNAVIN, Larissa; ARAÚJO, Wiviany M. *Estudo das transformações da paisagem e do relevo*. Curitiba: Intersaber, 2016.